AI视频制作教程

从自媒体到商业应用

宋夏成 等 编著
张晓枫

·北京·

内容简介　《AI视频制作教程：从自媒体到商业应用》是一本全面介绍AI视频创作的实战图书，内容融合了前沿技术与创意实践，旨在帮助视频创作者、广告设计师、媒体从业者及AI技术爱好者掌握AI在视频创作中的最新应用。本书通过基础篇、案例百科篇、强化拔高篇和总结展望篇四大板块，系统介绍了AI视频创作从理论到实践的全过程。

在内容特点上，本书不仅深入解析了AI视频创作中的核心知识点与工具应用，还通过丰富的实战案例，展示了如何利用AI技术高效完成从脚本创作、图像生成、视频制作到后期剪辑的全过程。同时，本书还探讨了创意与技术之间的平衡，以及AI视频创作的未来发展趋势，为读者提供了前瞻性的思考视角，帮助读者快速上手AI视频创作，提升创作效率与质量，拓展创作边界。

无论是想要利用AI技术提升工作效率的专业人士，还是对AI视频创作感兴趣的新手，都能从本书中获得宝贵的启示与实用的技能。本书适合所有对AI视频创作感兴趣并希望在这一领域有所建树的读者。

图书在版编目（CIP）数据

AI视频制作教程：从自媒体到商业应用 / 宋夏成等编著. -- 北京：化学工业出版社，2025.4. -- ISBN 978-7-122-47482-7

Ⅰ. TN948.4-39

中国国家版本馆CIP数据核字第2025MG4953号

责任编辑：雷桐辉　张　赛
文字编辑：张　宇
责任校对：宋　夏
装帧设计：王晓宇

出版发行：化学工业出版社
　　　　　（北京市东城区青年湖南街13号　邮政编码100011）
印　　装：北京瑞禾彩色印刷有限公司
787mm×1092mm　1/16　印张 16$\frac{1}{2}$　字数 362千字
2025年6月北京第1版第1次印刷

购书咨询：010-64518888
售后服务：010-64518899
网　　址：http://www.cip.com.cn
凡购买本书，如有缺损质量问题，本社销售中心负责调换。

定　　价：89.00元　　　　　　　　版权所有　违者必究

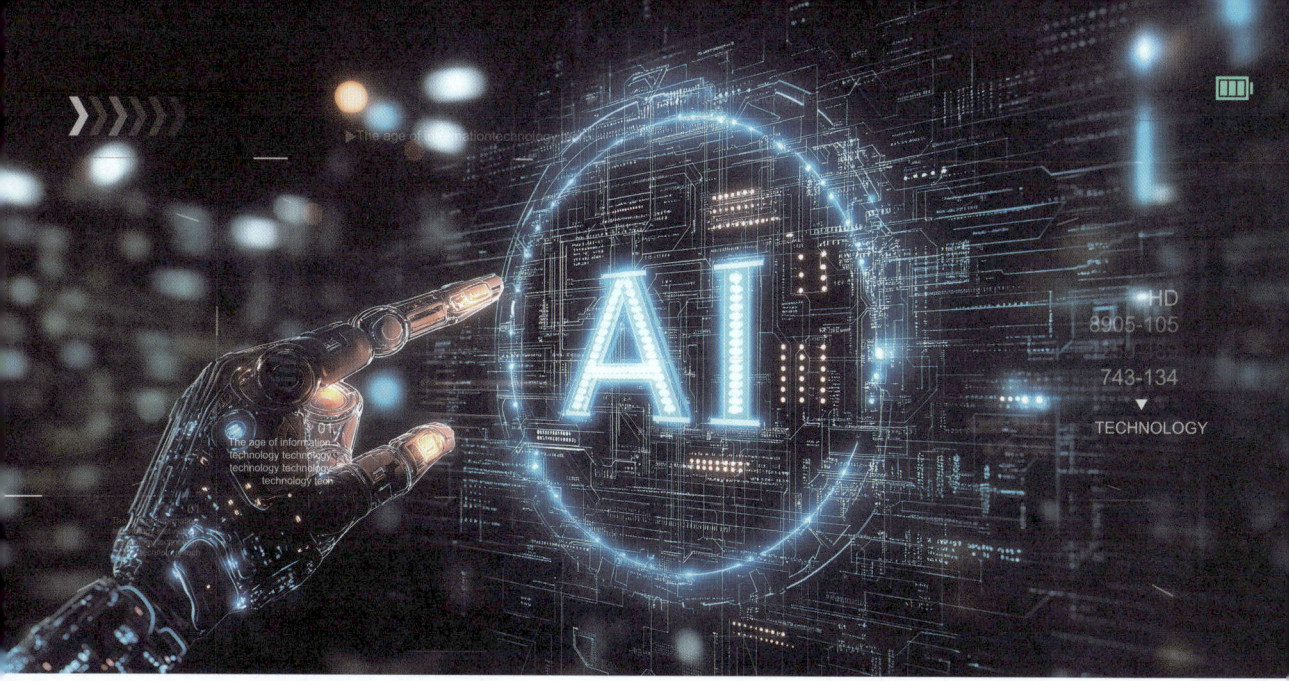

欢迎来到 AI 视频创作的世界

1. 本书目标与结构

亲爱的读者朋友们，热烈欢迎您学习本书的精彩内容。本书精心设计，共分为四篇：基础篇、案例百科篇、强化拔高篇、总结展望篇。

在基础篇中，我们将带您从 AI 的最基本原理出发，通过理论与实际案例相结合的方式，以通俗易懂的语言揭开 AI 的神秘面纱，全面掌握 AI 工具的使用技巧及其背后的工作原理。

进入案例百科篇，我们精心挑选了一系列生动的案例，旨在引导您学习如何巧妙运用 AI 工具，创作出引人入胜的短视频内容。通过这些案例的学习，您将能够将理论知识转化为实践技能，从而在创作领域迈出坚实的步伐。

步入强化拔高篇，您将在此基础上进一步提升您的 AI 应用能力。本篇中的案例难度将会有显著提升，旨在挑战并激发您的创造力。通过本篇的深入学习，相信您在短视频创作方面的能力将会得到质的飞跃。

最后，总结展望篇将带您一窥行业未来的发展趋势，同时为您提供一些学习建议。我们期待与您共同探索 AI 的无限可能，共同成长。

愿本书能成为您学习 AI 旅程中的得力助手，让我们一起在知识的海洋中畅游，不断发现、学习、创新。

2. 您将收获的内容

通过深入阅读本书，您将开启一段激动人心的学习旅程，探索如何运用先进的 AI 机器人、AI 绘画和 AI 视频工具来创作属于您自己的短片作品。本书不仅为初学者提供了易于理解的入门指导，也为专业人士提供了提升技能的高级技巧。您将逐步掌握视频创作的精髓，学会如何运用 AI 工具来提高创作效率和质量，无论是剪辑、调色还是特效制作，都能够游刃有余。

本书的特色之一在于它涵盖了多种 AI 工具，这些工具不仅能够帮助您高效地完成视频制作中的各个环节，还能激发您的创造力，让您的想象力得到充分的发挥。您将了解到如何通过 AI 技术来实现非传统的视频创作方法，比如利用 AI 进行场景模拟、角色设计，甚至通过深度学习生成独特的音乐和声音效果。这些新颖的创作方式将为您的作品带来独一无二的风格和魅力。

此外，本书还将带您领略 AI 在视频创作中的无限可能。您将学习到如何结合 AI 工具进行故事板的构思、角色动作的捕捉以及场景的渲染。通过实际案例的分析和操作，您将能够体验到 AI 工具在提升创作效率、优化作品质量方面的显著优势。无论您是希望快速制作一部短片，还是想要深入探索视频创作的艺术和技术层面，本书都将是您不可缺少的资源和指南。让我们一起踏上这趟探索 AI 视频创作奥秘的旅程，释放您的创造力，创作出令人印象深刻的视觉作品。

3. 感谢编写人员

本书其他编写人员简介：

陈柳伊：视觉设计师，专注于视频特效剪辑及品牌与海报设计。

朱晓丽：AIGC 设计师，曾参与多个大型 AIGC 项目，积累了多年的 AIGC 实战经验。

秦兆宏：工业设计师，荣获德国红点、iF 等多项国际知名设计大奖。

李楠：工业设计师，航天科研人员，擅长的方向有人机交互、计算机辅助设计、无人飞行系统相关设计研究，具备扎实的专业设计功底。

限于笔者水平，书中难免有疏漏之处，敬请读者批评指正。

宋夏成　张晓枫

扫码获取
本书配套资源

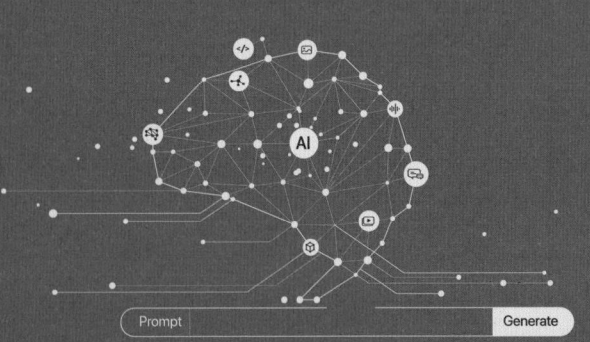

第 1 篇 基础篇   001

第 1 章 小试牛刀，AI 实操小案例   002

- 1.1　Kimi AI   002
- 1.2　文心一言   006
- 1.3　通义千问   008
- 1.4　Copilot   011

第 2 章 AI 视频创作基础   020

- 2.1　视频创作中的基本概念和内容   020
  - 2.1.1　视频创作中的基本概念   020
  - 2.1.2　视频创作的工作内容   022
- 2.2　AI 技术如何改变视频创作的过程   023
  - 2.2.1　AI 应用的案例   024
  - 2.2.2　如何利用 AI 技术进行有效的影视内容营销？   026

第 3 章 基础知识必修课   027

- 3.1　AI 视频创作中的核心知识点   027
  - 3.1.1　AI 工具创作情节内容   027
  - 3.1.2　AI 创作故事板   029
  - 3.1.3　AI 创作视频动画   032
- 3.2　视频创作软件工具   035

第 4 章　AI 工具盘点与对比　039

4.1　盘点 AI 视频制作工具　039

- 4.1.1　Sora　039
- 4.1.2　Clipfly　039
- 4.1.3　艺映 AI　040
- 4.1.4　VEED.IO　041
- 4.1.5　Pictory　042
- 4.1.6　ScriptBook　042
- 4.1.7　Qloo　043
- 4.1.8　Synthesia　043
- 4.1.9　Lumen 5　044
- 4.1.10　GliaStudio　045
- 4.1.11　Runway　045
- 4.1.12　Pika labs　046
- 4.1.13　Topaz Video AI　046
- 4.1.14　InVideo　048
- 4.1.15　Opus Clip　048
- 4.1.16　Google Vids　049
- 4.1.17　有言　050
- 4.1.18　Arcads　050
- 4.1.19　Viggle　051
- 4.1.20　ActAnywhere　052
- 4.1.21　VideoCrafter2　052

4.2　AI 视频工具如何提升效率　053

第 2 篇　案例百科篇　　055

第 5 章　食物广告内容制作　　056

- 5.1　Microsoft Copilot 制作脚本　　056
- 5.2　Microsoft Copilot 生成图像　　060
- 5.3　Runway 生成视频　　062
- 5.4　Elevenlabs 生成音频　　066
- 5.5　剪映剪辑视频　　067

第 6 章　企业产品展示视频案例演示　　074

- 6.1　使用 AI 工具创造动态的产品展示视频　　074
  - 6.1.1　通义千问制作脚本　　074
  - 6.1.2　Midjourney 生成图像　　075
  - 6.1.3　Runway 生成视频　　077
  - 6.1.4　剪映剪辑视频　　078
- 6.2　品牌传达和视觉叙事的要点　　081

第 7 章　宇宙科普　　082

- 7.1　ChatGPT 制作脚本　　082
- 7.2　Midjourney 生成图像　　083
- 7.3　Runway 视频生成　　085
- 7.4　剪映视频剪辑　　087

第 8 章　海洋科普　　091

- 8.1　通义千问生成脚本　　091
- 8.2　Midjourney 生成图像　　092

8.3　Runway 生成视频　095
8.4　剪映剪辑视频　096

第 9 章　旅游推广　100

9.1　Google Bard AI 制作脚本　100
9.2　Midjourney 生成图像　101
9.3　Runway 生成视频　103
9.4　剪映剪辑视频　104

第 10 章　音乐 MV 视频制作　108

10.1　Microsoft Copilot 制作脚本　108
10.2　Midjourney 生成图像　110
10.3　Runway 生成视频　114
10.4　剪映剪辑视频　121

第 11 章　童话故事绘本　124

11.1　Microsoft Copilot 制作脚本　124
11.2　Microsoft Copilot 生成图像　129
11.3　Runway 生成视频　134
11.4　剪映剪辑视频　139

第 12 章　香水广告　143

12.1　设计思路　143
12.2　ChatGPT 生成脚本　143
12.3　Runway 文字生成视频　145
12.4　剪映剪辑视频　148

第 3 篇　强化拔高篇　　151

第 13 章　科幻短片：次元漫步预告片　　152

　　13.1　Gemini AI 制作脚本　　152
　　13.2　Midjourney 生成图像　　153
　　13.3　Topaz Photo AI 提升图像画质　　160
　　13.4　Runway 生成视频　　163
　　13.5　Topaz Video AI 提升视频画质　　165
　　13.6　剪映剪辑视频　　166

第 14 章　儿童动态绘本：猴子捞月　　169

　　14.1　文心一言设计创意脚本　　169
　　14.2　ChatGPT 提取绘本画面提示词　　170
　　14.3　Midjourney 设定风格和模式　　170
　　14.4　Midjourney 生成绘本图与优化提示词　　171
　　14.5　Runway 制作画面动态效果　　176
　　14.6　剪映生成旁白与剪辑视频　　179
　　14.7　剪映添加背景音乐　　181

第 15 章　卡通动画：仙侠片　　184

　　15.1　Gemini AI 制作脚本　　184
　　15.2　Gemini AI 生成提示词　　188
　　15.3　Midjourney 生成图像　　189
　　15.4　Topaz Photo AI 提升图像画质　　201
　　15.5　Runway 生成视频　　204
　　15.6　Topaz Video AI 提升视频画质　　212
　　15.7　剪映剪辑视频　　217

第 16 章　珠宝商业广告　225

16.1　Microsoft Copilot 制作脚本　225
16.2　Midjourney 生成图像　225
16.3　Runway 生成视频　230
16.4　剪映剪辑视频　237
16.5　ElevenLabs 生成旁白　240
16.6　剪映添加旁白　241

第 4 篇　总结展望篇　245

第 17 章　创意与技术的平衡　246

17.1　在 AI 视频创作过程中创意与技术之间的平衡　246
17.2　技术与创意　246
17.3　创意思维在技术驱动创作中的核心作用　247

第 18 章　未来发展趋势　249

18.1　AI 视频创作技术的未来走向与对影视产业的影响　249
    18.1.1　AI 视频创作技术的未来走向　249
    18.1.2　AI 对影视产业的影响　250
18.2　持续学习，适应不断进步的技术环境　251

第1篇
基础篇

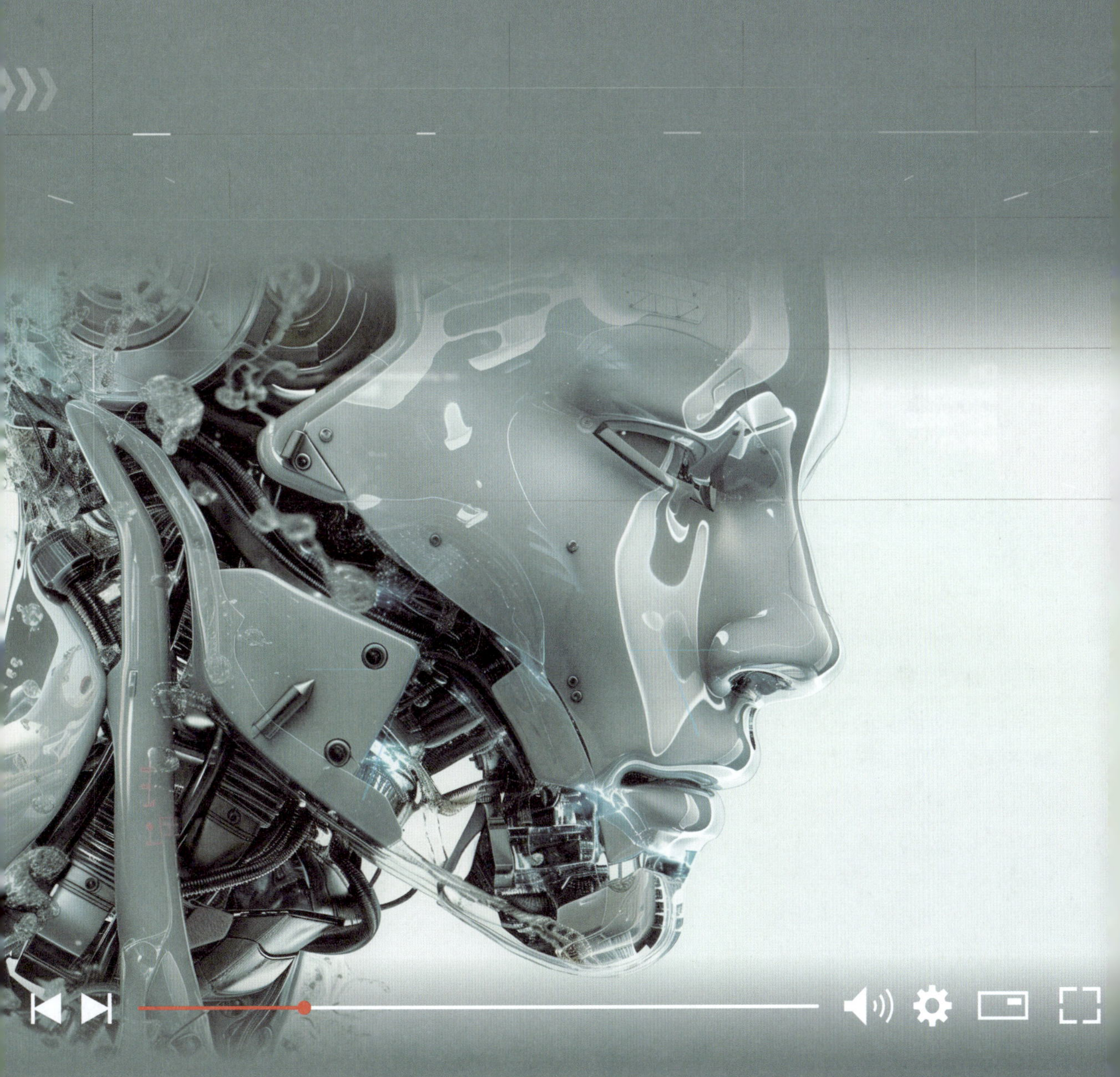

扫码获取本书配套资源

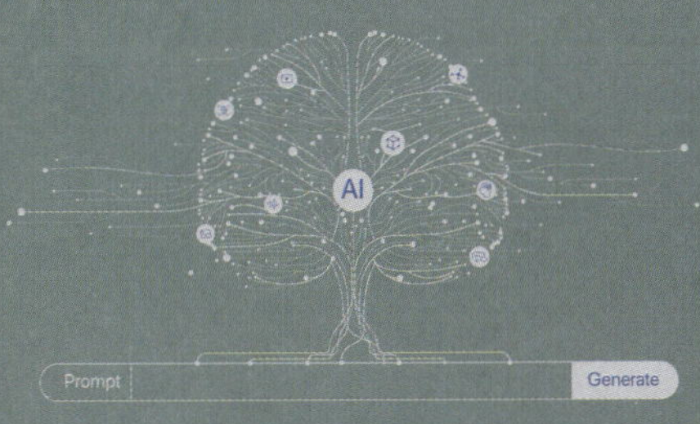

第 1 章　小试牛刀，AI 实操小案例

在开始深入讲解 AI 功能与特点之前，可以先快速入门一些基础的 AI 工具。随着产品升级，大多数 AI 工具都已经具备连接网络检索内容的功能。这是早期 AI 产品所不具备的功能。

1.1　Kimi AI

在搜索引擎中输入关键词"Kimi AI"，如图 1-1 所示，就可以直接访问 Kimi AI 的首页（图 1-2）。

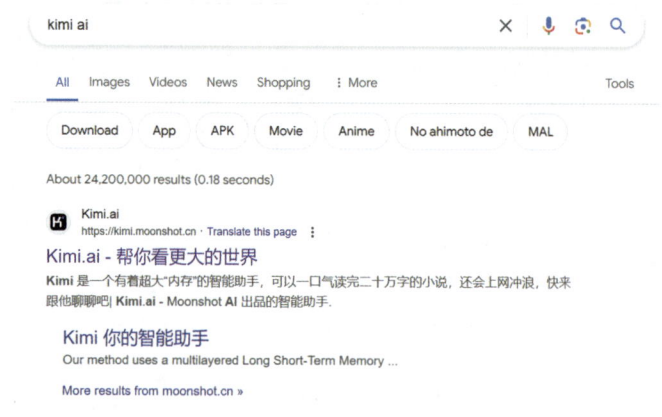

图 1-1　搜索 Kimi AI 结果

思路拓展

Kimi AI 是由月之暗面科技有限公司开发的人工智能助手，擅长中英文对话，致力于为用户提供安全、有帮助、准确的信息。Kimi AI 能够阅读和理解多种格式的文件，解析网页内容，并结合搜索结果来回答问题。它旨在帮助用户更高效地获取信息和解决问题，同时遵守相关法律法规，确保对话内容的合规性。Kimi AI 的 App 可以在应用商店下载，而 PC 端网页版可以通过访问官网来使用。

在 Kimi 的首页中，官方给我们提供了一些预设好的案例，供我们快速了解这个工具的功能以及使用方法。我们只需要单击其中一个，AI 就会处理相应的问题。我们单击第二个"【信息搜索】关于人生和投资，瑞达利欧有哪些核心原则？"，如图 1-3 所示。

图 1-2　Kimi AI 首页

图 1-3　单击预设的内容

这时候，Kimi AI 给我们生成了回答，如图 1-4 所示。生成出来的结构是非常方便我们查找重点内容的。但是这样的结构有一个问题，就是不适合放入文章中作为材料。所以我们可以要求 AI 把这段生成的内容转化为两段文字，作为文章中的引用部分。

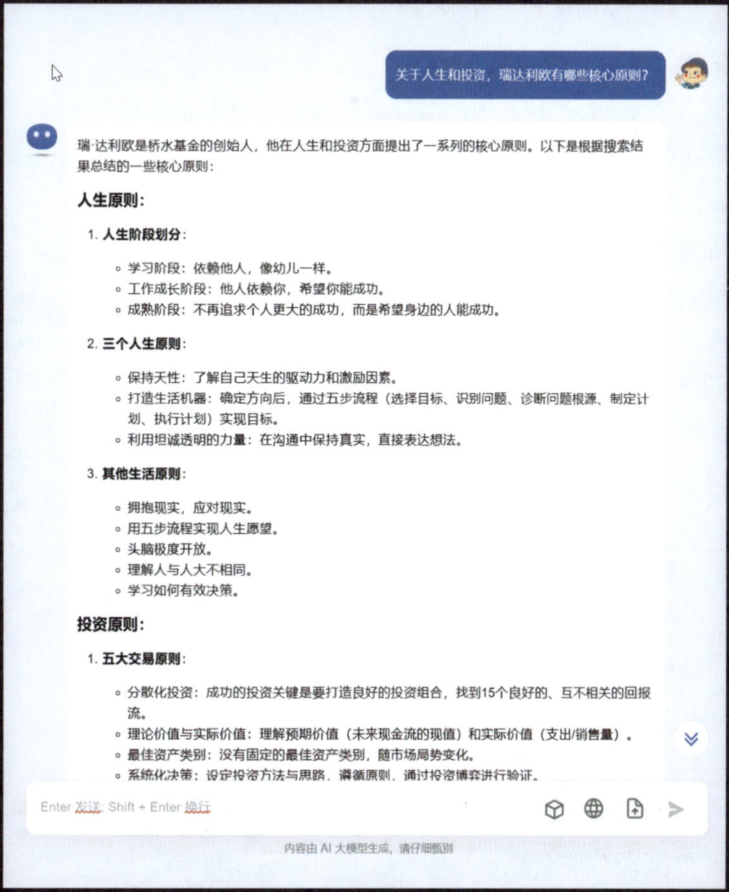

图 1-4　AI 生成回答

接下来我们输入"将内容改写为 2 个自然段落"，即可得到我们想要的格式。生成出来的内容如图 1-5 所示。

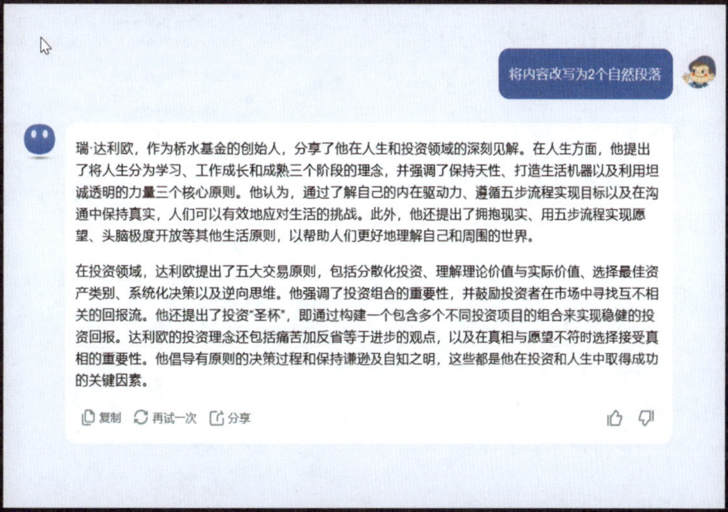

图 1-5　改写后的内容

我们可以单击"复制"按钮，如图1-6所示，将这段文字复制到其他软件中，比如Word文档。

生成的回答是Kimi预先训练好的内容，我们也可以让它在互联网中查询资料，整理内容。比如，输入"帮我在网上搜索一下当前比较流行的AI工具"，它便会连接互联网，在各大平台的相关报道中总结归纳出这个问题的答案。回答如图1-7所示。

相比之前的回答内容，这个联网后的回答中，许多地方被标记了数字序号，并且对话框的顶部也有一个参考资料的位置。这就是Kimi AI通过检索互联网内容，给我们快速找寻资料的能力，如图1-8所示。

我们可以单击这些数字，跳转到原链接，也可以在对话框的顶部单击所有参考资料，寻找相关的内容，如图1-9所示。这种功能能够大幅提高我们的工作效率。

思路拓展

目前并非所有的AI都具备联网功能，大多数AI使用的是原本训练好的数据。类似Kimi AI这样的具备联网功能，能够在互联网上寻找资料

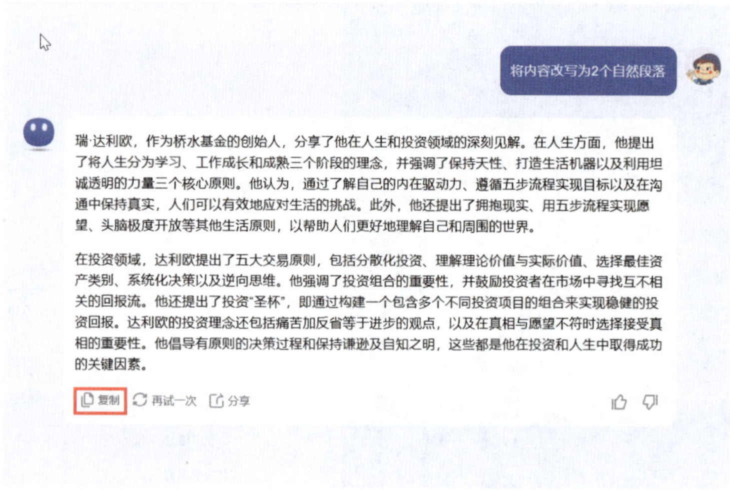

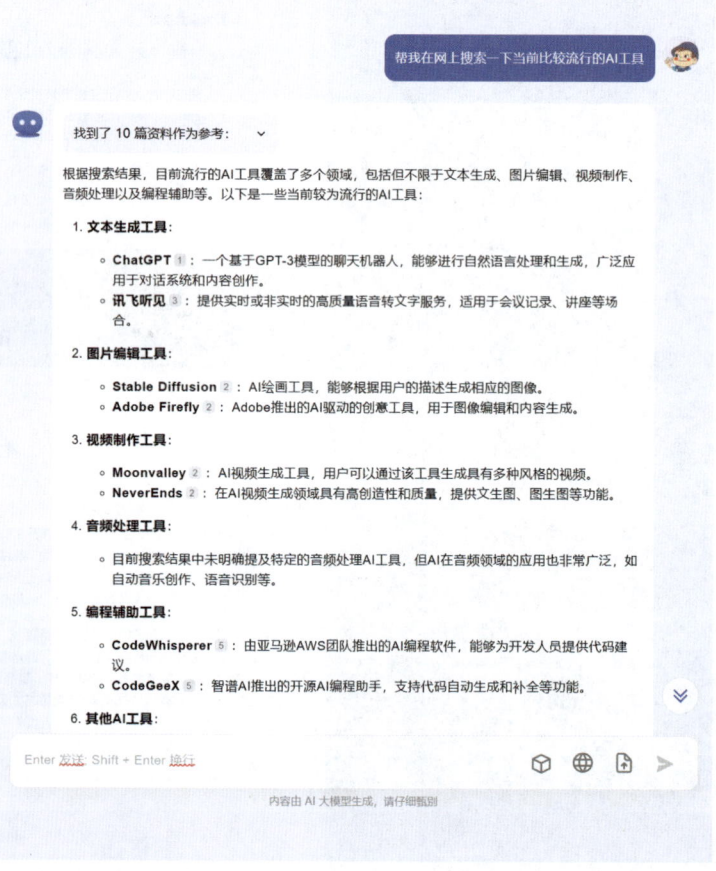

图1-6 单击"复制"按钮

图1-7 联网检索相关资料

第 1 章　小试牛刀，AI 实操小案例

的工具将会越来越多。因为这样的资料更具有时效性，而且也更加有依据。

随着互联网技术的快速发展，越来越多的 AI 产品被设计为具备联网查询资料的能力，这主要得益于联网 AI 在信息时效性、用户体验、功能扩展、数据处理能力、技术创新、智能决策支持、个性化服务、市场需求响应以及商业化和实用性方面的显著优势。联网 AI 能够实时获取和更新信息，为用户提供最准确的数据和解答，从而极大地提升了用户体验和满意度。此外，联网功能也使得 AI 产品可以处理更广泛的查询需求，从新闻资讯到学术研究，再到市场分析等，都能提供全面的支持。同时，联网 AI 通过先进的算法，能够高效地处理和分析大量非结构化数据，从而提高搜索的准确性和效率。在商业决策和科研领域，联网 AI 的智能搜索能力可以帮助用户快速找到关键信息，支持更加精准和高效的决策过程。个性化服务也是联网 AI 的一大特色，它可以根据用户的行为和偏好提供定制化的搜索结果和建议。最后，随着市场对 AI 能力的不断追求和需求，联网 AI 产品的开发和应用也在不断推动 AI 技术的商业化和实用性，为各行各业带来了前所未有的机遇和挑战。

图 1-8　数字标记参考内容

图 1-9　参考资料展示

005

1.2 文心一言

我们可以在搜索引擎中直接搜索"文心一言"。图 1-10 所示为文心一言的首页。

思路拓展

文心一言是百度基于文心大模型技术推出的生成式对话产品。文心大模型是百度自主研发的产业级知识增强大模型，既包含基础通用的大模型，也包含面向重点任务领域和行业的大模型，以及丰富的工具与平台，支撑企业与开发者进行高效便捷的应用开发。文心一言作为文心大模型家族的新成员，能够与人对话互动，回答问题，协助创作，帮助人们高效便捷地获取信息、知识和灵感。

同时，文心一言大模型的训练采用了飞桨深度学习平台和知识增强大模型，持续从海量数据和大规模知识中融合学习，具备知识增强、检索增强和对话增强的技术特色。

此外，文心一言也致力于将人工智能最前沿的技术成果应用于社会最重要的领域，其最终目的是为社会带来真正的价值，包括效率的提升、成本的降低、体验的改善和新的商业模式的创造，让每一个人都能享受科技带来的美好生活。

如需更多关于文心一言的详细介绍，可以访问百度官网。

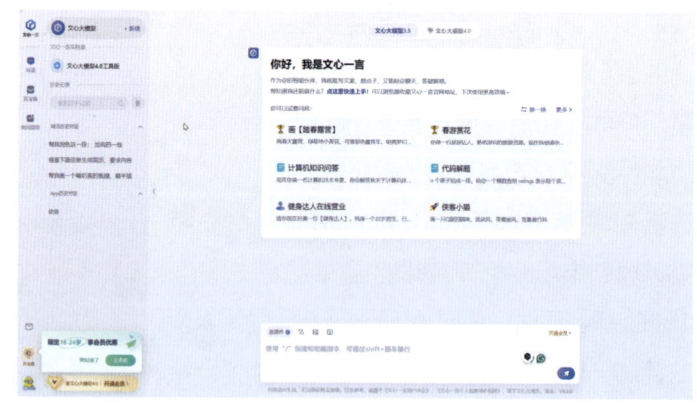

图 1-10　文心一言首页

与大多数 AI 工具类似，文心一言首页也会提供一些预设，辅助用户快速了解它的作用，如图 1-11 所示。比如我们单击这里的"谈薪技巧"，看看文心一言会给我们生成怎样的内容，如图 1-12 所示。

文心一言还有 AI 绘画的功能，我们可以输入"帮我画一幅风景秀丽的图画"，让它生成图片，如图 1-13、图 1-14 所示。

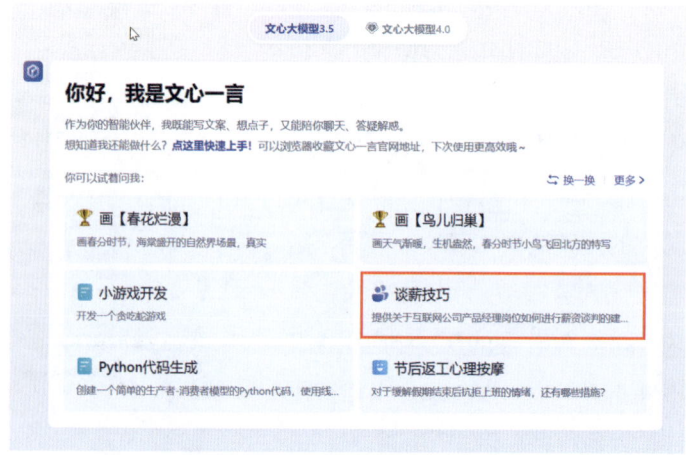

图 1-11　文心一言预设内容

第1章 小试牛刀，AI实操小案例

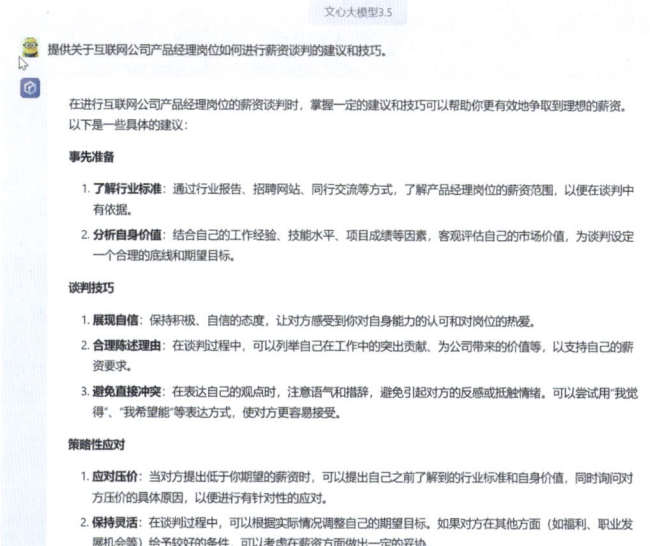

图 1-12 文心一言生成的回答内容

思路拓展

目前 AI 生成图片主要使用的原理包括生成对抗网络（GANs）和扩散模型（diffusion models）。

生成对抗网络（GANs）的原理是通过两个神经网络的对抗过程来生成图片。这两个网络分别是生成器（generator）和判别器（discriminator）。生成器的任务是根据随机噪声生成图片，而判别器则尝试区分生成的图片和真实图片。在训练过程中，生成器不断改进以产生更逼真的图片，判别器也在不断学习以更好地识别真假图片。这种对抗训练使得生成器最终能够生成高质量的、逼真的图片。

扩散模型（diffusion models）则是另一种生成图片的方法，它模拟了物理过程中的扩散现象。在这种模型中，数据（如图像）被视为从有序状态逐渐加入噪声，直到完全随机化的过程。然后，模型通过逆向学习这个过程来从噪声数据中恢复出原始数据。在图像生成的应用中，扩散模型可以从一个充满噪声的图像开始，逐步去除噪声，最终生成清晰的、高质量的图像。

这两种模型各有优势，GANs 因其能够生成高质量的逼真图像而广受欢迎，而扩散模型则因其在生成高分辨率和复杂图像方面的能力而受到关注。随着技术的不断进步，这些模型的应用范围在不断扩大，生成效果也在不断提升。此外，还有如 DALL-E 等模型，它们通过不同的方法和技

图 1-13 文心一言生成的图片（1）

图 1-14 文心一言生成的图片（2）

007

术创新来生成图片，进一步推动了AI绘画的发展。

在文心一言主界面的左侧，有一个"网页历史对话"的部分，如图 1-15 所示，这个部分记录了用户曾经的对话内容，我们可以很方便地找回原来的对话，并且继续提问。有了前后语境，AI 会更加理解我们的需求。

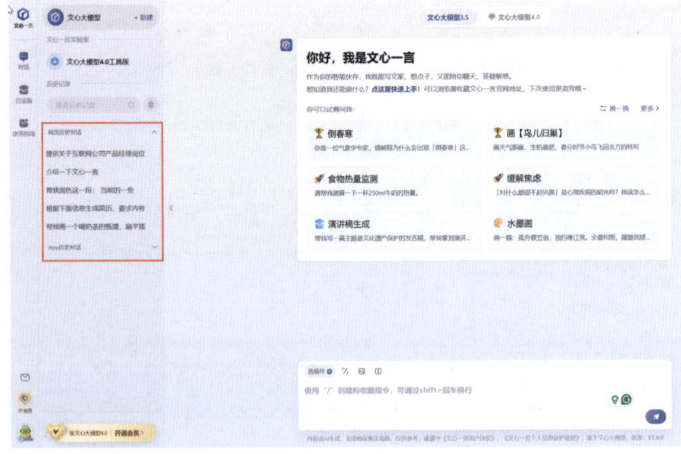

图 1-15　历史对话

思路拓展

许多情景下，与 AI 对话时，我们为 AI 提供的内容与信息越多，上下文越长，它就越能理解我们的需求，回答的内容也就越准确。在对话式 AI 中，提供更多的内容和信息有助于 AI 更准确地理解用户的需求和上下文。这是因为对话状态跟踪（dialog state tracking）和上下文编码器等技术可以利用这些信息来捕捉和编码对话历史，从而帮助 AI 在多轮对话中保持连贯性和一致性。例如，当用户与 AI 进行餐厅推荐服务的对话时，AI 通过分析用户提供的关于餐厅偏好的信息，能够更准确地推荐符合用户需求的餐厅。

此外，长上下文的支持能力也对 AI 的性能有显著影响。例如，Kimi 智能助手通过提高其上下文窗口的容量，能够处理更长的对话历史，这使得 AI 能够在用户突然提起过去的对话内容时，依然能够准确回忆并提供相关的回应。这种长上下文的记忆能力显著提升了用户体验，使得 AI 对话更加自然和流畅。

1.3　通义千问

进入通义千问的首页（图 1-16），我们能看到通义千问为我们提供的四大服务内容。

思路拓展

通义千问是由阿里云推出的一款大型语言模型，旨在为各行各业提供优质的自然语言处理服务，并且能够应对各种复杂的任务挑战。该模型具备强大的知识获取和理解能力，无论是结构化知识还是非结构化知识，都能有效理解和抽取，提供精准的答案。此外，通义千问还具有泛化能力，无须进行特定任务训练即可进行多模态理解和推理。该模型根据给定的情境理解用户的需求，提供相关的、准确的答案，并具有显著的自适应能力，可以根据不同的应用场景和用户需求进行自我调整。

第 1 章　小试牛刀，AI 实操小案例

通义千问的开发背后，是阿里云在 AI- 云计算全栈技术能力的支持下，所进行的系统性工程。阿里云拥有中国唯一自研的云操作系统飞天，提供了强大的算力体系支撑，拥有 EB 级别的存储空间，并且在全球建立了 28 个数据中心，是亚洲规模最大的云计算平台。这些技术积累和基础设施的建设，为通义千问的研发和运行提供了坚实的基础。此外，通义千问已经开始在多个领域得到应用，例如在金融、法律、科研、医疗、教育等专业领域，用户可以通过通义千问网站和 App 快速读研报、分析财报、读科研论文、研判案情、读医疗报告、解读法律条文、分析考试成绩、总结深度文章。这些应用展示了通义千问在实际工作中的实用性和高效性。

图 1-16　通义千问官网

我们单击"立即使用"，进入它的主界面（图 1-17）。

图 1-17　通义千问主界面

我们可以利用通义千问生成小红书或者朋友圈的文案，比如"帮我写一段关于四川旅游的小红书文案"，如图 1-18 所示。

通义千问还能够根据文字内容，帮助我们生成图片。比如输入"落日时分的街角边的咖啡店，温馨风，慵懒风格，有树荫，阳光洒到街边的木质椅子和桌子上"，如图 1-19、图 1-20 所示。

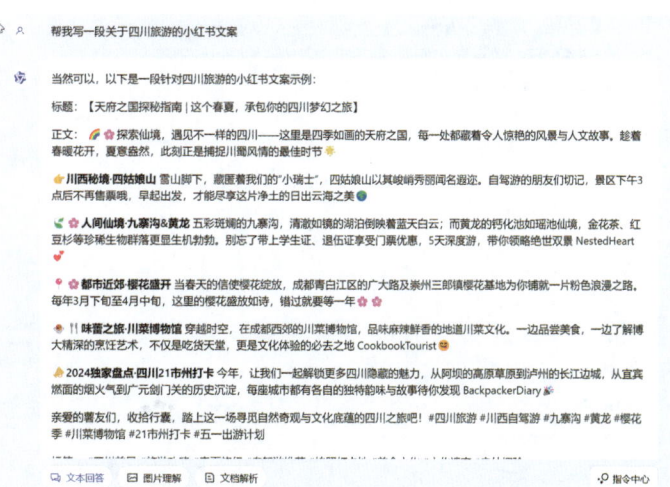

图 1-18　通义千问生成的小红书文案

009

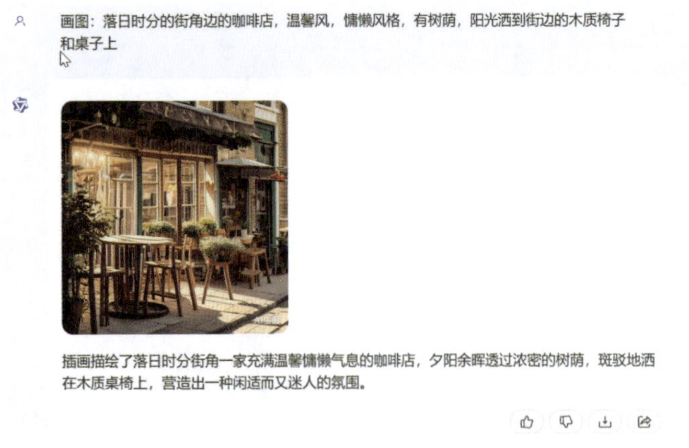

画图：落日时分的街角边的咖啡店，温馨风，慵懒风格，有树荫，阳光洒到街边的木质椅子和桌子上
插画描绘了落日时分街角一家充满温馨慵懒气息的咖啡店，夕阳余晖透过浓密的树荫，斑驳地洒在木质桌椅上，营造出一种闲适而又迷人的氛围。

图 1-19　通义千问生成图片

AI生图

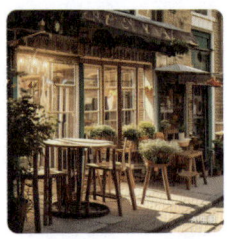

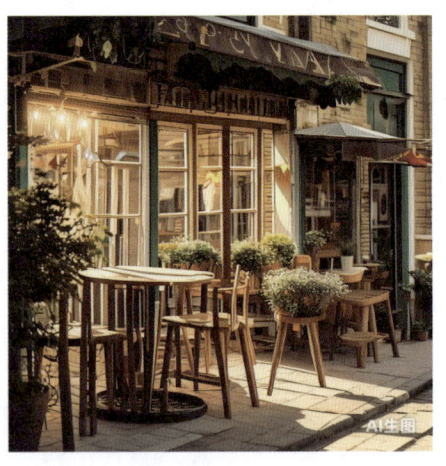

图 1-20　生成的图片

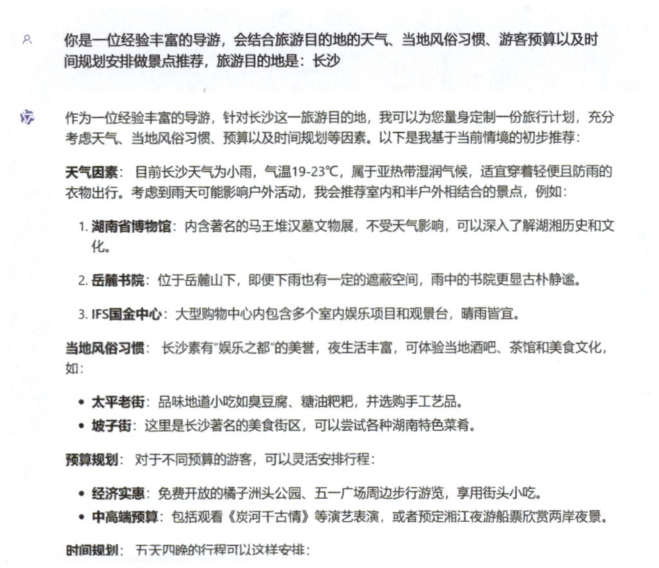

你是一位经验丰富的导游，会结合旅游目的地的天气、当地风俗习惯、游客预算以及时间规划安排做景点推荐，旅游目的地是：长沙
作为一位经验丰富的导游，针对长沙这一旅游目的地，我可以为您量身定制一份旅行计划，充分考虑天气、当地风俗习惯、预算以及时间规划等因素。以下是我基于当前情境的初步推荐：
天气因素：目前长沙天气为小雨，气温19-23℃，属于亚热带湿润气候，适宜穿着轻便且防雨的衣物出行。考虑到雨天可能影响户外活动，我会推荐室内和半户外相结合的景点，例如：
1. 湖南省博物馆：内含著名的马王堆汉墓文物展，不受天气影响，可以深入了解湖湘历史和文化。
2. 岳麓书院：位于岳麓山下，即便下雨也有一定的遮蔽空间，雨中的书院更显古朴静谧。
3. IFS国金中心：大型购物中心内包含多个室内娱乐项目和观景台，晴雨皆宜。
当地风俗习惯：长沙素有"娱乐之都"的美誉，夜生活丰富，可体验当地酒吧、茶馆和美食文化，如：
• 太平老街：品味地道小吃如臭豆腐、糖油粑粑，并选购手工艺品。
• 坡子街：这里是长沙著名的美食街区，可以尝试各种湖南特色菜肴。
预算规划：对于不同预算的游客，可以灵活安排行程：
• 经济实惠：免费开放的橘子洲头公园、五一广场周边步行游览，享用街头小吃。
• 中高端预算：包括观看《炭河千古情》等演艺表演，或者预定湘江夜游船票欣赏两岸夜景。
时间规划：五天四晚的行程可以这样安排：

图 1-21　通义千问扮演导游角色

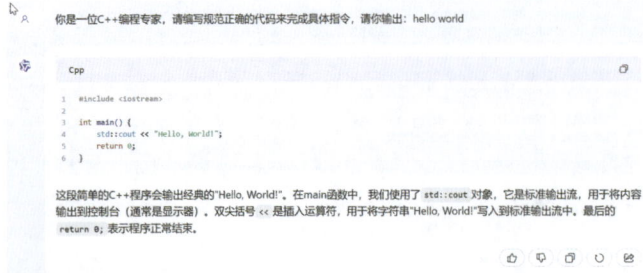

另外，它还能扮演好导游的角色。下面我们来看看通义千问作为导游能给我们带来哪些帮助，如图 1-21 所示。

不仅如此，它还能解决技术难题，比如帮我们编写一段 C++ 代码。输入“你是一位 C++ 编程专家，请编写规范正确的代码来完成具体指令，请你输出：hello world”，我们来看看它会生成怎样的内容，如图 1-22 所示。

你是一位C++编程专家，请编写规范正确的代码来完成具体指令，请你输出：hello world
Cpp
#include <iostream>
int main() {
std::cout << "Hello, World!";
return 0;
}
这段简单的C++程序会输出经典的"Hello, World!"。在main函数中，我们使用了 std::cout 对象，它是标准输出流，用于将内容输出到控制台（通常是显示器）。双尖括号 << 是插入运算符，用于将字符串"Hello, World!"写入到标准输出流中。最后的 return 0; 表示程序正常结束。

图 1-22　通义千问 C++ 语言编程

思路拓展

AI 程序能够编写代码和协助旅游规划，是因为它们具有强大的学习和分析能力。它们可以从大量的代码样本中学习编程的规则和模式，然后应用这些知识来帮助我们生成新的代码。这就像有一个智能助手，它能够理解我们的需求，并根据这些需求提供合适的编程解决方案，从而提高我

们的工作效率。

在旅游规划方面，AI 程序通过分析我们的旅行偏好和需求，结合地图服务和实时交通信息，为我们提供个性化的旅行建议。例如，如果我们计划带老人去北京旅游，AI 会考虑到老人的体力和兴趣，为我们规划出既舒适又充满乐趣的行程。这样的智能规划工具，不仅节省了我们的时间，也让旅行变得更加轻松和愉快。通过这些工具，我们可以享受到定制化的旅行体验，无论是寻找美食、规划路线，还是预订酒店，AI 都能为我们提供便捷的服务。

1.4 Copilot

Copilot 的使用方法稍微特殊一点，在最新的 Windows 系统中，这个 AI 工具被整合进来，但是我们也能够通过网页访问和使用它。必应的首页如图 1-23 所示。

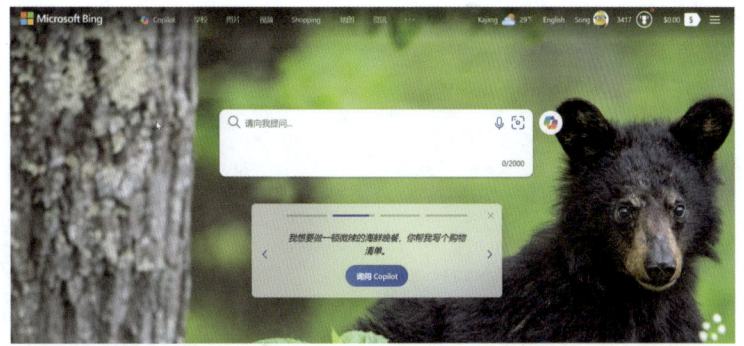

图 1-23 必应首页

思路拓展

微软 Copilot 是由 OpenAI 的 GPT-4 技术驱动的人工智能助手。它被集成在微软提供的多种产品和服务中，旨在通过简单的提示来帮助用户提高工作效率。Copilot 可以在 Windows 11 的任务栏中找到，也可以在网页端、Edge 浏览器侧边栏等地方使用。它的功能在不同平台上有所差异，例如，在网页端，用户可以用自然语言提问，Copilot 能够提供全面的答案；在 Windows 11 任务栏上，它可以帮助用户更改系统设置；在画图应用程序中，Copilot 可以执行如创建图像和编辑图片背景的任务。

Copilot 还具备语音交互功能，用户可以通过语音与其交流，Copilot 也会以语音形式回答用户的问题。此外，Copilot 支持图像识别和处理，用户可以上传图片以获取更多信息。在 Microsoft Edge 浏览器中，Copilot 不仅可以进行对话，还能总结网页内容，帮助用户快速判断文章是否值得一读。它还可以帮助用户撰写内容，如电子邮件、文章等，并管理浏览器中的选项卡。

除了在微软的自家产品中使用，用户还可以通过 Web 应用程序访问 Copilot。Copilot 的目标是成为用户的日常人工智能助手，通过简单的聊天体验来提升用户的生产力、创造力，并帮助用户更好地理解信息。随着技术的发展，Copilot 的功能和应用范围有望进一步扩展和完善。

单击右上角的菜单栏，将"国家/地区"设置为其他地方，比如"美国/英语"，确保能够正常使用 Copilot，再刷新网页，如图 1-24 所示。

单击网页上方的 Copilot 图标，进入 AI 主页面，如图 1-25 所示。

Copilot 将结果输出分为三个等级：有创造力、平衡、精确。顾名思义，我们可以根据自己的需求来选择输出结果的稳定程度。大多数情况下会选择"平衡"模式，如图 1-26 所示。

和其他 AI 工具的用法类似，我们在输入框中输入"今天地球上最冷的温度是多少？"Copilot 则会在互联网上搜索相关的答案，如图 1-27 所示。

Copilot 有个非常大的优势是对英文世界的搜索能力。比如刚才同样一个问题，我们使用英文，在英文的语境下再询问一次，那么它的回答不仅仅是转变成英文这么简单，搜索内容的来源也完全变成了外文网站，如图 1-28 所示。

所以如果我们需要搜索外国资讯，Copilot 使用起来就非常便捷了。如图 1-29 所示，其下方标记的链接也

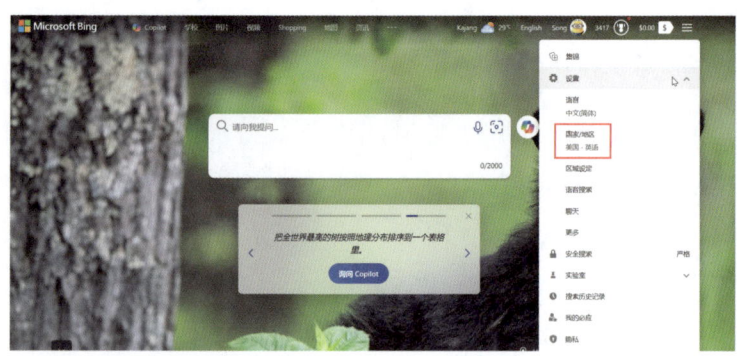

图 1-24　重新设定地区位置

图 1-25　Copilot 首页

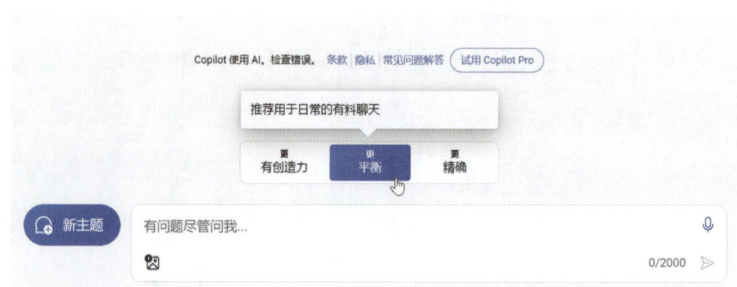

图 1-26　"平衡"模式

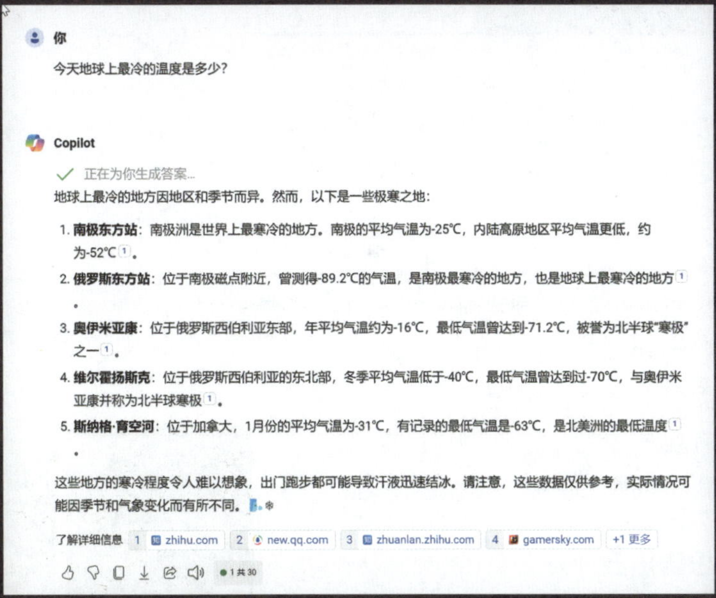

图 1-27　Copilot 的回答

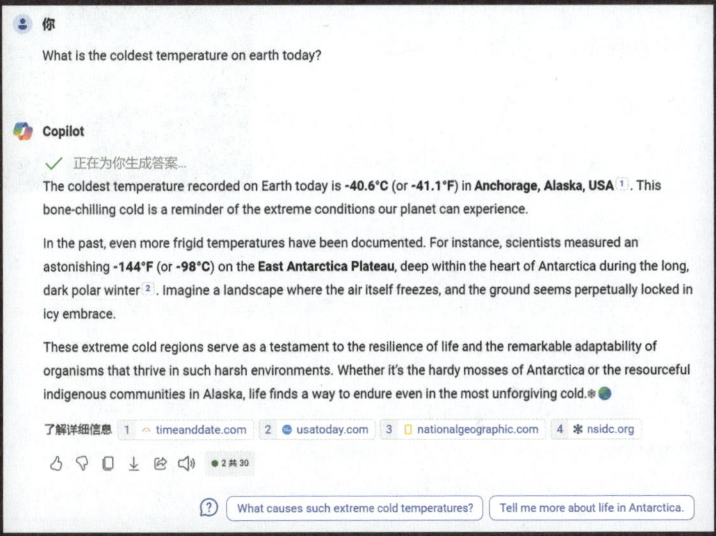

图 1-28　英文版本的查询结果

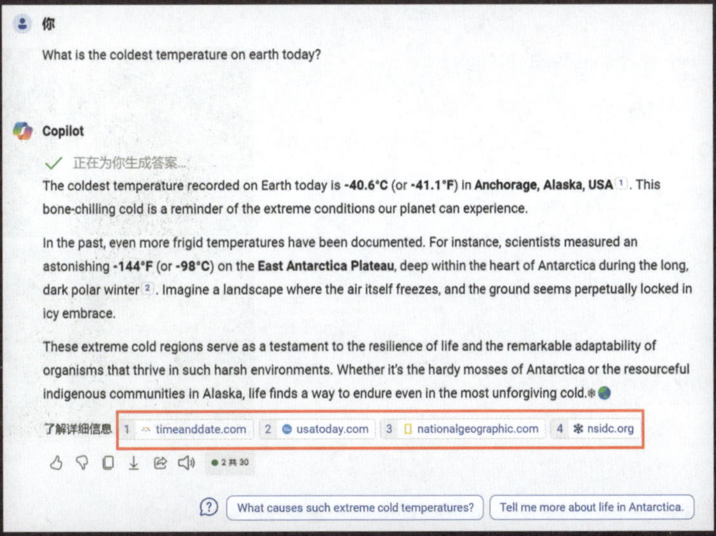

图 1-29　参考内容原链接

可以让我们轻松跳转到内容出处。

　　Copilot 也能生成图片。比如我们输入"帮我画一个风景优美的有山有水的地方。画面里有一个小小的房子。"它就能一次性生成四张图片，供我们选择，如图 1-30 所示。

思路拓展

　　微软 Copilot 的生成图片功能是基于人工智能和机器学习技术实现的，它利用了大型语言模型（LLM）来理解用户的自然语言提示，并据此生成相应的图像。这项功能是由微软与 OpenAI 合作开发的，OpenAI 提供了先进的人工智能模型，如 DALL-E，这是一个能够根据文本描述生成图片的模型。

　　具体来说，当用户通过 Copilot 输入一个描述性的文本提示时，比如"创建一个带有便签和明信片的公告板的黑白图像"，集成在 PowerPoint 中 的 DALL-E 模型就会解析这个提示，并生成与描述相匹配的图像。如果用户对生成的图像不满意，可以要求 Copilot 重新生成，直到达到满意的效果。

　　此外，微软还宣布了将 OpenAI 的文本生成图片模型 DALL-E 集成到其 Microsoft

图 1-30　Copilot 生成图片

图 1-31　Copilot 放大图片（1）

第 1 章　小试牛刀，AI 实操小案例

365 Copilot 中，这表明微软正在不断扩展和深化与 OpenAI 的合作，以提升其 AI 服务的能力。

总的来说，Copilot 的图片生成功能是通过与 OpenAI 合作，利用其提供的先进 AI 模型来实现的，允许用户用自然语言描述生成高质量的图像，从而提高工作效率和激发创造力。

如果选择图 1-31 右下角的这张图，Copilot 就会将其放大（图 1-32），并且可以进行下一步操作。

如图 1-33 所示，单击图片右下角的放大图标，可以提升画质，改变画幅。这个过程不仅仅是修改了画面的比例，同时也是在提升画面的分辨率，如图 1-34 所示。

除了提升画幅、升级画质之外，Copilot 还提供了一些"滤镜预设"，我们可以任意修改生成的内容的风格，比如，单击"Pixel art"图标，这样画面就由原来的绘画风格变成了像素风格，如图 1-35、图 1-36 所示。

我们来看看其他风格的图片会是什么样子，如图 1-37 ~ 图 1-44 所示。要知道，这仅仅使用了一个指令而已，其功能还是非常强大的。

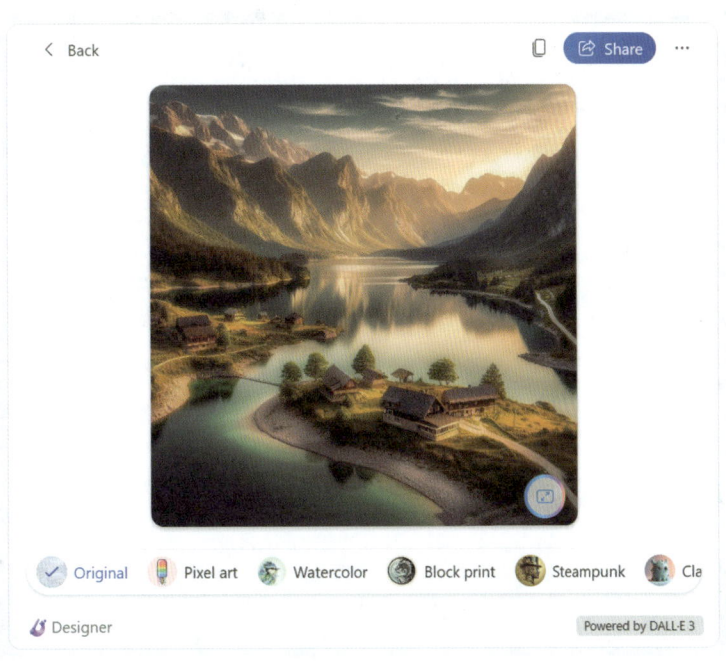

图 1-32　Copilot 放大图片（2）

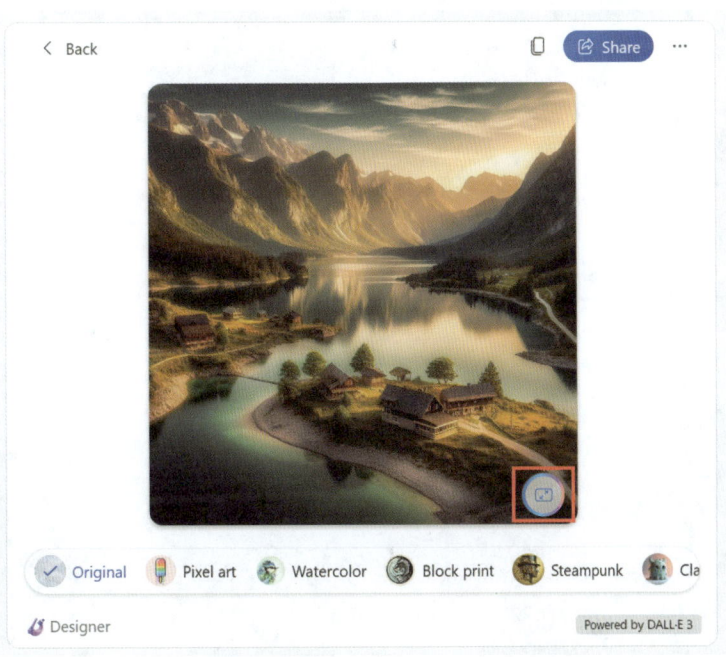

图 1-33　提升画面分辨率（1）

015

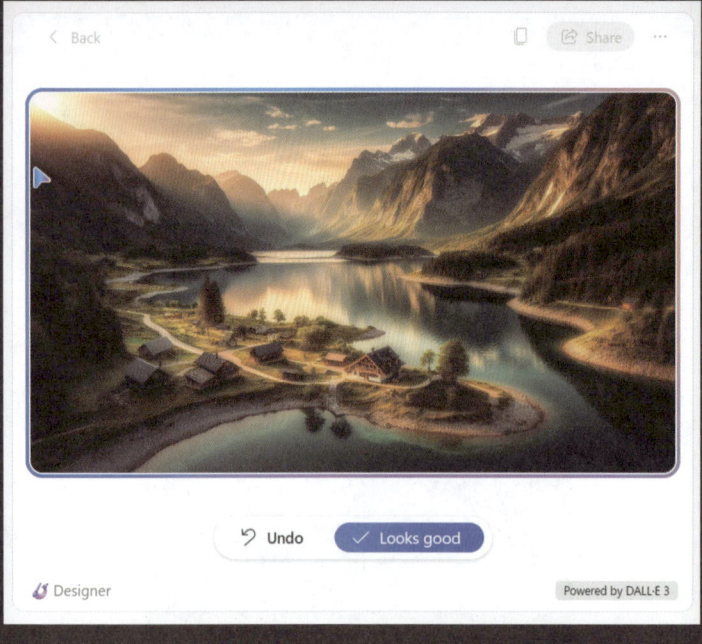

图1-34 提升画面分辨率（2）

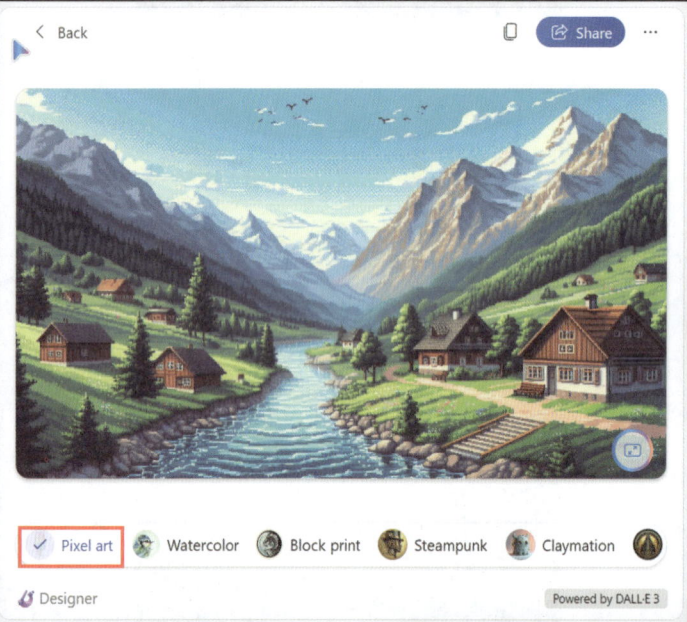

图1-35 滤镜预设

图1-36 像素风格

图 1-37　Watercolor 风格

图 1-38　Steampunk 风格

图 1-39　Block print 风格

图 1-40　Pixel art 风格

图 1-41　Origami 风格

图 1-42　Claymation 风格

图 1-43　Art deco 风格

图 1-44　Low poly 风格

还有一个不得不提的功能，就是"局部修改"。输入提示词"生成一张人像照片"，让 Copilot 生成一张人像，如图 1-45 所示，选择被框选的右上角的女生。

接下来，鼠标选择人物，单击，系统就会自动选择整个人物的部分，如图 1-46 所示，此时下方就会出现一个新的工具栏，包括"Color pop"（仅选中对象保留色彩，其余都做黑白处理）和"Blur background"（背景模糊）。选择第一个"Color pop"。

这样一来，人像的颜色得以保留，其余的部分都做了黑白处理，如图 1-47 所示。

接下来就是放大画幅，再单击"Landscape"图标，最后单击下载按钮，下载高清图片，如图 1-48～图 1-50 所示。

图 1-45　生成人像

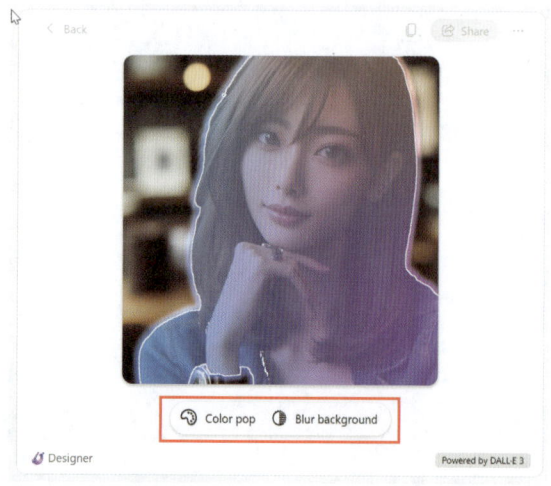

图 1-46　选择人物部分

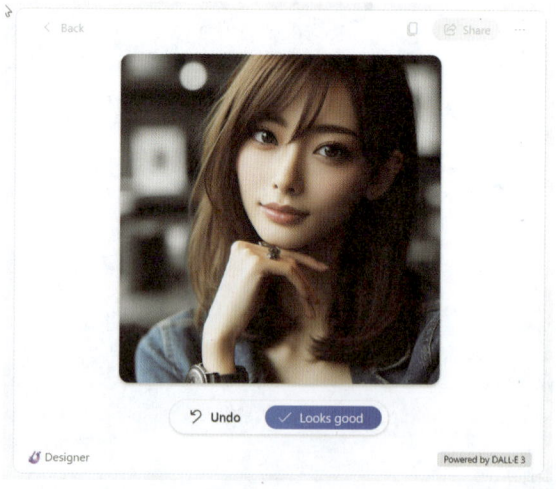

图 1-47　局部黑白处理图片

思路拓展

AI 绘图局部处理技术通过深度学习算法，为用户提供了对图像特定区域进行精细编辑的能力。这包括颜色调整、细节增强、元素添加或替换等，极大地提升了艺术创作的灵活性和效率。用户可以通过简单的涂鸦或上传蒙版来指导 AI 进行精确的局部修改，或者利用智能扩图功能来扩展图像内容，创造出更加丰富和动态的作品。

AI 绘图工具如 Stable Diffusion 和 Midjourney 等，通过提供易于使用的界面和功能，使得即使不具备专业图像编辑技能的用户也能轻松进行创作。这些工具的社区和资源平台，例如 Civitai-ai 和 huggingface，为用户分享和发现 AI 绘画创作资源提供了平台，包括预训练模型、数据集和教程等，进一步促进了 AI 绘图技术的发展和普及。

微软的 Copilot 技术通过理解自然语言指令，进一步简化了图像编辑过程，让创作变得更加直观和高效。Copilot 能够根据用户的描述自动提供代码建议，提高编程效率，同时也能与 AI 绘图工具集成，提供更丰富的用户体验。随着 AI 技术的不断进步，未来 AI 绘图的局部处理功能将更加强大，为艺术家和设计师提供更多的创作可能性和便利。

图 1-48　放大画幅（1）

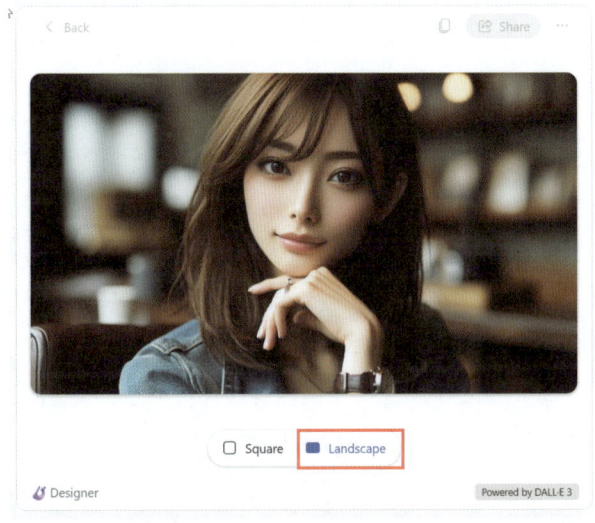

图 1-49　放大画幅（2）

图 1-50　原图

第 2 章　AI 视频创作基础

2.1 视频创作中的基本概念和内容

2.1.1 视频创作中的基本概念

随着互联网技术的兴起，电影产业进入互联网时代，在线视频平台改变了人们的观影习惯，为电影宣传和发行提供了新渠道。互联网公司的介入，形成了"电影 + 互联网"的新模式。自媒体概念的提出，标志着影视行业进入了一个新的阶段，普通大众可以通过社交媒体和视频平台自主创作和分享内容，影视内容的生产和传播变得更加民主化和个性化。自媒体时代的到来，使得每个人都能成为内容创作者，极大地丰富了影视行业的生态。

思路拓展

在自媒体时代，视频创作为每个人提供了展示自我和分享创意的机会。要抓住这一机遇，首先需要通过专业书籍、教程视频和在线课程等资源，学习视频制作的基础知识和技能，如剪辑、拍摄技巧、剧本编写等。同时，熟悉并掌握主流的视频编辑软件，如 Adobe Premiere Pro 或 Final Cut Pro，如图 2-1、图 2-2 所示，这些工具将帮助你将创意转化为现实。实践是提升技能的关键，通过不断尝试拍摄和编辑，从简单的短视频开始，逐步挑战更复杂的项目，积累经验并从中学习。

为了在众多创作者中脱颖而出，观察和分析成功的视频作品，了解其吸引观众的元素，从故事叙述到视觉风格，都是宝贵的学习资源。保持对行业动态的关注，不断更新知识和技能，适应新技术和平台的变化。同时，学习社交媒体运营，了解不同平台的算法和用户偏好，制定有效的发布策略，并积极与观众互动，建立个人品牌。此外，合理利用网络资源，如免费的音乐库和图库，丰富视频内容，同时参与在线社区，与其他创作者交流，获取反馈。最后，树立版权意识，确保所有使用的素材都是合法授权的，以避免法律风险并尊重原创。通过这些策略，我们能够在自媒体时代中找到自己的位置，让创意闪耀。

视频创作是一门融合视觉艺术、技术和叙事于一体的综合艺术形式，它要求创作者将独特的创意和想法转化为能够触动人心的视觉故事。这一过程涉及多个关键环节，包括构建引人入胜的故事线、撰写详尽的剧本、设计直观的分镜头脚本、制定周密的拍摄计划、打造生动的场景设计、塑造鲜明的角色与选择合适的演员、运用专业的摄影技术、完成精细的后期制作、搭配恰当的音乐与声效，以及策划有效的发布和分发策略。每一个环节都是创作过程中不可或缺的一部分，共同构成了视频创作的全貌。

故事线作为视频创作的骨架，负责引导整个叙事结构，确保观众能够跟随视频的节奏，理解并感受到视频所要传达的信息和情感。剧本则是故事线的具象化，详细记录了视频中的对话、场景和动作指示，为拍摄和后期制作提供了清晰的蓝图。分镜头脚本则通过图像的方式预览视频的节奏和视觉效果，帮助创作者在

图 2-1
Premiere Pro 图标

图 2-2
Final Cut Pro 图标

拍摄前就对最终作品有一个直观的认识。

思路拓展

故事板是影视制作中用于将剧本视觉化的重要工具，它通过一系列的画面或草图展示关键场景和镜头。这些连续的图像按照剧本顺序排列，详细描绘了角色动作、摄像机角度、场景布局等元素。故事板的主要作用是帮助导演、摄影师和整个团队在拍摄前对故事的视觉流程有一个清晰的认识，从而提高拍摄效率和确保创意的有效传达。此外，故事板也是与演员沟通的重要手段，有助于他们更好地理解场景和角色的动态。

分镜头脚本则进一步细化了故事板中的每个镜头，列出了镜头的具体类型、摄像机的运动、角色位置、道具和背景等详细信息。它是导演和摄影师合作的成果，为拍摄提供了明确的指导，确保能够精确捕捉所需的视觉元素。分镜头脚本对于后期制作同样至关重要，它帮助剪辑师和特效师理解导演的意图，从而更有效地完成后期工作。随着技术的进步，电子版的故事板和分镜头脚本制作软件的出现，使得这一创作过程更加高效和灵活，极大地促进了影视制作的现代化。

拍摄计划确保视频创作过程中的时间和资源得到合理分配，而场景设计则通过背景、道具和照明等元素增强视频的视觉吸引力，同时辅助故事的叙述。角色和演员的选择对于视频的情感表达至关重要，演员的表演能够使角色栩栩如生，引发观众的共鸣。摄影技术则涵盖了镜头使用、拍摄角度、运动和照明等方面，是影响视频视觉效果的关键因素。图2-3是特效拍摄现场。

图2-3 特效拍摄现场

思路拓展

在影视行业中，一个周密的拍摄计划对于确保项目顺利进行至关重要。首先，明确项目的整体目标和导演的创意愿景，这是制定拍摄计划的基础。接着，对剧本进行深入分析，识别所有场景、角色和关键动作，以便准确预估所需的时间和资源。制定一个实际可行的时间表，合理安排场地、设备、道具和服装，并确保所有团队成员都清楚自己的职责。同时，合理管理预算，预留应急资金以应对不可预见的情况。考虑到法律和许可要求，应确保所有文件齐备，以避免潜在的法律问题。在计划中也要考虑到后期制作的需求，确保拍摄素材的可用性。最后，保持计划的灵活性，随时准备对计划进行调整，以适应拍摄过程中可能出现的变化。通过这样的细致规划和有效执行，可以确保影视项目在控制成本的同时，顺利完成拍摄，创造出高质量的作品。

后期制作是视频创作的最后一环，它通过剪辑、音效设计、视觉特效和色彩校正等手段，将原始素材转化为一个完整的故事。而音乐和声效的恰当运用，能够进一步增强视频的情感氛围，让观众更加沉浸在故事中。最后，通过精心策划的发布和分发策略，使视频作品能够触及更广泛的观众群体。图2-4所示为电影《功夫》拍摄花絮。

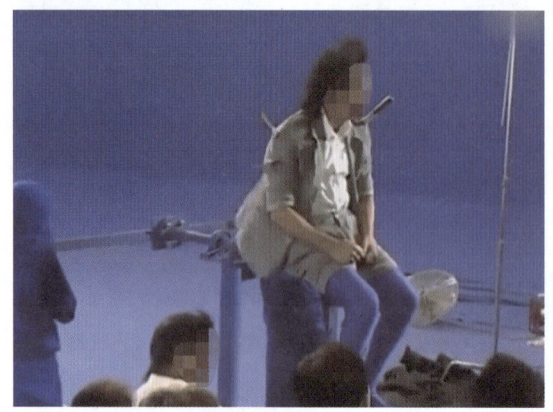

图2-4　电影《功夫》拍摄花絮

视频创作是一个需要创作者具备多方面技能和知识的过程。只有深入理解并掌握这些基本概念和内容，创作者才能够成功地将他们的创意想法转化为引人入胜的视频作品，为观众带来难忘的视觉体验。

2.1.2　视频创作的工作内容

视频创作是一个涉及多个阶段和专业人员协作的复杂过程。在前期准备阶段，创作者需要确定视频的核心概念、主题和目标受众。这个阶段包括剧本的编写，详细描绘故事线、角色对话和场景设置。同时，制作分镜头脚本和故事板是必不可少的，它们帮助创作者可视化每个镜头的构图和动作，确保拍摄过程中的视觉连贯性。此外，制定详尽的拍摄计划、场景设计、选角和道具准备也是前期准备工作的重要部分。

拍摄制作阶段是视频创作中实际操作的环节。在这个阶段，团队将场景搭建成剧本中描述的样子，并开始实际的拍摄工作。摄影师和摄像师负责捕捉每个镜头，运用专业的摄影技术和设备来表现故事。导演和表演指导则与演员紧密合作，确保演员的表演能够准确传达角色的情感，并推动故事的发展。现场监督在这个阶段起到了关键作用，他们需要确保拍摄工作按照计划顺利进行，并及时解决可能出现的问题。图2-5为影视拍摄现场。

图2-5　影视拍摄现场

如图2-6所示，后期制作是视频创作中将拍摄的素材转化为成品的关键阶段。剪辑师负责从大量拍摄素材中选择最佳片段，通过剪辑将它们组合成一个连贯、紧凑的故事。音效设计师添加背景音乐和声效，增强视频的情感深度和观众的沉浸感。视觉特效师则根据需要加入视觉特效，提升视频的观赏性和艺术感。色彩校正是后期制作中不可或缺的一环，通过调整视频的色彩平衡和饱和度，确保最终视频的视觉效果符合创作者的意图。

图2-6　后期制作

发布与推广阶段是确保视频作品能够触达目标观众并产生影响的最后阶段。视频发布涉及选择合适的平台，如在线视频网站、社交媒体等，以及确定发布的时间和方式。营销推广活动通过广告、公关和社交媒体互动等方式，提高视频的知名度和观众的参与度。同时，对视频的观看数据进行分析，如单击率、观看时长和观众反馈，这些数据可以帮助创作者评估视频的表现，并为未来的创作提供宝贵的参考信息。

思路拓展

在发布与推广视频作品时，关键在于精准定位目标受众并选择合适的发布平台，同时优化视频的标题、描述和缩略图以提高搜索引擎的可见性；制定全面的推广计划，包括社交媒体宣传、电子邮件营销和广告投放，并通过互动回应观众反馈；监测视频的表现数据，如观看次数和留存率，以评估推广效果并进行必要的调整；同时，确保内容遵守版权法规和平台政策，避免法律风险。整个推广过程需要持续优化，以确保视频作品能够有效触达并吸引目标观众。

2.2 AI 技术如何改变视频创作的过程

AI 技术正在彻底改变视频创作的面貌，从概念构思到最终成品的整个过程都受到了深刻的影响。在创意生成阶段，AI 能够通过分析大量数据来提供创意建议，甚至自动生成剧本草案，从而加速剧本创作过程。此外，AI 辅助的软件在预制作阶段也发挥着重要作用，它可以帮助制作团队创建详细的虚拟场景和角色模型，优化拍摄计划，使得拍摄过程更为高效。

思路拓展

AI 技术在影视剧本创作和前期故事板制作中的应用正日益显现其价值。它能够通过分析大量现有剧本和故事素材，为编剧提供创意启发和情节建议，从而辅助剧本的构思过程。在角色设计方面，AI 能够基于学习到的数据生成具有新颖特征和性格的角色概念，丰富剧本的人物阵容。对于虚拟环境设计，AI 绘图工具能够根据剧本描述快速生成场景概念图，帮助设计师构建剧本中的世界，从而节省时间并提高效率。此外，AI 还能通过市场趋势分析为剧本创作提供数据支持，帮助编剧创作出更符合市场需求的内容。在剧本评估阶段，AI 工具能够提供关于情节连贯性和角色发展的反馈，帮助优化剧本结构。总体而言，AI 技术作为辅助工具，正在改变剧本创作和故事板制作的方式，提高创作效率，但人类的创造性和情感表达仍然是不可或缺的。

在拍摄现场，AI 技术的应用同样显著。智能系统可以自动调整摄影机设置，以适应不同的拍摄环境，甚至通过实时分析演员的表演来为导演提供反馈。这种技术的应用不仅提高了拍摄效率，也使得导演能够更精准地捕捉所需的表演和场景。后期制作中，AI 通过自动化剪辑、色彩校正和视觉特效的添加，极大地缩短了制作周期，降低了成本。AI 的算法能够快速识别关键片段和情感高潮，使得剪辑过程更为流畅和精确。

AI 技术还为视频内容的审核和分发带来了新的可能性。自动化的内容审核系统能够确保视频内容符合规范，同时 AI 推荐算法能够根据用户的行为和偏好来优化视频的推荐，提高观看率和用户参与度。此外，AI 技术使得视频内容更加个性化，视频平台可以为每个用户提供定制化的内容推荐，甚至根据用户的反馈实时调整视频内容。

思路拓展

AI技术正在革新视频内容的审核和分发流程，通过自动化和智能化的方法提高审核的效率和准确性。例如，AI系统能够对视频的各个维度进行全面审核，智能识别并警告潜在的违规内容，如不当语言、图像和行为。此外，AI还支持多模态内容识别，能够自动提取和分析图像和视频中的关键信息，从而实现更精准的内容过滤。在个性化推荐方面，AI通过分析视频内容，提供精准的视频推荐，增强用户体验。对于直播内容，AI技术也能够实时监控并审核，确保直播内容的合规性。这些技术的应用不仅提升了内容管理的效率，也为观众提供了更加安全和个性化的观看体验。随着AI技术的不断发展，其在视频内容审核和分发领域的潜力将进一步得到挖掘。

然而，AI技术在带来便利的同时，也引发了一些挑战和问题。内容同质化、版权问题以及对传统影视行业职位的影响是行业需要面对的问题。随着AI技术的不断进步，行业标准和职业角色可能会发生变化，创作者和行业从业者需要不断适应新的技术环境，提升技能，以保持竞争力。未来，我们可以预见AI将继续推动视频创作的创新和发展，为观众带来更加丰富和多元的视觉体验。

2.2.1 AI应用的案例

人工智能（AI）技术正在影视行业中发挥越来越重要的作用，从剧本创作到角色选取，再到后期制作，AI的应用正逐步渗透到影视制作的各个环节。例如，AI辅助的剧本创作工具能够通过分析大量数据来提供创意建议，甚至自动生成剧本草案，从而加速编剧的创作过程。此外，AI和大数据技术的应用也改变了选角过程，通过智能分析演员的过往表现和观众喜好，帮助制作团队挑选出最合适的演员。这些技术的应用不仅提高了制作效率，也为创作者提供了新的灵感来源，推动了影视作品的创新和多样化。

在动画制作和后期制作领域，AI技术的应用同样引人注目。动画电影《去你的岛》的制作团队全面启用了AI技术，探索AI在动画表演、角色和场景生成等方面的应用，这不仅降低了制作成本，还提高了作品的创作质量，如图2-7～图2-9所示。而在后期制作中，AI技术能够进行配音，修改不当台词或添加视觉特效，使得影视作品更加符合观众的期待。AI图像生成工具，如Midjourney，能够将剧本中的场景和人物快速转化为概念图，帮助制片方直观地判断剧本影视化的可能成效，这大大缩短了前期筹备的时间。

AI技术在影视行业的另一个重要应用是虚拟演员的创造。通过AI算法与计算机图形（CG）技术的结合，制作团队能够创造出超写实的数字人物，这些虚拟演员在外观和表演上与真人难以区分。例如，电视剧《二十不惑2》中的虚拟演员"果果"和微短剧《神女杂货铺》中的数字人物，都是AI技术在影视领域中的成功尝试，如图2-10、图2-11所示。这些虚拟演员不仅为影视作品增添了新的元素，也为演员表演提供了新的可能性。随着AI技术的不断进步，未来影视行业将能够创造出更加丰富和逼真的虚拟世界，为观众带来更加沉浸式的观影体验。

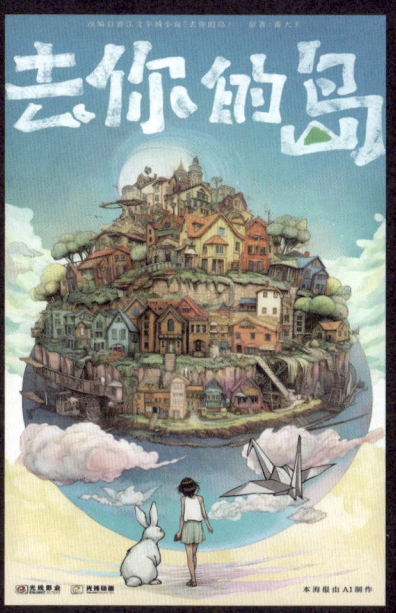

图 2-7 电影《去你的岛》
AI 生成宣传海报（1）

图 2-8 电影《去你的岛》
AI 生成宣传海报（2）

图 2-9 电影《去你的岛》
AI 生成宣传海报（3）

图 2-10 电视剧《二十不惑 2》中
的虚拟演员"果果"（1）

图 2-11 电视剧《二十不惑 2》中的
虚拟演员"果果"（2）

2.2.2 如何利用 AI 技术进行有效的影视内容营销？

利用 AI 技术进行影视内容营销已经成为一种趋势，它通过深入分析用户的行为和偏好，为营销策略提供了数据支持。AI 技术能够识别和预测用户的观看习惯，从而实现个性化推荐，提高目标观众的观看兴趣。例如，通过分析用户对特定类型电影的观看频率和停留时间，AI 可以推荐相似风格的新影视作品，提高用户的观看率和满意度。此外，AI 还可以预测影视作品的潜在热度，帮助营销团队在关键时刻进行有效的推广活动，从而最大化营销效果和投资回报率。

AI 技术在影视内容营销中的应用不仅限于用户行为分析和个性化推荐，它还能够自动生成吸引人的营销素材。通过智能剪辑和内容再创作，AI 可以从现有的影视作品中提取精彩片段，快速制作出吸引用户注意的预告片和短视频。这些自动化生成的内容不仅节省了制作成本，还能够迅速在社交媒体上传播，扩大影视作品的影响力。同时，AI 技术还能够根据用户的反馈和互动，实时调整营销策略，确保营销活动始终保持高效和相关性。

此外，AI 技术还能够提供丰富的互动体验，增强用户的参与感。例如，通过人脸识别和智能拆条技术，用户可以选择只观看他们喜欢的角色的精彩片段；或者通过智能剪辑功能，轻松创建个性化的影视内容分享给朋友。这种高度互动的体验不仅提升了用户的满意度，还能够激发口碑传播，进一步扩大视频作品的观众基础。通过这些方式，AI 技术正在成为影视内容营销的强大工具，帮助影视作品在竞争激烈的市场中脱颖而出。图 2-12 为百度大脑视频内容分析。

图 2-12 百度大脑视频内容分析

第 3 章　基础知识必修课

3.1　AI 视频创作中的核心知识点

3.1.1　AI 工具创作情节内容

利用大语言模型 AI 工具创作视频故事情节是一项前沿的尝试，它能够极大地提高创作效率并激发新的创意。首先，创作者需要定义视频的核心概念，包括确定视频的主题、风格、目标受众和要传达的核心信息。这些基本信息将作为 AI 工具创作的出发点，为后续的故事生成提供方向。图 3-1 为 Kimi AI 生成的一个童话故事。

接下来，创作者可以利用大语言模型，如 GPT-4，输入之前定义的核心概念，让 AI 生成一系列的故事想法。AI 工具能够根据输入的信息提供多种创意，包括故事背景、角色设定、情节转折等，为创作者提供丰富的选择。此外，AI 还能够基于现有的文学作品、电影剧本等数据，创造出新颖而独特的故事情节，帮助创作者突破创作瓶颈。

图 3-1　Kimi AI 生成一个童话故事

思路拓展

大语言模型，也就是 LLMs，是人工智能领域的一种先进技术，它们就像超级大脑，通过阅读大量的文字资料，学会了理解和使用人类的语言。这些模型特别擅长写文章、编故事，甚至能像真人一样进行对话。它们能快速学习新任务，不需要太多的例子就能上手，而且能懂很多种语言，适用于各种不同的行业。比如，它们可以帮我们写法律文件、医疗报告，甚至是创作小说和剧本。这些模型还能根据我们的具体需求进行调整，提供个性化的服务。不过，虽然它们很厉害，但有时候还是会遇到困难，比如理解一些特别复杂的问题。科学家们正在努力研究，希望让这些模型变得更聪明，更好地帮助我们。

在 AI 提供的故事想法基础上，创作者将进一步发展角色和设定背景。AI 工具可以帮助创作者构建具有深度和复杂性的角色，以及丰富的世界观和背景故事。这一步骤对于增强故事的吸引力和观众的代入感至关重要。同时，AI 工具还能够提供多样化的情节发展路径，供创作者选择和调整，确保故事情节的连贯性和吸引力。图 3-2 为 toryboarder.ai 故事板生成工具。

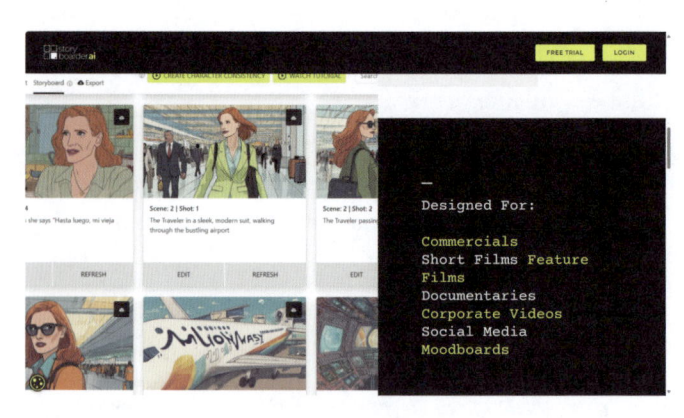

图 3-2　toryboarder.ai 故事板生成工具

最后，创作者将利用 AI 工具细化每个场景的具体内容，包括角色的行动、对话和情感变化。AI 生成的自然流畅的对话文本可以帮助完善故事细节，使角色之间的互动更加真实和生动。在整个创作过程中，创作者可以通过迭代和优化，不断调整故事情节，直至达到满意的效果。通过这种方式，大语言模型 AI 工具不仅能够辅助创作者高效地创作出具有吸引力的视频故事情节，还能够在创作过程中提供无限的创意可能。

本书将会使用若干大语言模型的 AI 产品，辅助我们创作故事脚本。比如 Copilot、GPT-4、文心一言、通义千问等。它们大多数都是免费使用的产品。我们可以快速无障碍地上手 AI 工具。图 3-3 为微软 Copilot AI 助手，图 3-4 为谷歌 Gemini AI 助手。

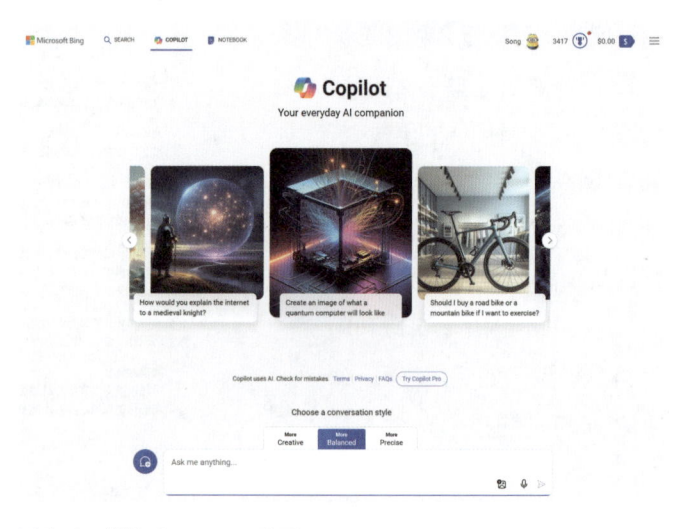

图 3-3　微软 Copilot AI 助手

图 3-4　谷歌 Gemini AI 助手

思路拓展

利用 AI 工具编写故事或小说是

一个高效且富有创意的过程。首先，确定故事的主题和风格，然后使用 AI 工具如星火作家大神和 Storytailor.ai 来生成故事大纲和角色设定。这些工具能够根据你的输入快速构建故事框架，并提供丰富的创意灵感。接下来，通过 AI 工具如 GPT-4 细化情节和角色互动，将大纲转化为具体的剧情和生动的对话。同时，可以利用 Midjourney 和 Stable Diffusion 等工具将文本内容转化为具体的视觉场景，增强故事的视觉冲击力。

在 AI 生成的内容基础上，进行人工润色和编辑是提升故事质量的关键步骤。AI 工具如 Copy AI 可以帮助优化文本的连贯性和表达效果，但最终的故事创作仍需你的个人情感投入。保持耐心，与 AI 进行多轮对话，不断调整和优化内容，确保故事既符合逻辑又富有情感深度。此外，利用 AI 进行故事测试，分析用户反馈，进一步调整故事元素，使作品更加引人入胜。通过这样的流程，你可以高效地创作出具有个人特色的故事。

3.1.2 AI 创作故事板

AI 技术在影视分镜头创作中的应用显著提高了制作效率，它能够快速分析剧本内容并自动生成分镜头脚本草案，减少了人工编写的时间。这种自动化过程不仅加速了前期准备工作，还使创作者能够将更多精力投入创意和艺术表达上。AI 通过学习大量影视作品，提供创意建议和灵感启发，帮助创作者探索新的视觉叙事方法，同时通过可视化工具提供直观的场景预览，增强团队成员之间的沟通和协作。图 3-5 为 AI 故事板工具 Storytailors。

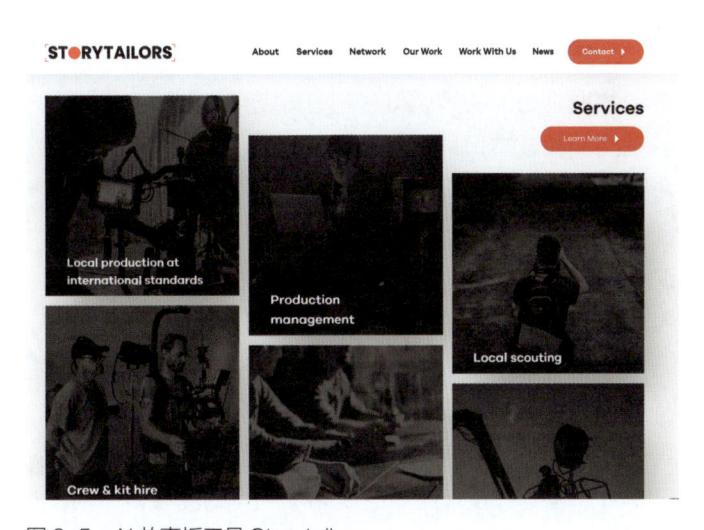

图 3-5　AI 故事板工具 Storytailors

思路拓展

故事板在影视制作中扮演着至关重要的角色，它是将剧本视觉化的一种工具，通过一系列插图和相关注释按照时间顺序排列，清晰地表达了故事的展示和讲述方式。故事板的制作流程通常开始于对剧本的理解和分析，然后通过线稿（rough sketches）来描绘故事的关键场景和时刻，如图 3-6 所示。这些线稿不需要过于精细，目的是快速传达故事的关键点和情感。随后，这些线稿会被进一步细化，形成详细的分镜（shot list），包括镜头类型、角色动作、摄像机运动等信息，为拍摄制作提供蓝图。

在故事板的创作过程中，还会涉及风格帧（style frame）的绘制，这是彩色的画面，用于帮助定调视频故事的视觉风格。此外，动态分镜（animatic）的制作也是故事板流程的一部分，它将静态分镜图串联成序列，并渲染成视频，通常会配上音乐，为后期制作奠定时间和画面节奏的基础。例如，皮克斯的《机器人总动员》就有着大量的姿势、造型以及动作细节的故事板，这些故事板图纸总数达到了125000张之多，而正常的皮克斯动画长篇故事板图纸总数大约在50000～75000张。通过这些详细的视觉规划，故事板确保了电影的每个镜头都能够准确地传达出预期的故事和情感。

此外，AI辅助的分镜头创作有助于成本控制和数据驱动的决策。AI能够在早期阶段识别潜在问题和成本风险，优化镜头选择，减少不必要的拍摄。基于历史数据和观众反馈，AI为创作者提供关于叙事结构和节奏控制的客观建议，创作者从而可以做出更加有针对性的决策。AI工具的适应性和灵活性也使得创作过程更加流畅，能够根据反馈快速进行调整，以满足不断变化的创作需求。随着AI技术的不断发展，其在影视制作中的应用前景将更加广阔。

AI绘画工具正在逐渐改变艺术创作的面貌，提供了一种全新的创作方式。这些工具通过深度学习算法和大量的数据集学习，能够理解文本描述并将其转化为独特的视觉艺术作品。例如，Midjourney和DALL·E等工具能够根据用户的文本提示生成具有高度创意和细节丰富的图像，它们不仅能够模仿现有的艺术风格，还能创造出全新的视觉效果，极大地拓宽了艺术家和设计师的创作空间。图3-7为DALL·E官网截图。

在实用性方面，AI绘画工具如Stable-Diffusion等提供了用户友好的界面和强大的定制功能，使得即使是没有专业绘画技能的用

图3-6 故事板线稿（草稿）

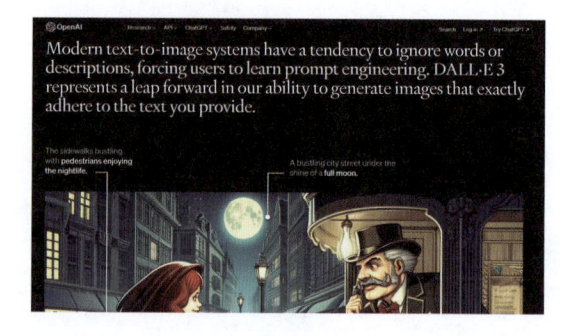

图3-7 DALL·E官网截图

户也能轻松创作出专业水准的艺术作品。这些工具的自动化和批量生产能力，在设计、广告和游戏开发等领域，为用户提供了高效且成本效益高的解决方案，同时也为内容创作者提供了丰富的灵感。

思路拓展

我们来分别了解一下目前市面上主流的三个 AI 绘画工具：

① Midjourney 是一个基于人工智能的图像生成工具，它通过深度学习和生成对抗网络（GAN）技术，从大量艺术作品和图像数据中学习风格和规则。用户输入文本描述或图片后，Midjourney 利用这些信息生成具有艺术性的绘画作品。它的核心在于理解和再现不同的艺术风格，从而创造出独特的图像。

② Stable Diffusion 是一种基于扩散模型的图像生成技术，其核心思想是将数据分布视为一个扩散过程的稳态。它通过逐步去除噪声，从简单分布过渡到复杂分布，最终生成与文本信息匹配的图片。Stable Diffusion 包含了文本编码器和图片生成器两个主要模块，其中文本编码器使用 CLIP 模型将文本转换为语义向量，而图片生成器则利用这些向量生成图像。这个过程涉及低维图片向量的生成和解码，以及多次迭代以增加图像的丰富性和真实感。图 3-8 所示为利用 Stable Diffusion 生成的官方宣传图。

③ DALL·E 3 是 OpenAI 开发的 AI 绘画工具，它使用超过 1 亿个参数训练的 GPT-4 转化器模型来解释自然语言输入并生成相应的图像。DALL·E 3 的工作流程包括将文本输入转换为图像的表示（Prior），然后通过 Decoder 将这种表示转换为实际的图像。它利用 CLIP 网络来学习物体的视觉和文字表示之间的联系，并通过主成分分析（PCA）降低文本嵌入的维度，最终通过扩散模型将图像嵌入转化为高分辨率的图像。

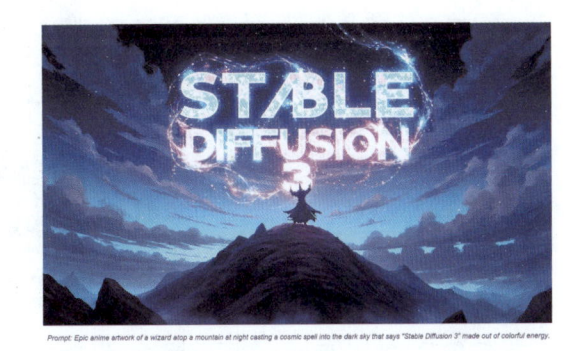

图 3-8 利用 Stable Diffusion 生成的官方宣传图

AI 绘画工具的发展也带来了对艺术创作未来可能性的探索。随着技术的不断进步，我们可以预见这些工具将更加智能化，能够更好地理解复杂的创意指令，甚至与人类艺术家进行更深层次的合作。AI 绘画工具的跨领域应用，如在影视特效、游戏场景设计、虚拟现实等方面的潜力，预示着艺术与科技结合的新时代即将到来。图 3-9

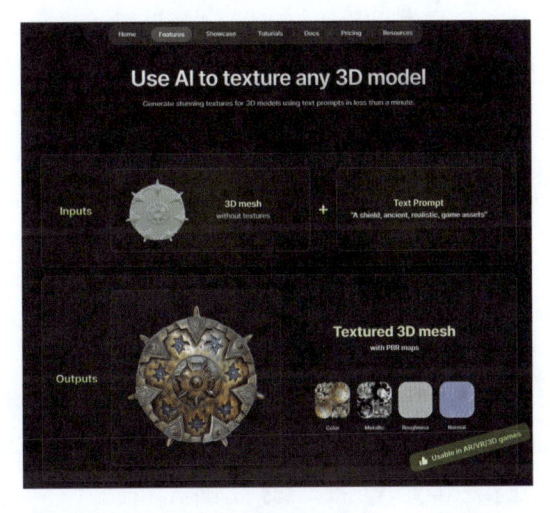

图 3-9 Meshy AI 生成游戏 3D 资产

所示为 Meshy AI 生成游戏 3D 资产。

本书将会使用若干个文生图、图生图的 AI 绘画工具进行故事板的创作，带领读者朋友们掌握多种不同的 AI 绘画工具的使用方法。

3.1.3 AI 创作视频动画

AI 视频创作工具正在逐渐成为影视制作中不可或缺的一部分，它们通过自动化和智能化技术，极大地提高了制作效率和作品的创意性。例如，Adobe Premiere Pro 的 "Auto Reframe" 功能能够自动调整视频的宽高比，如图 3-10 所示，使其适应不同的屏幕尺寸和观看习惯，这对于多平台发布的影视作品来说尤为重要。此外，AI 工具还能够根据剧本内容和导演的创意意图，自动推荐剪辑方案，减少编辑过程中的尝试和错误。

在内容创作方面，AI 工具如 IBM 的 Watson 可以分析大量数据，为编剧提供剧本创作的建议，甚至帮助生成完整的剧本草案。这种技术的应用不仅加速了创作过程，还能够激发新的创意和叙事方式。例如，电影《摩根》的预告片就是利用 IBM Watson 进行智能剪辑的成果，展示了 AI 在影视制作中的潜力。

AI 技术在视觉效果增强方面也发挥着重要作用。通过深度学习和图像识别技术，AI 能够进行智能色彩校正和去噪处理，提升视频的画质。在《复仇者联盟》系列电影的制作中，

图 3-10　Adobe Premiere Pro 的 "Auto Reframe" 功能

图 3-11　腾讯智影官网

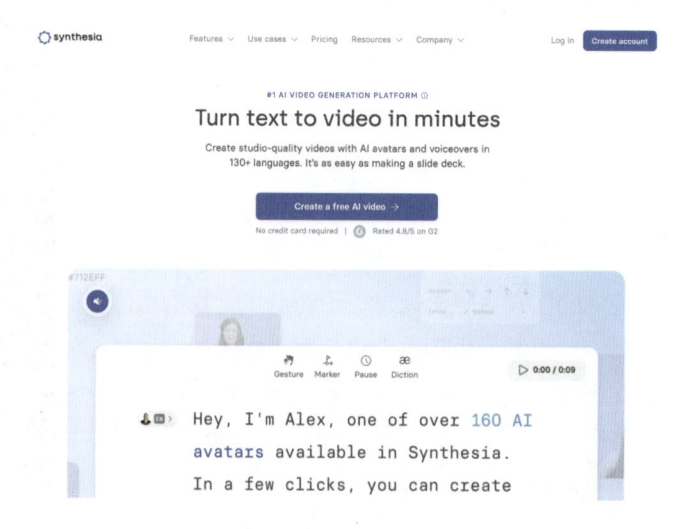

图 3-12　Synthesia 官网

特效团队就利用 AI 技术处理了大量的动作场景和视觉特效，使得电影的视觉效果更加震撼和逼真。

此外，AI 在内容审核和个性化推荐方面的应用也日益成熟。视频平台如 YouTube 和 Netflix 使用 AI 算法来分析用户行为，提供个性化的内容推荐，以增强用户体验。同时，AI 内容审核系统能够自动识别并过滤不当内容，确保影视作品的合规性。随着 AI 技术的不断发展，未来在影视制作中的应用将更加广泛，为创作者提供更多的可能性和创新空间。

自媒体创作者可以利用 AI 视频工具提高创作效率和内容质量。例如，腾讯智影提供了视频剪辑、文章转视频、文本配音等多种功能，使得自媒体创作者能够将文本内容快速转换为视频格式。此外，一帧秒创等平台通过 AI 技术实现了从文案到视频的快速制作，支持自动生成字幕和智能配音，极大地简化了视频制作的流程。图 3-11 所示为腾讯智影官网。

在视频内容创作方面，Synthesia 等国际 AI 视频工具支持多语言输入和数字虚拟人的配合，适合企业或团队进行视频批量化生产。而像 Runway 这样的平台则提供了绿屏、文本转视频、图像转图像等一系列生成式 AI 工具，帮助创作者轻松实现视频编辑和内容创新。这些工具不仅提升了视频制作的效率，还通过数字虚拟人增强了视频的真实感和吸引力。图 3-12 为 Synthesia 官网。

此外，AI 视频工具在视频处理方面也展现了强大的功能。例如，Sora AI 能够根据文本描述生成高质量的视频内容，包括精细复杂的场景和生动的角色表情，如图 3-13 所示为 Sora 官网。Unscreen AI 则专注于视频背景移除，提供了自动化的抠图效果，方便用户替换背景或将内容融入其他设计中，如图 3-14 所示为 Unscreen AI 官网。这些工具的应用场景广泛，从广告制作、内容创作到教育培训等多个领域，都能够提供极大的便利和创意空间。通过这些 AI 视频工具，自媒体创作者可以更加专注于内容的创意和表达，而不必过分担心技术实现的细节，从而创作出更加专业和吸引人的视频作品。

图 3-13　Sora 官网

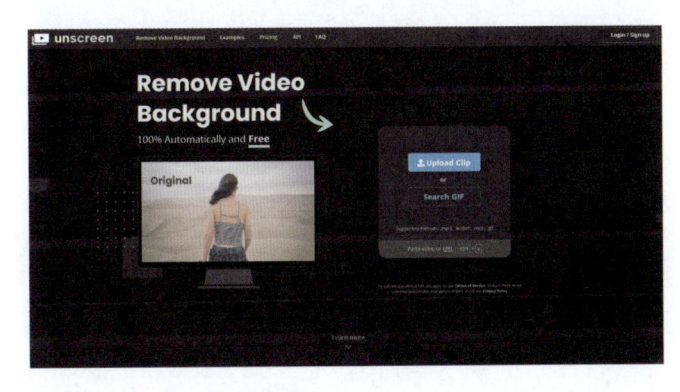

图 3-14　Unscreen AI 官网

思路拓展

主流 AI 视频工具原理简介：

① Runway 是一个多模态 AI 系统，其核心能力之一是可以根据文本提示或现有图像生成视频。Runway

的 Gen-2 模型是首批商业化的文本转视频模型之一，能够理解一系列的风格，如动漫和黏土动画，这些风格适合较低的帧率。Runway 的特点在于其直观、简单的可视界面，以及提供 30 多项图片、视频处理能力，如 Inpainting 视频修复、Motion Tracking 视频主体跟随运动等。此外，Runway 还提供了 Motion control 功能，允许用户对画面镜头运动方向进行控制，并调节运动速度。

图 3-15　Pika Labs 官网

② Pika Labs 是一款支持生成和编辑各种风格视频的 AI 工具，包括 3D 动画、动漫、卡通和电影等，如图 3-15 所示。Pika Labs 的特点是提供视频局部编辑和扩充功能，用户只需上传一张图片和一句话，就能在 30 秒内生成短视频。Pika Labs 提供了文生视频、图生视频和文 + 图生视频功能，并且具有运动控制功能，可以对画面镜头运动方向进行控制。Pika Labs 的社区活跃度位列业内前茅，其技术路线与 Runway 相似，但在某些方面如单帧画面拟真程度、美学质量以及视频的动作感上表现得更出色。

③ Sora 是 OpenAI 开发的一款创新的文本到视频 AI 模型，它代表了人工智能在视频内容创作领域的一次重大飞跃。Sora 的核心原理是通过深度学习和生成对抗网络技术，从海量数据中学习视觉特征，进而根据文本描述生成相应的视频内容。这款模型能够理解复杂的文本描述，并将其转化为长达一分钟的高清视频，展现出与 DALL·E 3 相似的画质和对指令的遵循能力。Sora 的功能不仅限于视频生成，它还能够扩展现有视频、填充缺失内容，并接受图像或视频作为输入，执行一系列图像和视频编辑任务。此外，Sora 在模拟现实世界方面展现出新的能力，能够模拟人物、动物和环境等实体的某些方面，尽管目前还存在局限性。Sora 的出现为视频制作领域带来了革命性的变革，预示着 AI 在视觉内容创作和现实世界模拟方面的新纪元。随着技术的不断进步，Sora 有望在未来提供更加高效、便捷的视频制作体验，并推动人工智能技术在更广泛领域的发展。

④ Stable Video Diffusion 是 Stability AI 推出的视频生成模型，基于深度学习技术，通过训练神经网络模型来模拟视频帧之间的时空关系，从而实现从文本到视频或从图像到视频的高效转换。Stable Video Diffusion 的核心在于其强大的生成能力，通过输入一组静态图片，模型能够将这些图片转化为流畅的视频。该模型提供了两个版本：SVD（Static Video Diffusion）和 SVD-XT（Extended Static Video Diffusion），分别生成 14 帧和 25 帧的视频。Stable Video Diffusion 的应用场景非常广泛，包括游戏开发、视频制作、虚拟现实和增强现实等领域。未来，Stable Video Diffusion 有望在生成速度、生成质量以及应用领域方面取得更大的突破。

3.2 视频创作软件工具

在创作视频内容之前，我们不仅需要了解新型的 AI 视频工具，还需要学习主流的视频创作工具。接下来，让我们简单了解一下目前现有的若干款主流视频创作工具的功能特点。

（1）剪映（CapCut）

剪映是一款由字节跳动公司开发的视频编辑应用，它提供了丰富的视频编辑功能，包括提词器、调色、素材包使用、创作脚本、录屏、美颜美体、声音降噪、图文成片等。剪映的界面友好，操作简单，适合自媒体创作者和普通用户快速制作和编辑视频。此外，剪映还支持自动识别外文字幕、使用模板制作封面、一键抠图等功能。剪映专业版提供了更直观、更全能的创作面板，引入了强大的素材库，支持搜索海量音频、表情包、贴纸等。本书大多数情况下会使用剪映进行后期制作。图 3-16 为剪映主界面。

（2）Adobe After Effects（AE）

Adobe After Effects 是 Adobe 公司开发的一款专业的影视后期特效和动画制作软件，图 3-17 为 AE 主界面。我们主要是用它来制作素材效果，而不是剪辑和调色。AE 广泛应用于电影制作、动画、电视制作等领域，提供了强大的动画制作、合成、3D 效果和颜色校正功能。AE 支持多种插件扩展，使其功能更加丰富和专业。AE 中的一些实用技巧包括闪白、切帧、画面色彩调整、动画节奏控制等。

图 3-16 剪映主界面

（3）Adobe Premiere Pro（PR）

Adobe Premiere Pro 也是 Adobe 公司推出的一款专业的视频编辑软件，图 3-18 所示为 PR 主界面。PR 提供了丰富的编辑工具、特效库和

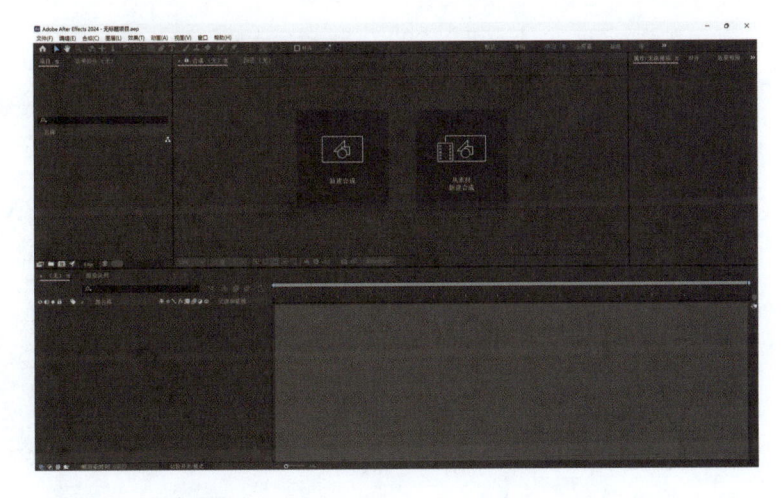

图 3-17 AE 主界面

灵活的工作流程，适用于电影、电视和网络视频的编辑。PR中的一些实用技巧包括快速预览、素材间位置互换、标记素材、批量调色等。PR也经常与AE结合使用，以满足更复杂的后期制作需求。

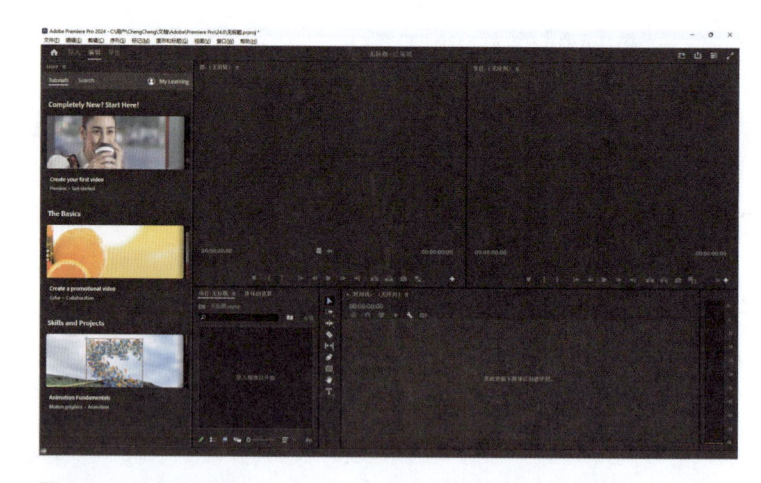

（4）Final Cut Pro X（Final Cut）

Final Cut Pro X是苹果公司开发的一款专业视频编辑软件，专为Mac操作系统设计，图3-19为Final Cut Pro主界面。Final Cut具有强大的编辑功能、直观的界面和高效的性能，特别适合Mac用户进行影视后期制作。Final Cut Pro X中的一些特色功能包括磁性时间线、多摄像机编辑、颜色分级和音频编辑等。

（5）Fusion

Fusion是Blackmagic Design公司推出的一款专业的视觉效果和动态图形软件，图3-20为Fusion主界面。Fusion提供了全面的3D合成、颜色校正、动态图形和视觉效果制作工具，适用于高端的电影和电视制作。Fusion以其强大的节点式工作流程和灵活的合成功能而受到专业影视制作人的青睐。

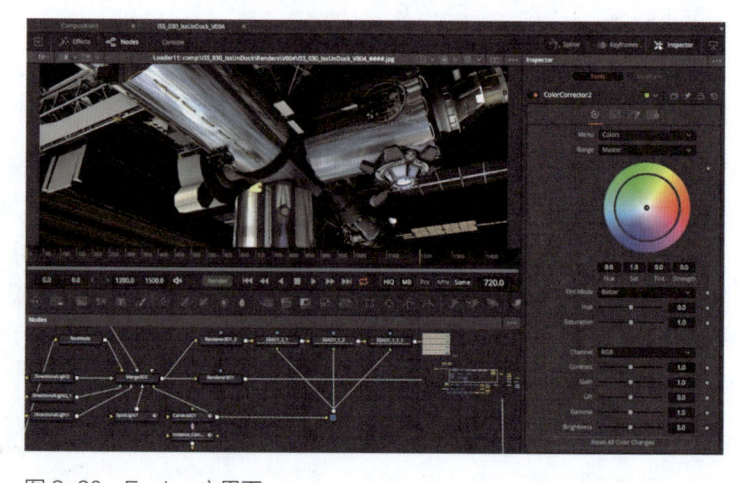

（6）达·芬奇调色（DaVinci Resolve）

达芬奇调色也是由Black-

图3-18　PR主界面

图3-19　Final Cut Pro主界面

图3-20　Fusion主界面

magic Design 公司开发的一款专业的视频调色和后期制作软件，图 3-21 为达芬奇调色主界面。它具有先进的颜色校正、视觉特效、音频后期制作和剪辑功能。达芬奇调色广泛应用于电影、电视节目和商业广告的制作中，以其强大的调色能力和高质量的输出效果而闻名。

图 3-21　达芬奇调色主界面

（7）Runway

Runway 是一款 AI 视频生成工具，它通过多模态人工智能系统能够理解多种不同类型的输入数据并基于此生成内容。Runway 的 Gen-2 版本特别受到关注，因为它不仅在视频转视频的功能上进行了升级，还实现了从文本到视频、从文本加图像到视频以及从图像到视频的多模态视频生成。例如，用户可以通过输入文本提示词，如"末日废墟的都市，藤蔓在高楼间生长"，来生成具有相应主题的视频片段。此外，Runway 的更新版本在清晰度和视频一致性上都得到了显著提升，几乎达到了好莱坞级别的视觉效果。

我们可以将 Runway 这样的 AI 视频工具视为"素材"生成工具，然后将"素材"导入主流工具中进行后期的编辑与修改，最终制作成短视频或者影视内容。

思路拓展

在主流视频制作领域，AI 工具的应用已经非常广泛，它们与各种视频制作工具相结合，提供了更加高效和创新的视频内容创作方式。以下是一些结合 AI 工具的视频制作案例：

① Synthesia 与企业培训视频：Synthesia 是一款能够将文本转化为视频的 AI 工具，特别适合企业内部培训和营销视频的制作。例如，K 公司推出了一款新的乳液产品，需要制作一个 30 秒的宣传片。通过 Synthesia，输入产品的描述和宣传文本，AI 可以自动生成一个包含 AI Avatar 和相关产品信息的视频，无须专业演员和摄影师，大幅节省了制作时间和成本。

② Runway 与创意广告制作：Runway 是一款结合了 AI 技术的视频内容生成工具，它可以根据不同的文本提示生成具有创意的视频内容。在一个广告项目中，创作者可以使用 Runway 根据广告脚本生成一系列动态视觉效果，如背景变换、角色动画等，然后将这些生成的视频片段与传统拍摄的视频结合，创造出独特的广告作品。

③ Pika Labs 与社交媒体视频内容：Pika Labs 是一个 AI 视频生成平台，允许用户通过上传图片或输入文本描述来生成视频。在一个社交媒体营销案例中，品牌可以使用 Pika Labs 根据产

品图片和宣传文案生成吸引人的视频内容，这些视频可以直接用于社交媒体平台，提高用户参与度和品牌曝光度。

④ Opus Clip 与视频内容优化：Opus Clip 专注于将长视频内容优化为适合不同社交媒体平台的短视频，图 3-22 所示为 Opus Clip 官网。例如，一个播客或长视频作者可以使用 Opus Clip 将他们的长视频内容剪辑成多个短视频片段，每个片段都针对特定的平台和观众群体进行优化，从而提高内容的传播效率和观看率。

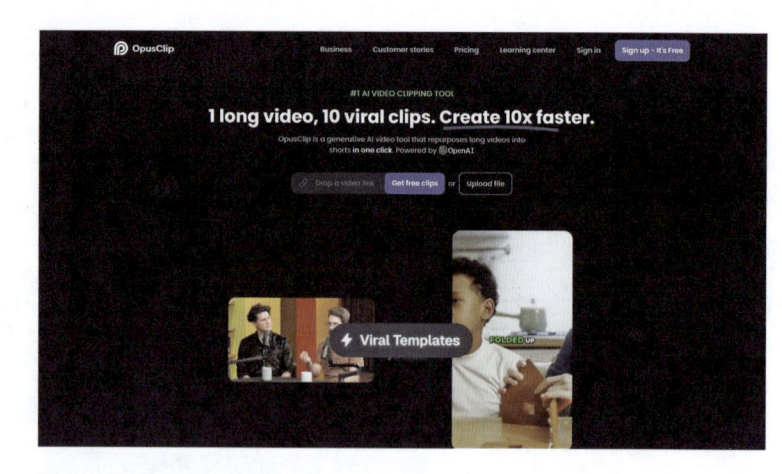

图 3-22　Opus Clip 官网

这些案例展示了 AI 工具在视频制作中的多样化应用，它们不仅提高了制作效率，还拓宽了创作的可能性。随着 AI 技术的不断进步，未来在视频制作领域 AI 的应用将更加广泛和深入。

第 4 章　AI 工具盘点与对比

4.1　盘点 AI 视频制作工具

　　AI 视频制作工具正在逐渐改变内容创作和电影制作的方式，提供了更加高效和创新的视频生成解决方案。本节内容带大家一起来了解 AI 视频有哪些，盘点一下市面上的 AI 视频生成、编辑与制作工具。

4.1.1　Sora

　　Sora 是一款基于人工智能的先进视频生成工具，它通过深度学习技术实现了从文本到视频的转换，为用户提供了一种全新的视频创作体验。Sora 的核心特点在于其强大的理解和生成能力，能够根据用户输入的文本描述，创造出具有高度逼真性和复杂场景的视频内容。例如，如果用户输入"一个未来城市的繁忙街道，人们穿着高科技装备，空中有飞行汽车穿梭"，Sora 能够生成一个包含所有这些元素的视频，视频中的街道、人群、飞行汽车等都以令人难以置信的细节和动态效果展现出来。这种能力使得 Sora 在 AI 视频生成领域中独树一帜，尤其是在处理复杂场景和创造丰富视觉效果方面。

　　与其他 AI 视频工具相比，Sora 的独特之处在于其生成的视频质量和细节处理能力。许多 AI 视频工具可能在生成人物或特定动作时遇到困难，导致视频出现不自然的移动或图像模糊，而 Sora 通过其高级算法，能够更准确地捕捉和再现文本描述中的细节。例如，在生成一个"森林中漫步的场景"时，Sora 不仅能够创造出树木、动物和流动的溪水，还能处理光线和阴影的变化，以及角色行走时的自然动作。此外，Sora 在视频时长上也有所突破，能够生成长达 60 秒的视频，这在当前的 AI 视频生成工具中是相当罕见的。这些特点使得 Sora 在视频内容创作、广告制作、电影特效等领域具有广泛的应用潜力，为用户提供了一个强大的创意实现平台。图 4-1 为 Sora 官网内容。

图 4-1　Sora 官网内容

4.1.2　Clipfly

　　Clipfly 是一款集 AI 视频生成和编辑于一体的在线平台，它通过简化视频制作流程，使得用户即使没有专业的视频编辑技能也能快速创造出高质量的视频内容。Clipfly 的核心功能包括 AI 视频生成、视频剪辑、文本到语音转换以及库存媒体资源的利用。用户可以通过输入简单的文本描述或上传自己的媒体文件，让 AI 自动生成具有吸引力的视频。例如，如果用户想要制作一个关于健康饮食的宣传片，他们可以上传一系列食材的照片，并添加一些描述性的文字，Clipfly 会将这些元素结合，自动生成一个内容丰富、视觉效果吸引人的视频，其中可能包括动态过渡效果、背景音乐和专业的旁白。

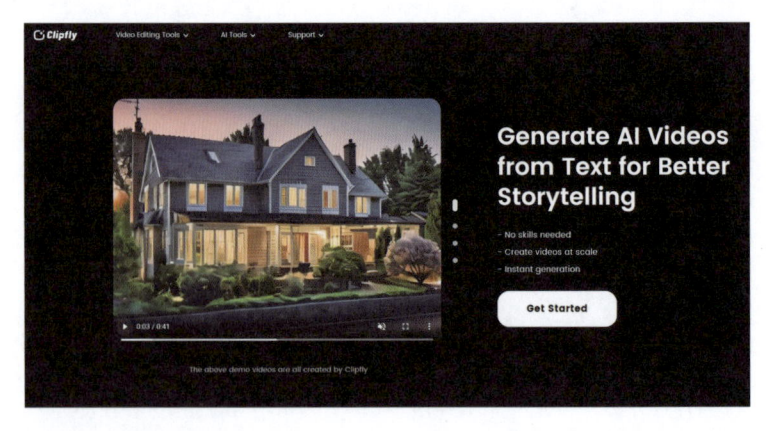

图 4-2 Clipfly 官网

与其他 AI 视频工具相比，Clipfly 的独特之处在于它的一站式服务和用户友好的设计。Clipfly 不仅提供了视频生成的功能，还整合了视频剪辑和增强工具，让用户可以在同一个平台上完成从创意到成品的全过程。此外，Clipfly 的媒体库为用户提供了大量的免费资源，包括视频片段、图片和音乐，这些都可以直接用于视频项目。例如，一个企业用户可能需要制作一个产品展示视频，他可以直接从 Clipfly 的媒体库中选择与产品相关的高质量图片和视频片段，再通过 AI 视频生成器添加自己的品牌元素和营销信息，最终得到一个专业且个性化的宣传视频。Clipfly 的这种综合性和易用性，使其在 AI 视频制作工具中脱颖而出，特别适合需要快速高效制作视频的个人和企业用户。图 4-2 为 Clipfly 官网界面。

4.1.3 艺映 AI

艺映 AI 是一款由 MewXAI 团队开发的 AI 视频生成工具，它通过先进的人工智能技术，使用户能够轻松地将文本和图像转换成动态视频。这款工具的核心功能包括文生视频和图生视频，用户可以通过简单的文字描述来创造出具有特定风格和主题的视频动画，或者上传静态图片，让 AI 将其变为具有动态效果的视频。例如，用户输入"一个宁静的夏日海滩日落场景"，艺映 AI 便能根据描述生成一段日落时分海浪轻拍沙滩的视频。此外，艺映 AI 还提供了视频转视频的服务，允许用户将现有的视频素材转换成不同风格的动画，如将实拍风景视频转换成卡通风格，为视频创作提供了更多可能性。

艺映 AI 的界面设计简洁直观，即使是没有专业视频制作背景的用户也能快速上手，图 4-3 为艺映 AI 官网界面。它支持多种视频风格和格式，能够满足不同场景下的创作需求。例如，用户可以为社交媒体平台（如抖音）创作短视频，或者为小说创作动态插图，甚至可以为个人项目制作 AI 短片和电影。艺映 AI 的免费使用模式降低了用户尝试 AI 视频创作的门槛，使得创新和想象力得以充分释放。此外，艺映 AI 还提供了丰富的辅助功能，如视频风格和画面比例的调节，以及运动笔刷工具，让用户能够更精细地控制视频内容的动态表现。通过这些功能，艺映 AI 不仅为视频创作者提供了一个强大的创作平台，也为 AI 在视频制作领域的应用开辟了新的道路。

4.1.4 VEED.IO

VEED.IO 是一款基于浏览器的在线 AI 视频剪辑工具，它提供了简单高效的视频剪辑功能。用户可以在 VEED.IO 直接上传视频并进行剪辑，添加字幕、音乐、滤镜等，最终导出高清视频。VEED.IO 的最大优势是操作简便和 AI 赋能，无须下载安装任何软件，只需要通过浏览器就可以使用强大的视频剪辑功能。此外，VEED.IO 拥有丰富的媒体资源，包括免费音乐、视频素材和动画贴纸等，并且支持多层

图 4-3　艺映 AI 官网

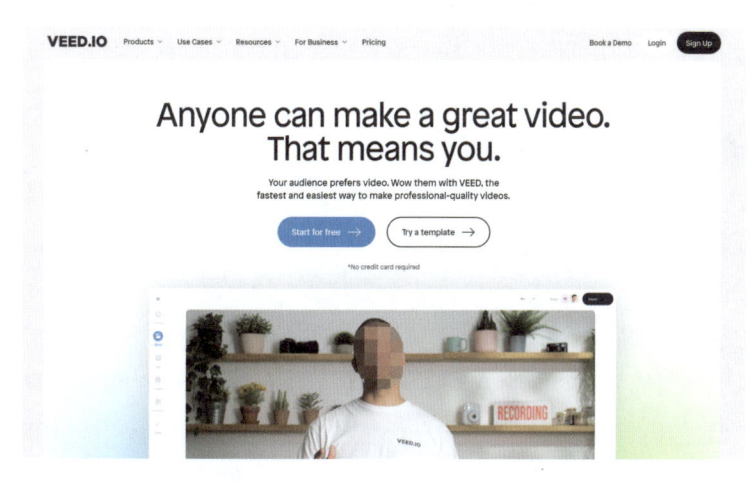

图 4-4　VEED.IO 官网

轨道编辑、关键帧编辑、淡入淡出等专业功能；支持将视频导出为 MP4、GIF、MP3 等多种格式；而一键去除背景噪声、自动识别人脸关键点、智能字幕等 AI 功能的加入，进一步提升了编辑效率和视频质量。

与其他 AI 视频工具相比，VEED.IO 的独特之处在于其云端处理能力和用户友好的界面设计。VEED.IO 的视频渲染是在后端完成的，所以必须提供一个界面，供用户预览、编辑视频。VEED.IO 实际上有两个视频渲染器，一个在前端渲染预览，另一个在后端渲染最终的视频。这里面最难的部分是使两个渲染器尽可能无缝地协同工作，即用户看见的就是最终得到的。VEED.IO 还提供了一些特定的视频制作工具，如游戏介绍制作工具，它快速且易于使用，而且用户可以免费编辑整个视频。此外，VEED.IO 还提供了针对商业视频的制作工具，用户无须手动裁剪和修剪视频，只需单击一下即可完成所有操作。这些功能和工具使得 VEED.IO 在 AI 视频工具中脱颖而出，为用户提供了一站式的视频编辑和创作解决方案。图 4-4 为 VEED.IO 官网界面。

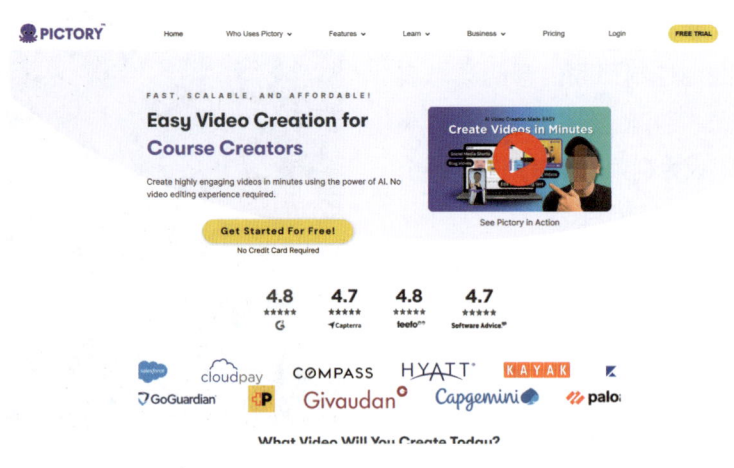

4.1.5 Pictory

Pictory 是一款基于人工智能的在线视频制作与编辑工具，它通过 AI 技术帮助用户快速、简单、高效地制作各种类型的视频内容。Pictory 的核心特点在于其文本到视频的转换能力，用户无须具备专业的视频编辑技能，只需提供文本脚本，Pictory 的 AI 就能将其转化为动态视频。例

图 4-5 Pictory 官网

如，一个内容创作者想要将一篇关于健康饮食的博客文章转换成视频内容，他只需将文章文本输入 Pictory，AI 将自动选择合适的图像、视频片段和背景音乐，生成一段内容丰富、视觉效果吸引人的视频。

与其他 AI 视频工具相比，Pictory 的独特之处在于它的高频算法和多格式视频生成能力。Pictory 不仅能够处理讲解片段和宣传短视频，还支持多种视频格式的输出，满足不同平台和设备的播放需求。例如，一个企业需要制作一段产品介绍视频用于社交媒体营销，Pictory 可以根据社交媒体的特点，生成适合手机屏幕观看的竖屏视频，同时保持高质量的视觉效果和清晰的信息传达。此外，Pictory 的 AI 视频编辑器提供了专业级别的编辑工具，使得用户可以进一步细化和优化视频内容，确保最终视频的专业品质。这种结合 AI 自动化与用户个性化编辑的能力，使得 Pictory 在 AI 视频工具市场中具有显著的竞争优势。图 4-5 为 Pictory 官网界面。

4.1.6 ScriptBook

ScriptBook 是一款专为电影和电视剧本创作设计的人工智能工具，它通过机器学习算法分析大量已有作品的数据，从中学习并提取出成功剧本的关键要素和特征。ScriptBook 的独特之处在于其能够生成新的脚本建议，并为创作者提供有针对性的创作指导，这使得它在 AI 视频工具中独树一帜。它不仅能够帮助创作者提高效率，还能够通过其智能推荐系统，使创作内容更加贴合行业标准和受众口味。

与其他 AI 视频工具相比，ScriptBook 的重点不在于直接生成视频内容，而是通过分析剧本来预测其潜在的商业成功概率。这意味着 ScriptBook 服务于创作过程的早期阶段，帮助制片公司和投资者做出更加数据驱动的决策。例如，ScriptBook 曾经在卡罗维发利国际电影节上展示其能力，通过分析电影剧本，能够预测出哪些电影可能会在票房上成功，哪些可能会失败。这种预测能力使得 ScriptBook 在电影制作行业中具有重要的价值，尤其是在风险管理和投资决策方面。通过这种

方式，ScriptBook 不仅帮助创作者创作出更有可能成功的作品，也为整个电影行业提供了一种新的评估和决策工具。图 4-6 所示为 ScriptBook 官网界面。

4.1.7　Qloo

Qloo 是一家创新的 AI 平台，专注于提供口味和偏好的预测服务，它通过分析广泛的数据来区分消费者偏好，并预测文化趋势。与其他 AI 视频工具不同，Qloo 的核心不在于视频内容的生成或编辑，而在于利用其独特的算法来分析和预测用户的兴趣点和市场趋势。例如，电影制作公司可以利用 Qloo 的数据分析能力来预测不同观众群体对于特定类型的电影的反应，从而在电影制作和营销策略上做出更加精准的决策。

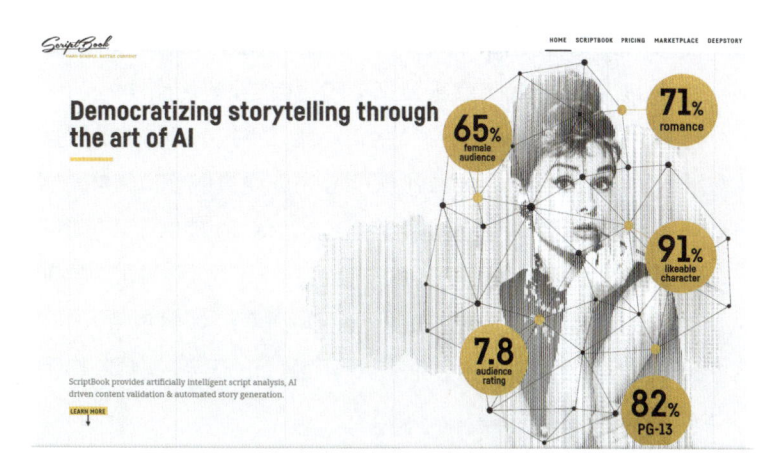

图 4-6　ScriptBook 官网

图 4-7　Qloo 官网

Qloo 的另一个显著特点是其在文化 AI 领域的应用，它不仅关注数据的量化分析，还致力于理解和预测文化现象，这使得它在娱乐行业中具有独特的价值。例如，通过 Qloo 的分析，电视台或流媒体平台可以更好地了解观众对于新节目的潜在兴趣，从而决定是否投资制作或推广某一档节目。这种基于数据驱动的决策支持，使得 Qloo 在 AI 视频工具领域中独树一帜，为娱乐产业提供了全新的视角和解决方案。图 4-7 为 Qloo 官网界面。

4.1.8　Synthesia

Synthesia 是一款创新的 AI 视频生成平台，专注于利用人工智能技术来生成高质量的视频内容。该平台的核心功能是将文本内容转化为由虚拟主持人演示的视频，用户只需输入文本，选择一个 AI 虚拟人物形象，即可快速生成视频。Synthesia 的操作简单直观，使得非专业用户也能轻松制作出专业水准的视频。例如，一家企业需要制作一个产品介绍视频，用户只需在 Synthesia 平台上输入产品说明文本，并选择一个适合的虚拟形象，平台便会自动生成一段流畅的产品介绍视频，视频中的虚拟主持人会根据文本内容自然地进行讲解。

与其他 AI 视频工具相比，Synthesia 的独特之处在于其强大的语音识别和图像识别能力，以及对细节的关注。Synthesia 不仅能够生成逼真的虚拟人物形象，还能够精确匹配嘴型和语音，使得视频内容更加自然和真实。此外，Synthesia 提供了丰富的模板和定制选项，支持多语言版本，可以针对不同受众群体定制视频。例如，一家国际公司需要制作一系列多语言的培训视频，通过 Synthesia，他们可以快速生成包含不同语言的虚拟主持人的视频，从而有效提高信息传播效率。这种高度的个性化和定制化，使得 Synthesia 在 AI 视频制作领域中具有显著的竞争优势。图 4-8 为 Synthesia 官网界面。

4.1.9 Lumen 5

Lumen 5 是一个基于人工智能技术的在线视频制作平台，它能够帮助用户快速地将文字内容转化为引人注目的视频。与其他 AI 视频工具相比，Lumen5 的独特之处在于其简单易用的界面和强大的 AI 驱动功能，使得非专业视频制作者也能够轻松制作出专业水准的视频。例如，一家初创公司希望制作一系列宣传视频来推广其新产品，他们可以使用 Lumen5 将产品介绍文案直接转换成视频，AI 将自动选择合适的图像、视频片段和音乐，生成一段内容丰富、视觉效果吸引人的宣传视频。

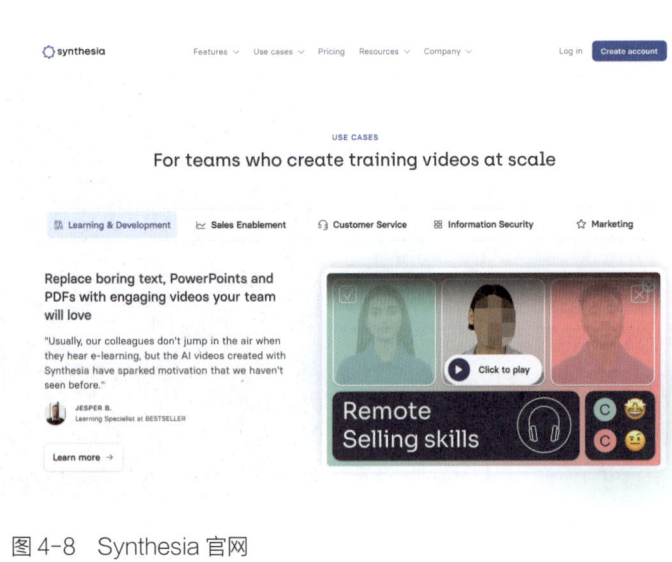

Lumen 5 的另一个显著特点是其对社交媒体营销、内容营销、教育、培训和娱乐等领域的高度适应性。例如，一位在线教育内容创作者可以使用 Lumen 5 制作教学视频，只需输入教学脚本，AI 就能帮助其生成包含

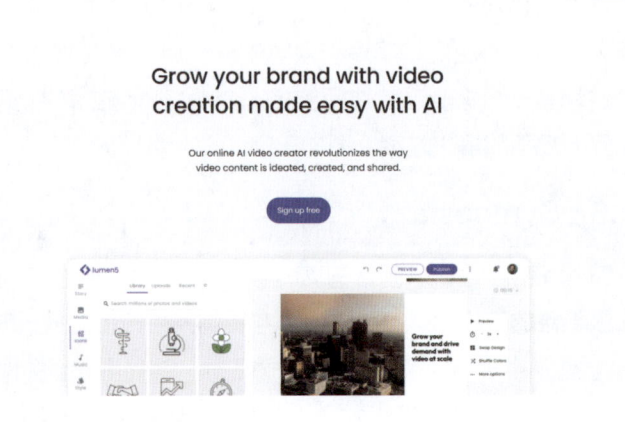

图 4-8　Synthesia 官网

图 4-9　Lumen 5 官网

适当图表、示例和解释的视频，从而提高教学效果和学生参与度。此外，Lumen5 的 AI 辅助功能还可以根据用户的文本内容自动优化视频的节奏和风格，使视频更加吸引目标受众。这些特点使得 Lumen 5 在 AI 视频制作工具中脱颖而出，为用户提供了高效、便捷且功能强大的视频创作解决方案。图 4-9 为 Lumen 5 官网界面。

4.1.10　GliaStudio

GliaStudio 是一个在线视频制作平台，它通过人工智能技术将文本内容转化为视频，主要针对新闻资讯领域。用户只需输入文字内容或链接，GliaStudio 便能够抓取网络素材、自动生成剧本、生产短视频。这套系统工具可以简单拆分为四个技术环节：内容分析、素材配对、视频制作确认以及视频优化。例如，对于一则关于体育赛事的新闻报道，用户输入相关新闻链接后，GliaStudio 会自动搜寻网络上的体育图像和视频片段，整合成一段短视频，同时配备相应的背景音乐和字幕，大大缩短了视频制作的时间，从传统的半小时缩短至 3 分钟。

与其他 AI 视频工具相比，GliaStudio 的独特之处在于其专注于新闻资讯领域的视频内容自动生成，以及高效的内容分析和素材配对能力。它通过机器学习模型训练，能够处理大量的新闻与视频剧本对比的素材，从而实现快速的视频内容创作。此外，GliaStudio 还提供了视频优化功能，系统将检测视频在社交媒体上的效果，并优化视频剧本及素材选择，这使得生成的视频内容不仅快速，而且更符合社交媒体的传播特性。例如，对于一则关于天气的新闻，GliaStudio 能够根据天气情况自动选择合适的图像和视频片段，并生成相应的视频内容，这样的自动化和智能化水平在 AI 视频工具中较为先进。图 4-10 为 GliaStudio 官网界面。

图 4-10　GliaStudio 官网

4.1.11　Runway

Runway 是一家致力于 AI 视频创作软件的公司，其产品哲学是站在 AI 技术演进的前沿，基于 AI 新技术的边界，寻找视频和图像编辑的全新方法。Runway 提供的不仅仅是单一的 AI 工具，而是构建了一个 AI native tools 工厂，推出了 30 多个图像、视频编辑工具，这些工具在业界成为爆款。例如，Runway 的 Gen-2 模型是市场上最好的视频生成模型之一，用户可以在简单场景下生成效果惊艳的短视频。此外，Runway 还提供了包括音频、图片、视频、3D 和生成五个大类的 AI 创作工具，涵盖了几乎所有的音视频内容生成和处理工具。

与其他 AI 视频工具不同，Runway 的核心竞争力在于其云端协作和快速便捷的视频编辑功能。它不仅提供了传统视频编辑软件如 Adobe Premiere 和 Davinci Resolve 的补充工具，还在某些特定功能如绿幕、抠图方面表现得更好，使得专业团队愿意为其付费。此外，Runway 的 Custom AI Training 功能允许用户通过上传特定类型的照片进行生成模型的训练，这类似于 Fine-tune 的民主化，使得用户可以轻松生成专业的图像内容。例如，用户可以上传一系列肖像照片，通过 Runway 的训练功能生成上百张新的肖像照，这种便捷性和创造性的结合是 Runway 区别于其他 AI 视频工具的重要特点。图 4-11 为 Runway 官网界面。

4.1.12 Pika labs

Pika labs 是一款利用生成式 AI 技术制作和编辑多种风格视频的工具，包括 3D 动画、动漫、卡通和电影等。它的特点是能够根据文字自动生成和编辑视频内容，提供视频局部编辑和扩充功能。用户只需上传一张图片或输入一句话，Pika Labs 就能在短时间内生成短视频。与其他 AI 视频工具相比，Pika Labs 在生成视频的时长、逻辑连贯性、流畅性、画质和画风准确性方面具有一定优势。

案例方面，Pika Labs 的用户可以通过简单的文本提示生成具有特定风格和主题的视频。例如，用户输入"一个宁静的夏日海滩日落场景"，Pika Labs 能够根据描述生成一段日落时分海浪轻拍沙滩的视频。此外，Pika Labs 还支持视频的扩展和风格转换，例如将真人风格的视频转换为动漫风格，或者给视频中的角色添加不同的服饰和配饰。这种高度的自定义能力和快速的视频生成速度，使得 Pika Labs 在 AI 视频制作领域中具有显著的竞争力。

Pika Labs 的另一个亮点是其 Discord 服务器的推出，使得用户可以在社区中快速生成和分享视频，促进了创作者之间的互动和协作。在短时间内，Pika Labs 的 Discord 服务器就吸引了超过 16 万的用户，这表明了 Pika Labs 在用户中的受欢迎程度和其产品的易用性。通过这种社区驱动的方式，Pika Labs 不仅为用户提供了一个强大的视频创作平台，还建立了一个活跃的创作者生态系统。图 4-12 为 Pika Labs 官网界面。

4.1.13 Topaz Video AI

Topaz Video AI 是一款专业的视频增强软件，它利用人工智能技术对视频进行高质量的放大、去噪和帧插值等处理。该软件能够将视频分辨率提升至 8K，同时通过时序感知 AI 模型保持视频中的细节和运动一致性，确保输出结果的高质量。Topaz Video AI 的智能算法经过训练，专门用于视频的升级和增强，提供电影级的视频处理效果，适用于电影工作室和创意专业人士。

与其他 AI 视频工具相比，Topaz Video AI 的显著优势在于其针对性的视频处理能力和高效性。它不仅提供基本的放大功能，还包括面部识别和校正、智能稳定化以及运动模糊等高级功能，这些功能使得视频在放大和质量提升的同时，还能保持人物面部的自然和视频的流畅性。例如，对于老旧的家庭录像带，Topaz Video AI 能够有效地修复其模糊和噪声问题，恢复出清晰、生动的影像。此外，它还支持帧率的转换和慢动作的生成，为用户提供了更多的创意空间和编辑的可能性。通过这些综合功能，Topaz Video AI 成了视频制作和修复领域的有力工具，尤其适合需要高质量视频输出的专业用户和内容创作者。图 4-13 为 Topaz Video AI 官网界面。

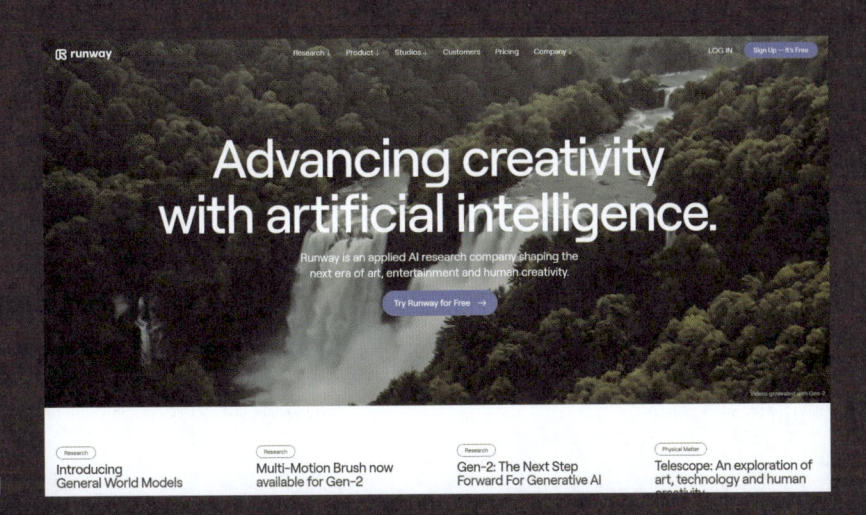

图 4-11　Runway 官网

图 4-12　Pika Labs 官网

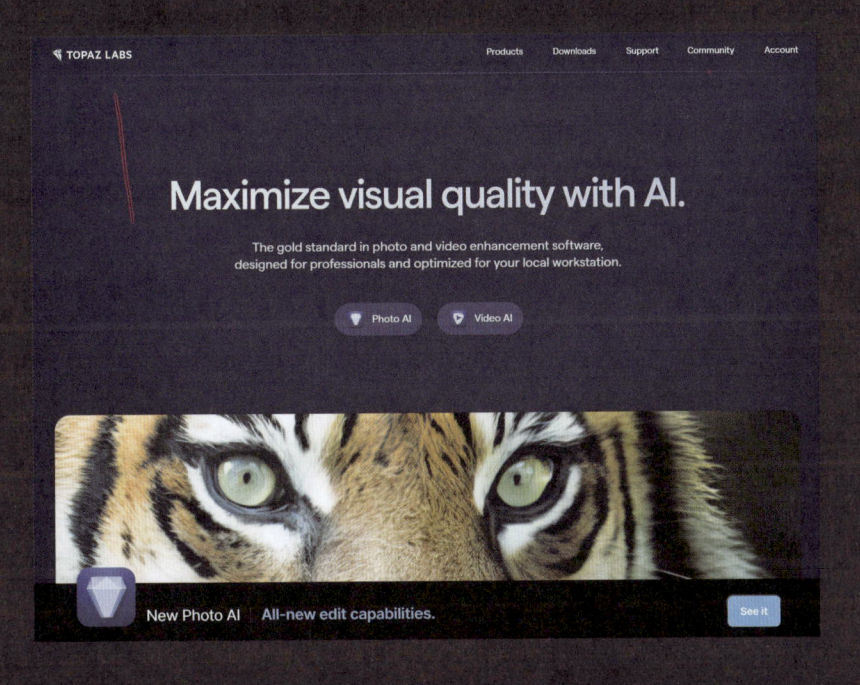

图 4-13　Topaz Video AI 官网

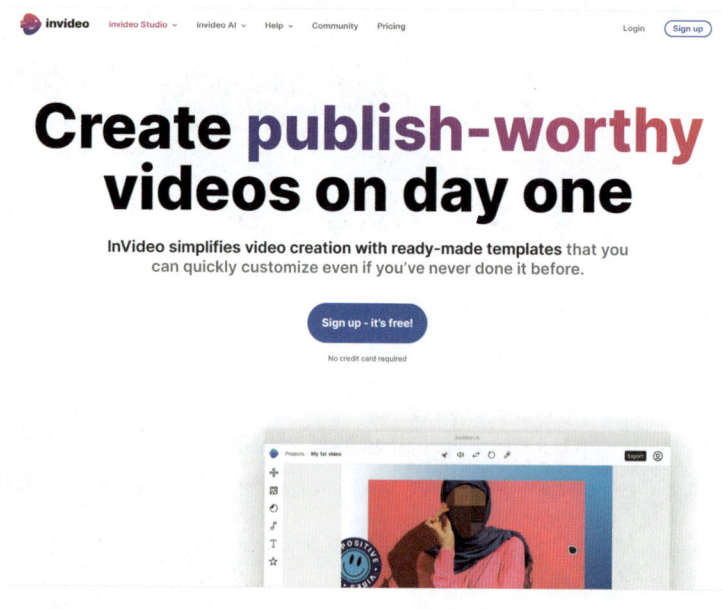

4.1.14 InVideo

InVideo 是一款在线视频制作平台，它内置了 AI 工具，可以帮助用户快速轻松地创建具有专业品质的视频。InVideo 的主要特点之一是它的 AI 视频生成器，该功能可以根据用户提供的文字提示生成视频脚本和视频内容。用户可以通过简单的文字命令来修改生成的视频，以满足自己的需求。此外，InVideo 还提供了人工智能配音功能，可以在几分钟内为视频创建专业的配音。

图 4-14 InVideo 官网

与其他 AI 视频工具相比，InVideo 的独特之处在于它提供了一个综合的视频制作解决方案。它不仅能够生成视频脚本，还能通过编辑器进行后期更改，使得视频制作变得更加灵活和便捷。例如，对于科技、财经、资讯类注重脚本内容的视频制作，InVideo 可以快速、低成本地进行视频画面制作，而无需花费大量时间寻找视频素材或担心视频版权问题。在案例方面，InVideo 能够根据用户输入的文本提示，如"K 公司刚研制出了一款新品乳液"，自动生成相关的宣传视频，包括脚本、视频素材和配音，大大节省了制作时间和成本。这种从文本到完成视频的一站式服务，是 InVideo 区别于其他 AI 视频工具的重要特点之一。图 4-14 为 InVideo 官网界面。

4.1.15 Opus Clip

Opus Clip 是一款 AI 驱动的视频再利用工具，专注于将长视频内容高效地转换为适合社交媒体平台的短视频片段。这款工具通过一键操作，能够自动分析视频内容，识别出最具吸引力的亮点，并将其重新编排成连贯、紧凑的短视频，从而提高视频的传播潜力和观看率。Opus Clip 的特色功能包括 AI Curation，它能从原视频中提取精彩片段，以及 AI 自动剪辑，让用户根据关键词或特定时间范围进行精准剪辑。

与其他 AI 视频工具相比，Opus Clip 的独特之处在于其专注于视频内容的再利用和优化，特别适合需要在多个平台上分发内容的视频创作者和营销人员使用。例如，一个播客制作了一系列长视频访谈，使用 Opus Clip 可以将这些访谈转换成多个短视频片段，每个片段突出一个主要话题，然后分别发布到 YouTube Shorts、TikTok 或 Instagram Stories 等平台，以增加视频的观看次数和提高粉丝互动率。此外，Opus Clip 还提供了 AI 病毒式传播评分，预测每个短视频的传播潜力，帮助用户优化视频内容以获得更好的社交媒体表现。这些功能使得 Opus Clip 在 AI 视频编辑工具中独树一帜，为用户提供了一个简单而强大的视频再利用解决方案。图 4-15 为 Opus Clip 官网界面。

4.1.16　Google Vids

Google Vids 是谷歌推出的一款 AI 视频创作工具，专为简化视频创建和编辑流程而设计。它允许用户通过简单的提示和素材整合，生成故事板并编辑视频。Google Vids 的理念是提供与其他工作空间工具（如文档和表格）类似的视频创作和浏览器内协作能力。用户可以输入视频描述，访问谷歌驱动器中的文件或使用谷歌提供的库存内容，AI 将根据用户的想法创建视频的故事板。此外，Google Vids 支持与团队成员共享视频，允许他们评论、留言和编辑视频，实现协作工作。

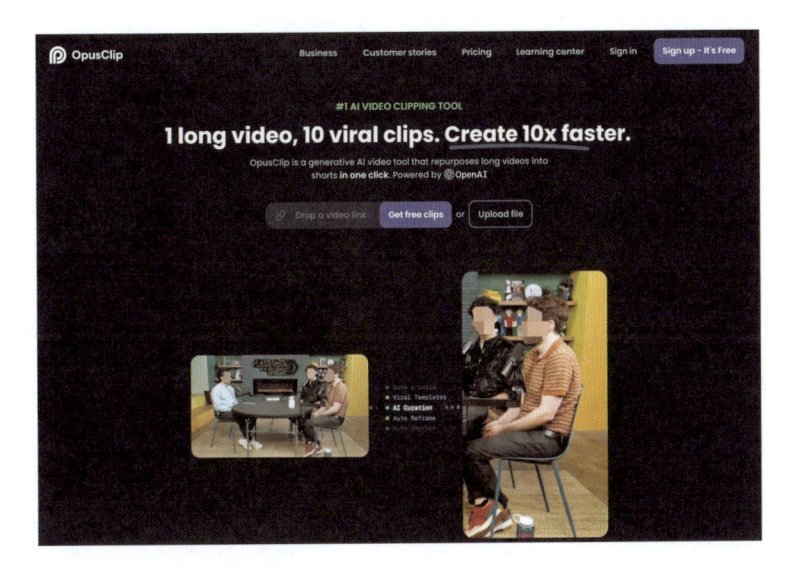

图 4-15　Opus Clip 官网

图 4-16　Google Vids 官网

与其他 AI 视频工具相比，Google Vids 的独特之处在于其深度集成 Google Workspace，强调协作性，并提供预录制的旁白功能。例如，一个团队需要制作一个项目更新视频，团队成员可以使用 Google Vids 快速生成视频内容的分镜脚本，选择风格，编辑草稿，并添加预录制的旁白。团队成员可以共同在一个视频项目上工作，提出建议和修改，而不必通过电子邮件来回发送文件。这种协作方式不仅提高了工作效率，也使得视频内容的创作更加灵活和民主。Google Vids 的目标是让每个人都能够轻松地创作视频，无论是用于内部沟通、产品演示还是营销宣传。图 4-16 为 Google Vids 官网界面。

4.1.17 有言

有言是由魔珐科技推出的一站式 AIGC 视频创作和 3D 数字人生成平台。该平台的核心优势在于提供海量超写实 3D 虚拟人角色，支持用户无须真人出镜即可制作视频。用户可以通过输入文字快速生成 3D 内容，并利用平台提供的自定义编辑、字幕、动效、背景音乐等后期包装功能，简化视频制作流程，提高创作效率。此外，有言平台还整合了从内容生成到后期制作的全套流程，为用户提供了从开始到完成的一站式视频创作解决方案。

与其他 AI 视频工具相比，有言的独特之处在于其强大的 3D 虚拟角色库和 AIGC 技术。例如，教育工作者可以使用有言创建教学视频，通过 3D 虚拟角色来解释复杂的概念或进行模拟教学，从而提高学习者的参与度和理解力。营销与广告领域的企业和营销人员可以利用有言制作吸引人的产品演示视频或广告短片，通过高质量的 3D 动画和虚拟角色来吸引目标受众。这些案例展示了有言在不同领域的应用潜力，尤其是在需要虚拟角色或特定视觉风格的场景中，有言提供了一种创新的视频内容创作方式。图 4-17 为有言官网界面。

图 4-17　有言官网

4.1.18 Arcads

Arcads 是一个 AI 视频广告制作平台，它能将简单的文本或产品链接转换成引人入胜的短视频广告。这个工具特别适合追求效率和成本效益的品牌和营销团队，可提供快速、多语言的视频广告创作服务。Arcads 通过其先进的 AI 技术，让用户能够轻松生成具有情感共鸣和真实感的视频内容，从而提升广告效果并节省制作时间和成本。Arcads 的主要功能包括快速视频广告生成、自定义脚本、AI 演员库、批量创作能力以及多语言支持。

与其他 AI 视频工具相比，Arcads 的独特之处在于其专注于视频广告的生成，并且能够理解情感线索和讲故事的元素，确保每个视频不仅传达预期的信息，而且在情感层面上与观众产生共鸣。例如，一个电子商务商家希望推广一款新产品，他们可以提供产品的描述和关键卖点，Arcads 可将这些信息转化为一个包含 AI 演员和相关场景的视频广告。这个视频广告不仅展示了产品特点，还能够引起潜在顾客的情感共鸣，增加购买意愿。此外，Arcads 提供的多语言功能使得用户可以轻松创建针对不同语言市场的视频广告，这对于全球化的品牌营销尤为重要。这些特点使得

Arcads 在 AI 视频制作领域中具有显著的竞争优势，尤其是在快速生成高质量、情感丰富的视频广告方面。图 4-18 为 Arcads 官网界面。

4.1.19　Viggle

Viggle 是一款基于 JST-1 技术的 AI 视频生成平台，它通过文本描述驱动静态图像转化为高质量视频内容，特别擅长 3D 角色动画的生成和控制。Viggle 的核心功能包括 Mix、Animate、Ideate、Character 和 Stylize，这些功能使得用户能够通过简单的文本描述来创造、定制和动画化 3D 角色，无须复杂的 3D 建模或动画技能。例如，用户可以上传一张清晰的人物图像，结合一个动作视频，使用 Viggle 的 Mix 功能让静态图像动起来；或者通过 Animate 功能，根据文本提示为静态角色添加动画，创造出符合用户想象的动态视频。

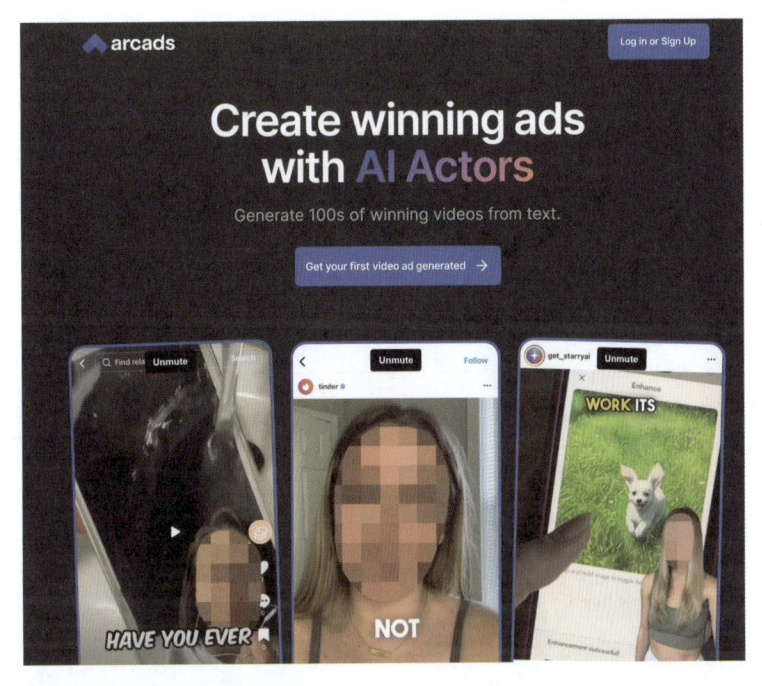

图 4-18　Arcads 官网

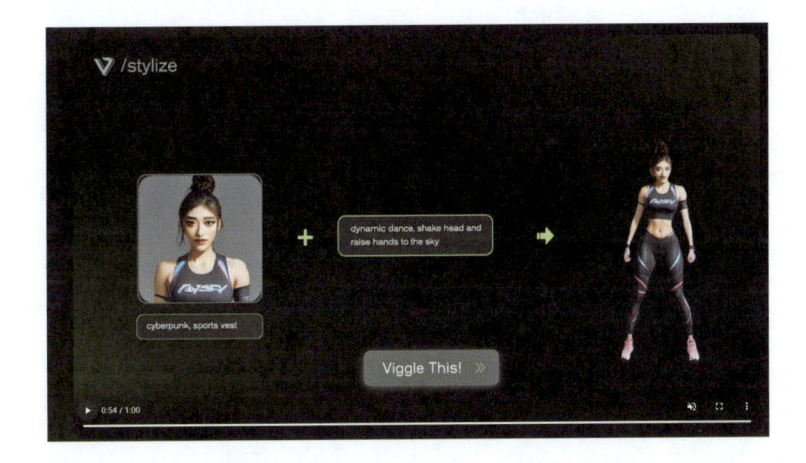

图 4-19　Viggle 官网

Viggle 的独特之处在于其对 3D 角色动作的精确控制和高度自由的创作方式。它不仅提供了一个强大的工具集，还允许用户通过文本描述来控制角色的动作和表情，从而创造出具有个性化和情感共鸣的视频内容。这种高自由度的创作方式为游戏开发、动画制作、虚拟现实（VR）和增强现实（AR）等领域提供了新的可能性。例如，游戏开发者可以利用 Viggle 快速生成角色动画演示，而内容创作者可以制作包含动态 3D 角色的教学视频，这些都大大节省了制作时间和成本，提高了创作效率。Viggle 的这种创新性和实用性使其在 AI 视频制作领域中脱颖而出。图 4-19 所示为 Viggle 官网。

4.1.20 ActAnywhere

ActAnywhere 是由 Stanford University 和 Adobe Research 共同开发的 AI 模型，专注于自动化视频背景生成。该模型通过接收前景主体的分割序列和描述背景的图像作为输入，利用大型视频扩散模型，并在大规模人类与场景互动视频数据集上进行训练，以产生高质量且符合创意的视频内容。ActAnywhere 的独特之处在于其能够在不同条件下生成多样化的视频背景，显示了其在电影制作和视觉特效领域的应用潜力。

与其他 AI 视频工具相比，ActAnywhere 的一个显著特点是其主体感知能力，这意味着模型能够识别并响应前景主体的运动和外观。这与那些主要关注视频结构保持或风格化变化的工具不同，ActAnywhere 提供了一种更为动态和互动的视频背景生成方式。例如，在电影制作中，ActAnywhere 可以用于创建逼真的背景，增强视觉效果和观众的沉浸感。在视觉特效领域，它可被用于后期制作，为实景拍摄的视频添加或替换背景，实现无缝合成。此外，ActAnywhere 还适用于教育与培训、社交媒体与内容创作以及虚拟现实（VR）与增强现实（AR）等场景。这些应用案例展示了 ActAnywhere 在自动化视频背景生成方面的创新性和实用性，为视频内容创作提供了一种新的自动化工具，降低了背景生成的复杂程度，提高了创作效率。图 4-20 为一篇关于 ActAnywhere 的论文研究。

图 4-20　一篇关于 ActAnywhere 的论文研究

4.1.21 VideoCrafter2

VideoCrafter2 是由腾讯 AI 实验室开发的一款高质量视频生成模型，旨在克服高质量视频数据获取的局限性，训练出能够生成高质量视频的模型。该模型的核心思想是将视频的生成过程分解为运动（motion）和外观（appearance）两个主要部分，通过深度学习和扩散模型（diffusion models）的原理，从简单的文本描述中生成栩栩如生的视频画面。VideoCrafter2 通过使用低质量的视频数据集来训练模型的运动部分，确保生成的视频在运动上是连贯的，同时使用高质量的图像数据集来训练模型的外观部分，提升视频的视觉质量。

与其他 AI 视频工具相比，VideoCrafter2 的独特之处在于其先进的概念组合能力和对视频模型空间和时间模块之间耦合的深入分析。它不仅能够显著提高视频的图像质量，使画面更加清晰、色彩更加鲜明，还能优化视频中的动作表现，使动作看起来更自然、更流畅。例如，在电影短片制作中，VideoCrafter2 可以根据导演的文本描述，生成具有复杂动作和细腻表情的角色动画，提供电影级别的视觉盛宴。此外，VideoCrafter2 支持将多种创意元素融合在一起，如不同的场景、角色和特效，这使得创作者可以更自由地表达他们的创意，创作出独一无二的视频作品。这种灵活性和创造力的提升，为视频内容创作、影视后期制作等行业带来了新的可能性，预示着 AI 视频生成技术的新方向——在有限资源下实现高质量视频内容的生成。图 4-21 为 VideoCrafter2 官网界面。

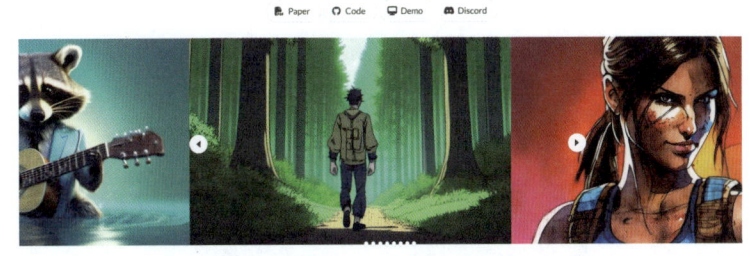

图 4-21　VideoCrafter2 官网

4.2　AI 视频工具如何提升效率

AI 视频工具通过提供自动化的视频生成和编辑功能，极大地提升了视频制作的效率。例如，Synthesia 和 Lumen5 等工具能够根据文本脚本自动生成视频内容，用户只需输入文本，AI 就能创建出具有专业水准的视频，这不仅减少了从头开始制作视频所需的时间和精力，也降低了技术门槛。此外，Topaz Video AI 等工具可以自动提升视频清晰度和帧率，减少后期处理的需求，同时保持或提升视频质量。

在实际应用案例中，如一位内容创作者希望制作一个关于健康饮食的教学视频，他可以使用 InVideo AI 类的产品快速、低成本地进行视频画面制作。官方教程中建议对视频平台、主旨内容、视频长度、语气、脚本风格进行描述，上传视频后，还会再次询问视频内容倾向。如果对生成的视频不满意，可以重新选择内容倾向进行编辑，也可以修改脚本、搜索并替换视频片段。这种方法不仅节省了寻找视频素材的时间，还避免了视频版权问题，使得视频制作变得更加高效和便捷。

这些工具覆盖了从简单的文本到视频的转换、3D 角色动画制作、时间延迟视频创作到视频背景生成等多种功能，适用于不同领域和需求的视频制作。选择合适的工具，可以帮助读者高效地完成视频创作任务。

第2篇

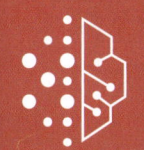

案例百科篇

扫码获取本书配套资源

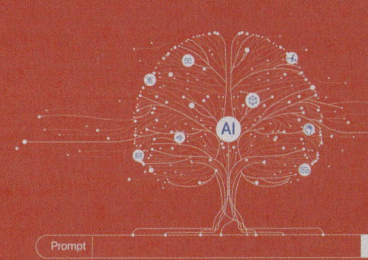

第 5 章　食物广告内容制作

5.1　Microsoft Copilot 制作脚本

在这里，笔者采用 Microsoft Copilot（一款人工智能驱动的聊天助手）提取描述词。Microsoft Copilot 可以通过聊天回答简单和复杂的问题、协助研究、提供灵感，并提供各种内容的摘要、生成图像等。

在 Microsoft Copilot 界面中单击"COPILOT" 聊天；在"选择对话方式"中选择"更多平衡"（More Balanced），并在下方输入栏中进行聊天提问，获取视频脚本和文本进行备用，如图 5-1 所示。

思路拓展

Microsoft Copilot 界面"选择对话方式"中，More Creative、More Balanced、More Precise 之间： 更有创造力，可以在聊天框中输入文字生成图片； 更平衡， 更精准，但它们无法输入文字生成图片。注意，选择对话方式后界面将自动跳转至选择的对话方式界面，界面色调也会随之改变，如图 5-2 ~ 图 5-4 所示。

单击聊天框进行文字输入（文字内容不能超过 4000 字），输入文字后单击 ▶ 即可发送，单击 可以添加新话题，如图 5-5 所示。

单击 可以添加图像或链接，辅助 Microsoft Copilot 文字分析，上传方式有：粘贴图片或链接、从设备上传、打开摄像头拍一张照片，如图 5-6、图 5-7 所示。

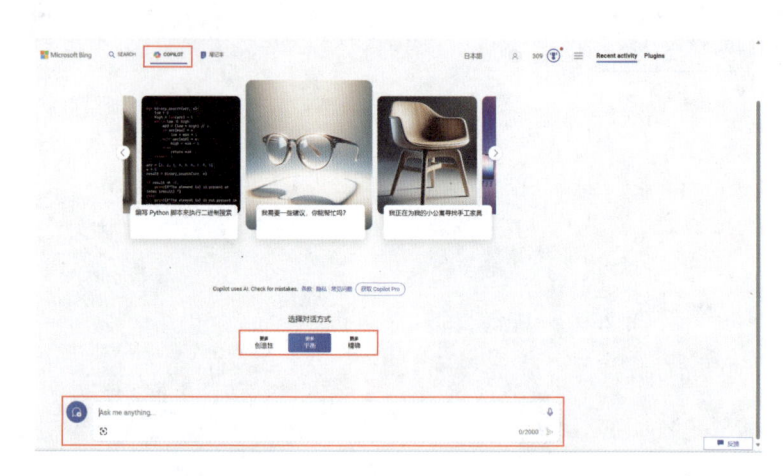

图 5-1　Microsoft Copilot 界面

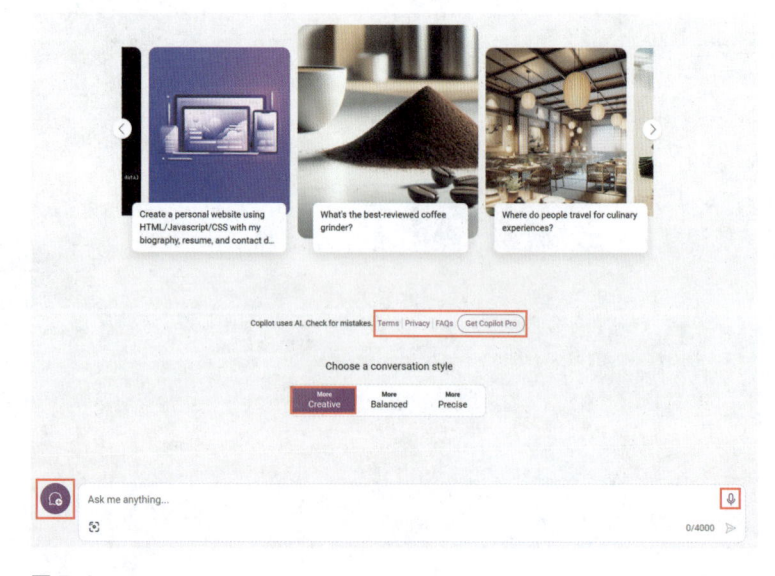

图 5-2　More Creative

图 5-3 More Balanced

图 5-4 More Precise

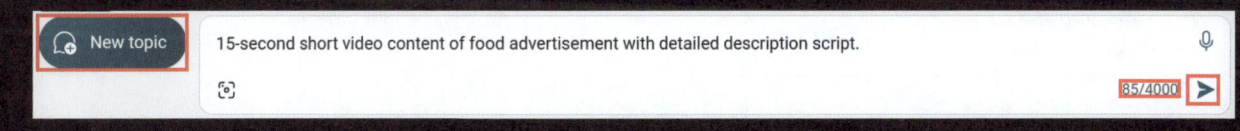

图 5-5 聊天框输入文字

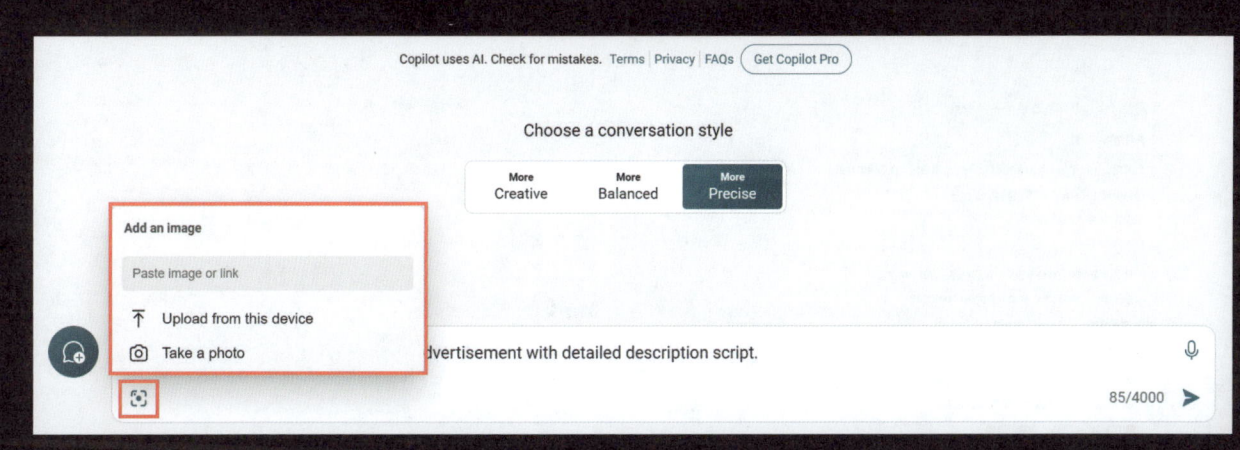

图 5-6 添加图像或链接

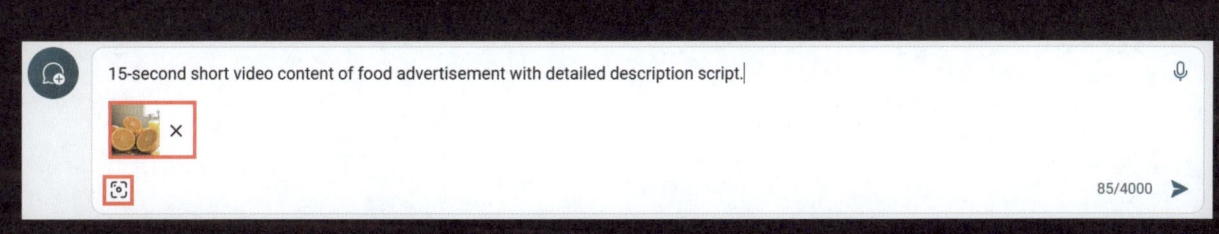

图 5-7 粘贴图片

这里为读者展示"More Balanced"和"More Precise"提取食物广告视频脚本的案例对比，如图 5-8～图 5-11 所示。

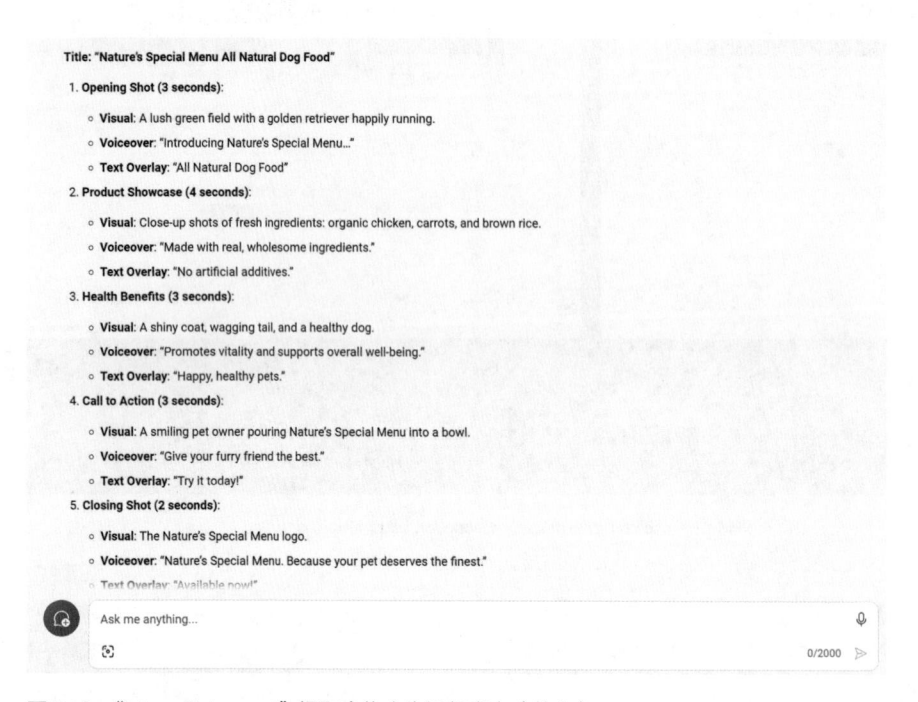

```
Title: "Nature's Special Menu All Natural Dog Food"
1. Opening Shot (3 seconds):
   ○ Visual: A lush green field with a golden retriever happily running.
   ○ Voiceover: "Introducing Nature's Special Menu..."
   ○ Text Overlay: "All Natural Dog Food"
2. Product Showcase (4 seconds):
   ○ Visual: Close-up shots of fresh ingredients: organic chicken, carrots, and brown rice.
   ○ Voiceover: "Made with real, wholesome ingredients."
   ○ Text Overlay: "No artificial additives."
3. Health Benefits (3 seconds):
   ○ Visual: A shiny coat, wagging tail, and a healthy dog.
   ○ Voiceover: "Promotes vitality and supports overall well-being."
   ○ Text Overlay: "Happy, healthy pets."
4. Call to Action (3 seconds):
   ○ Visual: A smiling pet owner pouring Nature's Special Menu into a bowl.
   ○ Voiceover: "Give your furry friend the best."
   ○ Text Overlay: "Try it today!"
5. Closing Shot (2 seconds):
   ○ Visual: The Nature's Special Menu logo.
   ○ Voiceover: "Nature's Special Menu. Because your pet deserves the finest."
   ○ Text Overlay: "Available now!"
```

图 5-8 "More Balanced"提取食物广告视频脚本（英文）

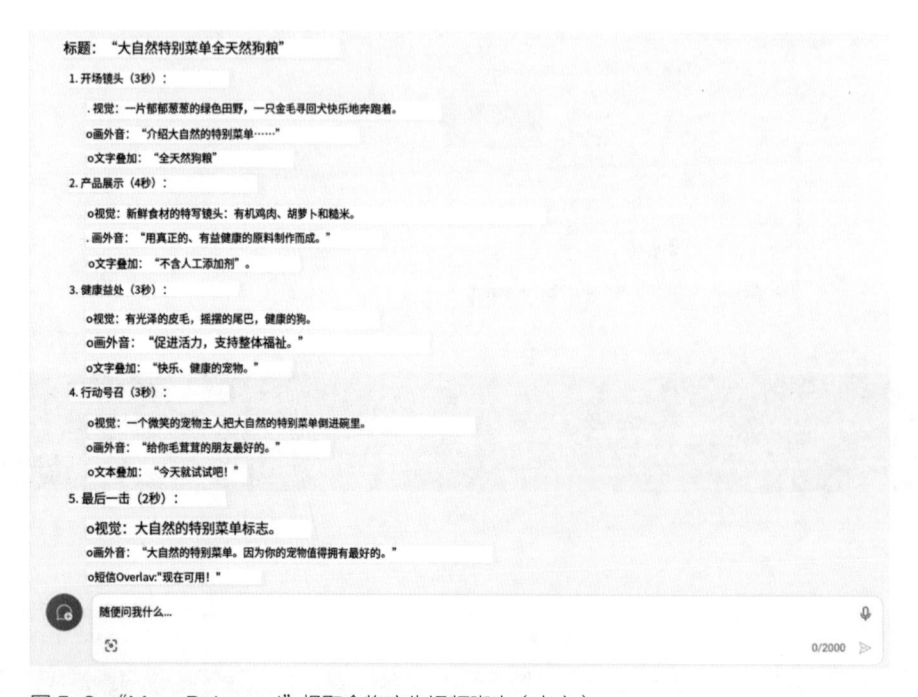

```
标题："大自然特别菜单全天然狗粮"
1. 开场镜头（3秒）：
   ○视觉：一片郁郁葱葱的绿色田野，一只金毛寻回犬快乐地奔跑着。
   ○画外音："介绍大自然的特别菜单……"
   ○文字叠加："全天然狗粮"
2. 产品展示（4秒）：
   ○视觉：新鲜食材的特写镜头：有机鸡肉、胡萝卜和糙米。
   ○画外音："用真正的、有益健康的原料制作而成。"
   ○文字叠加："不含人工添加剂"。
3. 健康益处（3秒）：
   ○视觉：有光泽的皮毛，摇摆的尾巴，健康的狗。
   ○画外音："促进活力，支持整体福祉。"
   ○文字叠加："快乐、健康的宠物。"
4. 行动号召（3秒）：
   ○视觉：一个微笑的宠物主人把大自然的特别菜单倒进碗里。
   ○画外音："给你毛茸茸的朋友最好的。"
   ○文本叠加："今天就试试吧！"
5. 最后一击（2秒）：
   ○视觉：大自然的特别菜单标志。
   ○画外音："大自然的特别菜单。因为你的宠物值得拥有最好的。"
   ○短信Overlay:"现在可用！"
```

图 5-9 "More Balanced"提取食物广告视频脚本（中文）

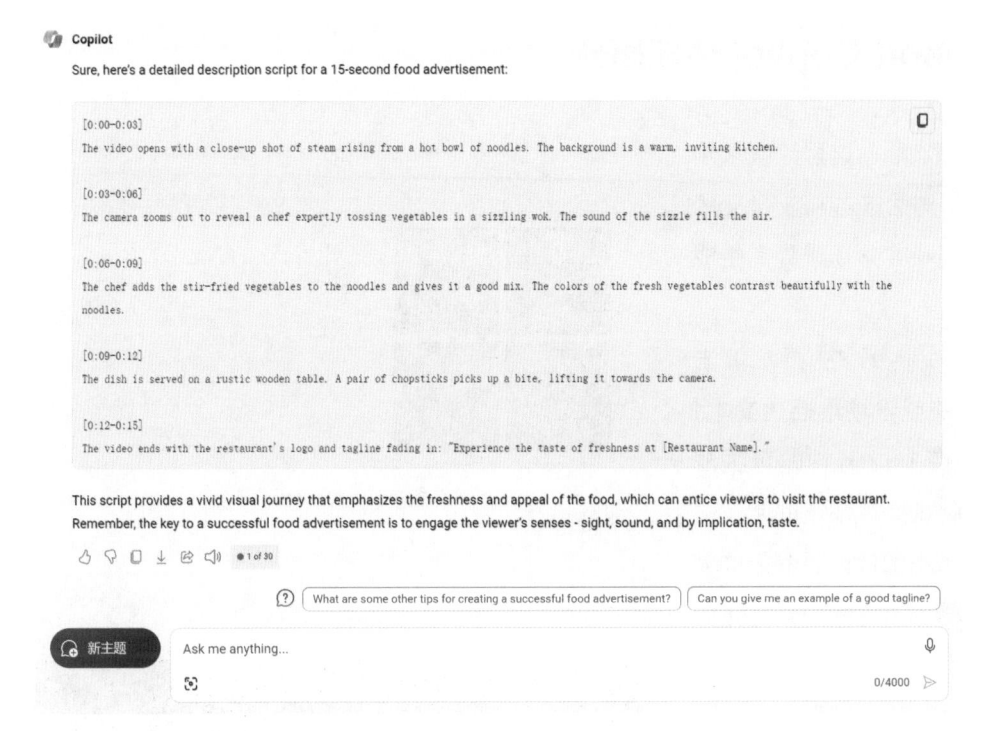

图 5-10 "More Precise"提取食物广告视频脚本（英文）

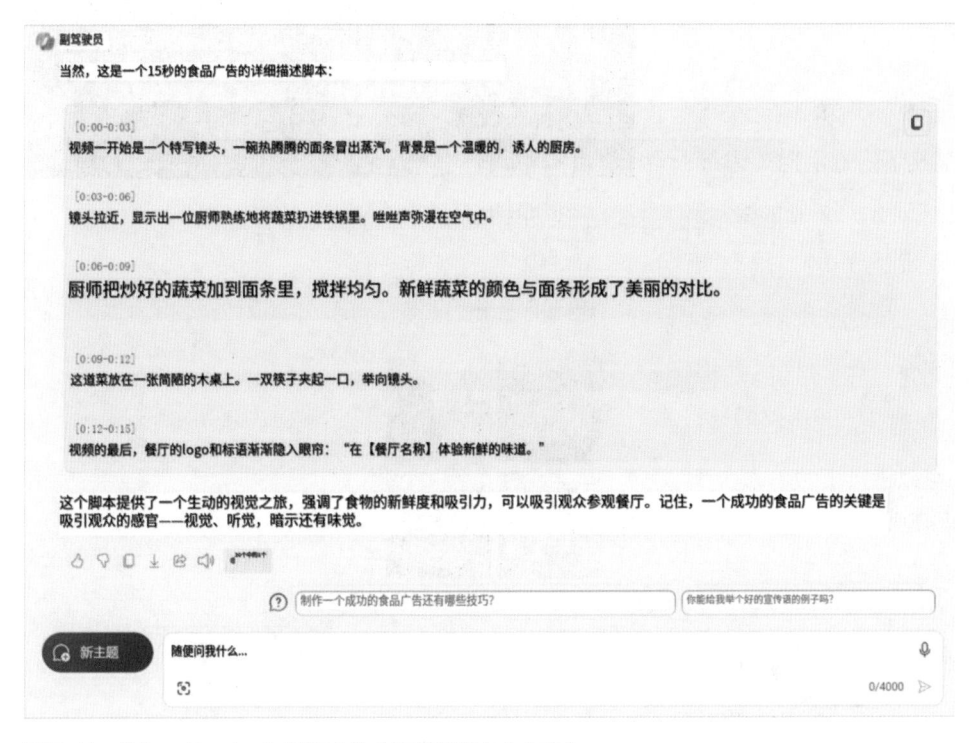

图 5-11 "More Precise"提取食物广告视频脚本（中文）

5.2 Microsoft Copilot 生成图像

在拥有视频脚本后，这里笔者采用 Microsoft Copilot 对话方式中的"More Creative"将分镜头或分场景脚本生成图片。

在"More Creative"主页，单击聊天框输入分镜头或分场景描述文本，单击发送后，等待 1~2 分钟即可生成 4 张图片；选择"More Creative"生成合适的图片，单击图片可以进行放大查看，单击 Download 即可下载图片。如果生成的图片中没有符合预期的图片，可以更换描述重新生成，如图 5-12、图 5-13 所示。

思路拓展

"More Creative"主页生成照片的同时还会在照片的右下方提供相关建议，单击想要了解的"More Creative"建议即可继续生成，如图 5-14、图 5-15 所示。

"More Creative"生成的 4 张图片的上方辅助栏 中，单击 图标可以进行下载（Word、PDF、Text），单击 图标进行复制，单击 图标进行转发，如图 5-16 所示。

这里为读者展示"More Creative"提取的食物广告图片脚本，如图 5-17~图 5-20 所示。

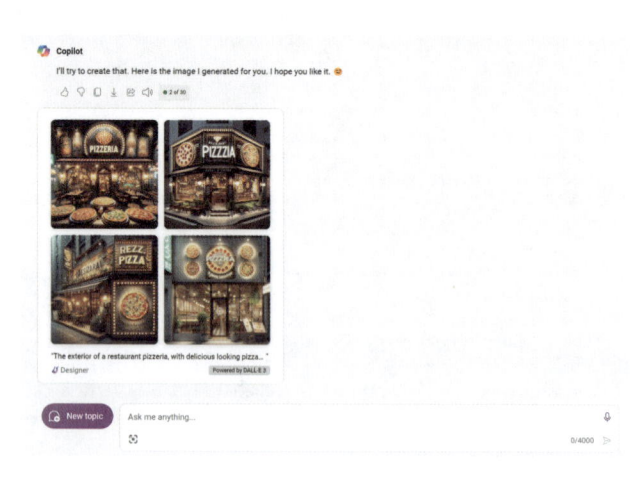

图 5-12　生成图片

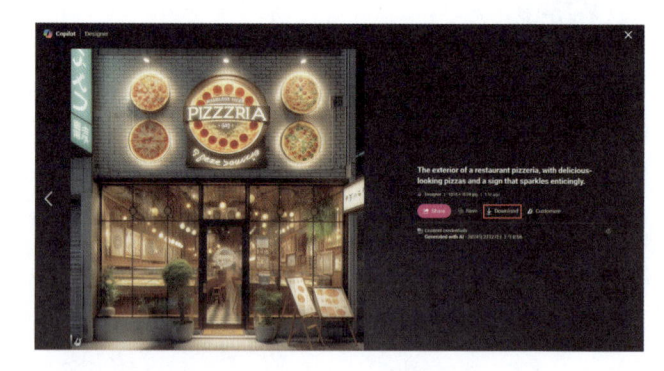

图 5-13　下载图片

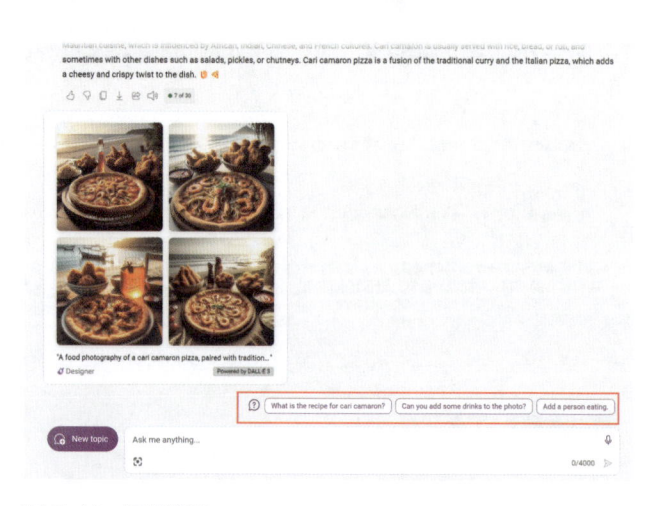

图 5-14　提供建议

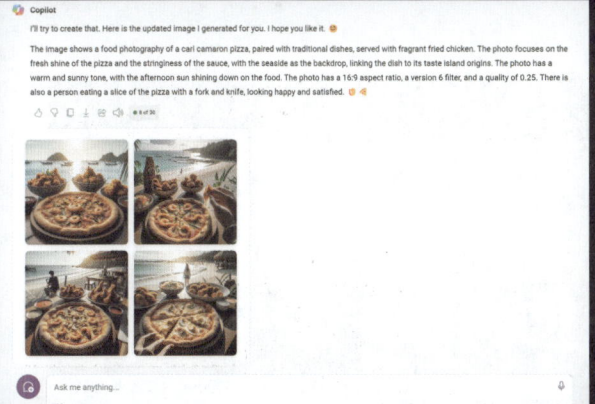

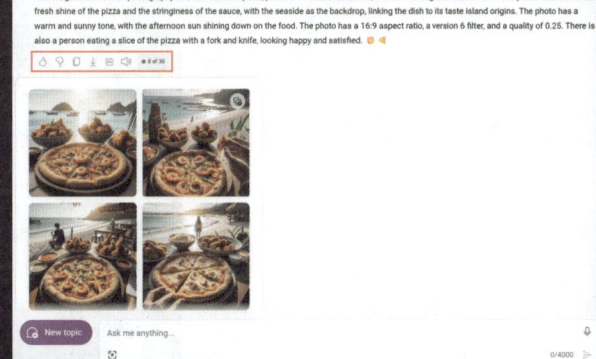

图 5-15　继续生成

图 5-16　辅助栏

图 5-17　食物广告图片（1）

图 5-18　食物广告图片（2）

图 5-19　食物广告图片（3）

图 5-20　食物广告图片（4）

061

5.3　Runway 生成视频

在拥有符合预期的照片后，紧接着进行案例视频生成制作过程。这里笔者采用 Runway 将照片转化为视频。

① 登录 Runway（runwayml.com）页面可以看到主界面的左侧为项目栏，单击项目栏中"Videos"（影片）项目栏展开有"Generate Videos"（生成视频）、"Edit Videos"（编辑视频）、"Generate Audio"（生成音频），如图 5-21 所示。

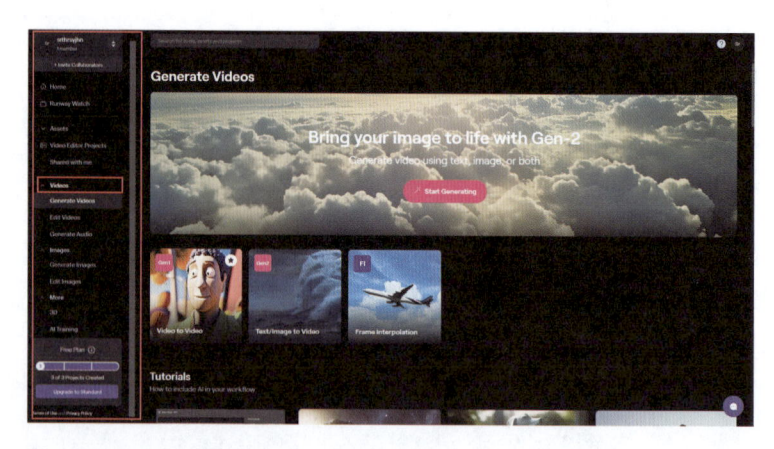

图 5-21　Runway 页面

② 选择"Generate Videos"进入"Generate Videos"界面，再次单击 Gen2 进入文本/图像转视频界面，如图 5-22 所示。

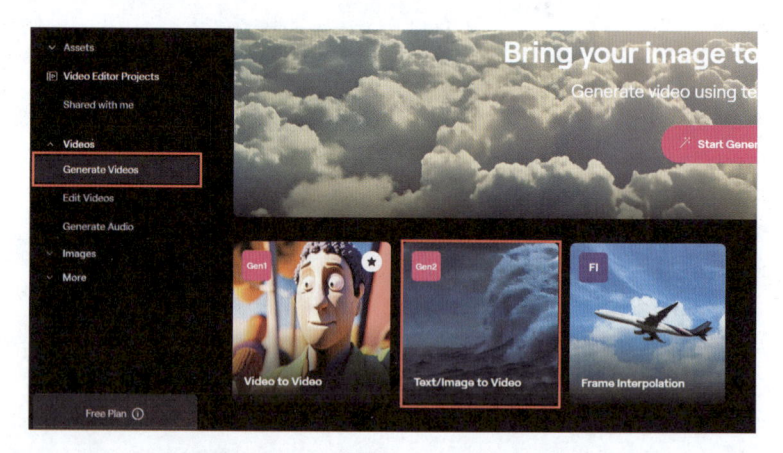

③ 进入文本/图像转视频界面可以看到中间的输入框，输入框的左上角分别为"TEXT"（文本）、"IMAGE"（图像）、"IMAGE+DESCRIPTION"（图像加描述），如图 5-23 所示。

图 5-22　"Generate Videos"界面

思路拓展

文本/图像转视频界面输入框中使用"TEXT""IMAGE"和"IMAGE+DESCRIPTION"介绍：

图 5-23　文本/图像转视频界面

① 使用"TEXT"时，单击"TEXT"，在下方的"Use text to describe your scene and how it moves（用文字来描述你的场景，以及它是如何移动的）"面板中，单击输入有效关键词；右上角 16:9 可进行选择版面宽高比例。输入关键词并调整比例后，在文字框的右下方有图标 Free Preview（快速预览）和 Generate 4s，单击 Free Preview 可快速生成 4 张预览效果图，单击 Generate 4s 即可生成 4 秒视频，如图 5-24、图 5-25 所示。

② 使用"IMAGE+DESCRIPTION"（图像加文字描述转视频）时，可以在"Generate Videos"（生成视频）界面中间框左下角参数调整功能区的 5 个功能项进行调整，然后再单击 Free Preview 可快速生成预览效果图，单击 Generate 4s 可生成 4 秒视频，如图 5-26 所示。

③ 使用"IMAGE"（图像转视频）和"IMAGE+DESCRIPTION"（图像加 320 字内描述词辅助转视频），以图像生成 4s 视频。以这两种方式生成 4s 视频前可以在输入框左下角调整功能区进行调整，如图 5-27、图 5-28 所示。

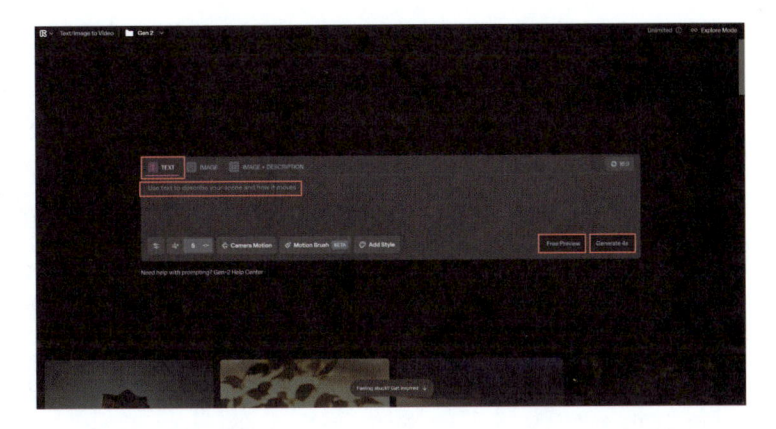

图 5-24　使用"TEXT"

图 5-25　调整比例

图 5-26　参数调整功能区

图 5-27　"IMAGE"

图 5-28　"IMAGE+DESCRIPTION"

思路拓展

文本/图像转视频界面输入框左下角调整功能区介绍：

① 单击 可勾选调节："seed"（种子），用于生成的扩散坐标；"Interpolate"（插值），平滑镜框；"Upscale"（高档的），自动增强视频分辨率（可能略微增加生成时间）；"Remove watermark"（去除水印），从输出中移除"Gen-2"水印，如图 5-29 所示。

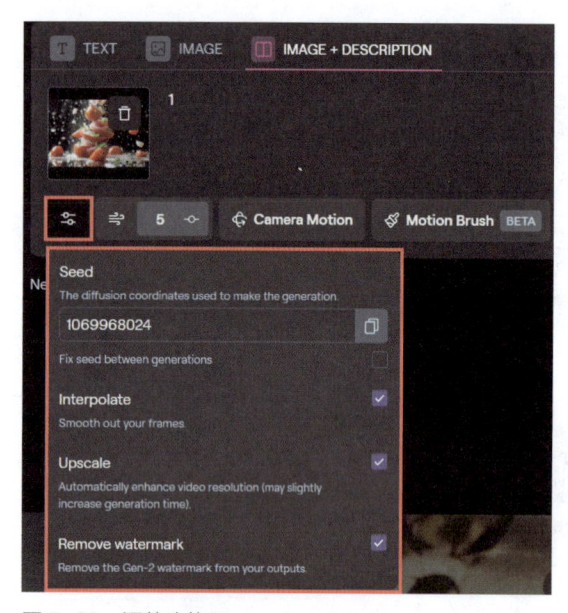

图 5-29 调整功能区

② 单击 可以左右移动调节，增加或减少视频中的运动强度（更高的值可导致更多的运动），如图 5-30 所示。

③ 运动方式和强度调整：单击 可以调整镜头的运动方式和强度，这里可以理解为操控一架无人机进行飞行拍摄运镜。"Camera Motion"界面中相关参数功能有："Horizontal""Vertical""Pan""Tilt""Roll""Zoom""Reset saved""Save"，如图 5-31 所示。

图 5-30 左右移动调节

图 5-31 运动方式和强度调整

④ 局部定向运动：单击 可以使用运动笔刷设置局部定向运动来更好地控制视频画面效果。在"Motion Canvas"（运动画布）上有 5 把刷子（Brush1～5），单击刷子可使用对应的笔刷；打开 （自动检测区域），笔刷将自动识别区域，关闭 则可以使用原始笔刷；"Directional motion" 定向控制"Motion Canvas"（运动画布）上的刷子进行调整视频画面运动。"Directional motion"界面中，"Horizontal（x-axis）"可以水平（X轴）移动，"Vertical（y-axis）"可以垂直（Y轴）移动，"Proximity（z-axis）"可以接近度（z轴）移动，"Ambient（noise）"可以使环境变得躁动。当刷子画错时，可以使用橡皮进行修改或单击左下方回勾撤回上一步。单击"Save"进行保存。该过程如图 5-32～图 5-35 所示。

图 5-32 "Motion Brush"

图 5-33 "Motion Canvas"

图 5-34 关闭时使用原始笔刷

⑤ 调整功能区 设置参数并保存后,可以单击 Generate 4s 按钮,等待 1~2 分钟即可生成 4 秒视频,如图 5-36、图 5-37 所示。

若对生成的视频效果满意,可以单击视频右上方 (下载)按钮,将视频下载到本地计算机中备用,如图 5-38 所示。如果对视频效果不满意,可以重新设置再次生成。

图 5-35 打开时自动检测区域

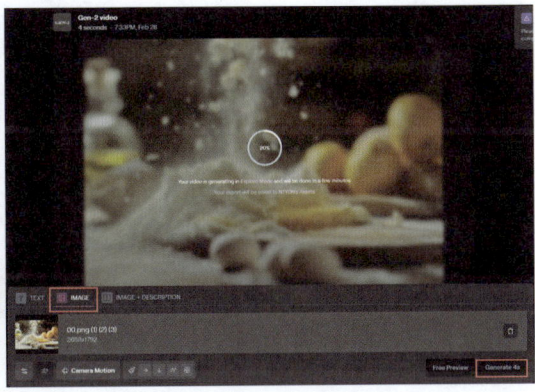

图 5-36 生成 4 秒视频(IMAGE)

图 5-37　生成 4 秒视频（IMAGE+DESCRIPTION）　　　图 5-38　下载视频

思路拓展

这里补充视频界面介绍：♡ 喜欢 / 收藏，▷ 查看报告内容，⛶ 放大观看；视频右下方 ◁ 调节声音，⛶ 放大，⋮ 调节播放速度。如果想深入了解更多功能和用法，可以查阅 Runway Gen-2 官方网站。

如果觉得 4 秒时长的视频不能满足需求，可以单击 Extend 4s（扩展 4 秒）按钮，将视频时长延长至 8 秒，Runway 会使用"Gen-2"模型自行补充后面的内容。在"Generate Videos"（生成视频）界面右侧可滑动观看，如图 5-39 所示。

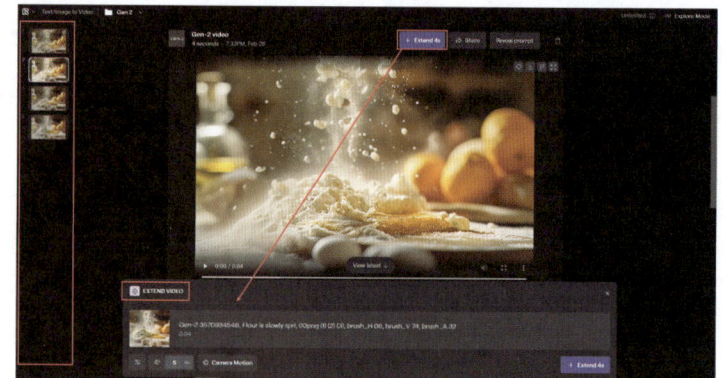

图 5-39　视频时长延长

5.4　Elevenlabs 生成音频

这里笔者使用 Generative Voice Ai（Elevenlabs io）生成音频，它能够以任何语言和风格创建语音，以先进的人工智能技术和直观的工具来生成画外音。调整符合预期的音频，单击 ⬇ 图标进行音频导出，如图 5-40 所示。

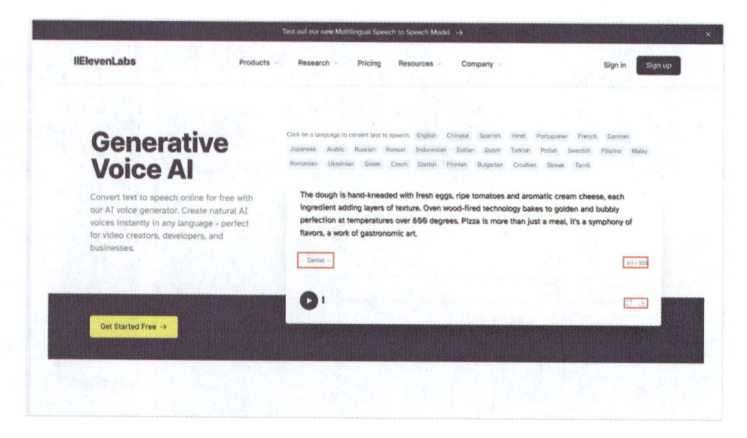

图 5-40　Generative Voice Ai

思路拓展

这里补充 Generative Voice Ai 使用注意事项：在生成语音内容的过程中，需要评估输出质量，确保它在清晰、自然和发音方面符合期望。生成的语音上下文之间的语调、节奏和风格要调整至与视频内容贴切。例如，客服聊天机器人可能需要更专业的语气，而虚拟人物可能需要独特的个性等。调整生成的声音的音量和强度，以匹配整体音频混合，避免突然的音量变化等。

5.5　剪映剪辑视频

在拥有符合预期的视频与音频后，进入案例视频剪辑创作阶段。这里使用剪映进行剪辑。

① 登录主页面单击 进入界面，单击 导入 进行导入创作，单击视频素材依次拖入时间轴中，如图 5-41、图 5-42 所示。

② 将视频素进行调整顺序后，单击剪映界面右上方项目栏中功能区（画面、变速、动画、调节、AI 效果）进行修剪创作视频，如图 5-43 所示。

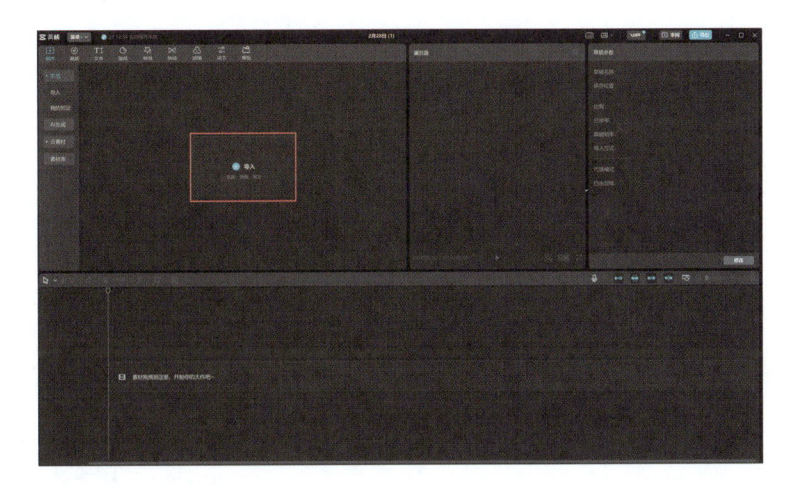

图 5-41　导入

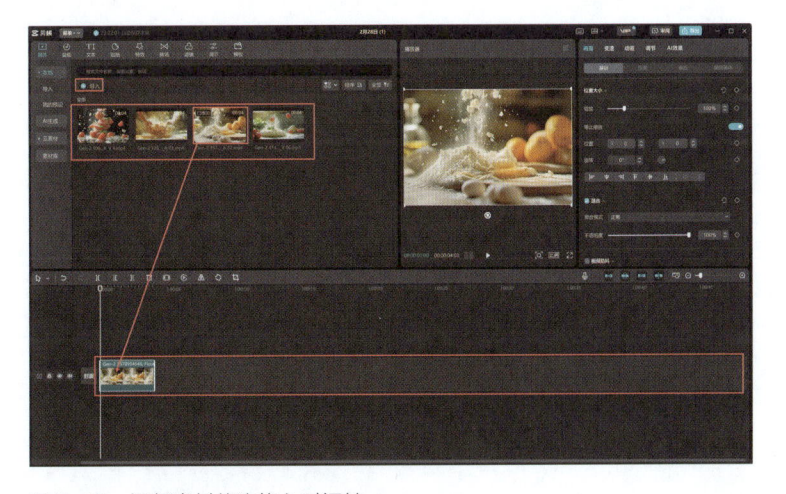

图 5-42　视频素材依次拖入时间轴

图 5-43　修剪创作视频

思路拓展

这里补充剪映 App 界面中右上方项目栏中功能区（画面、变速、动画、调节、AI 效果）介绍。

① 画面功能设置有 4 部分可以进行调整设置，分别为：基础、抠像、蒙版、美颜美体。

基础：位置大小、视频防抖、超清画质、智能打光、视频降噪、视频去频闪、智能转比例、智能运镜、运动模糊、背景填充。

抠像：色度抠图、自定义抠像、智能抠像，如图 5-44、图 5-45 所示。

图 5-44　智能抠像（1）

图 5-45　智能抠像（2）

蒙版：线性、镜面、圆形、矩形、爱心、心形。

美颜美体：美颜（单人模式，包括均肤、丰盈、磨皮、去法令纹、去黑眼圈、美白、白牙、肤色）、美型（单人模式，包括面部、眼圈、鼻子、嘴巴、眉毛、瘦脸、下颌骨颧骨、下巴长短、短脸、流畅脸、下庭、中庭、上庭、发际线）、手动瘦脸（手动调节）、美妆（单人模式，包括套装、口红、腮红、修容、睫毛、眼影、卧蚕）、美体（包括直角肩、宽肩、瘦手臂、天鹅颈、瘦身、长腿、瘦腰、小头、丰胸、美胯、磨皮、美白）。

② 变速功能设置有 2 部分，分别为常规变速、曲线变速。

③ 动画功能设置有 3 部分，分别为入场、出场、组合。

④ 调节功能设置有 4 部分，分别为基础、HSL、曲线、色轮。

⑤ AI 效果功能设置：只需要输入风格描述词，无字数限制，提供灵感参考即可。

③ 如图 5-46 所示，单击界面左上方项目栏中的功能区（媒体、音频、文本、贴纸、特效、转场、滤镜、调节、模板）进行视频的修剪创作。添加背景音乐和字幕，单击音频和文本根据案例主题进行创作。

思路拓展

这里补充剪映界面左上方项目栏（媒体、音频、文本、贴纸、特效、转场、滤镜、调节、模板）的介绍。

① 媒体功能设置有 5 部分，分别为导入、我的预设、AI 生成、云素材、素材库。

② 音频功能设置有 5 部分，分别为音乐素材、音效素材、音频提取、抖音收藏、链接下载。

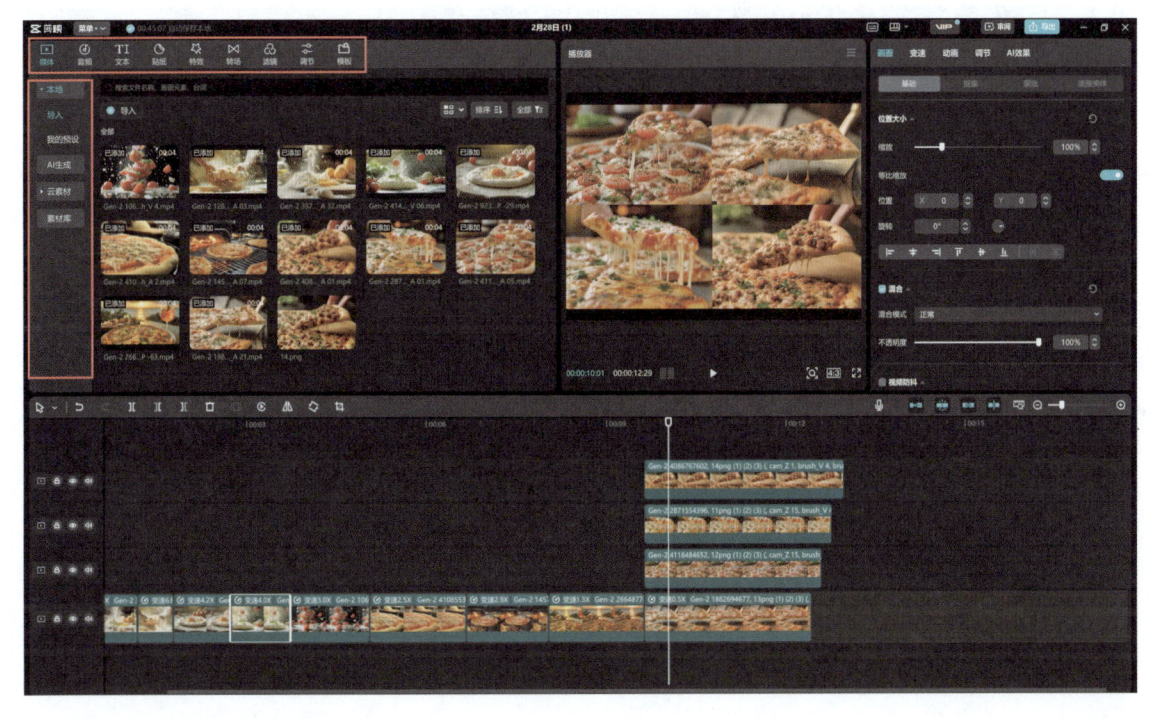

图 5-46 添加背景音乐和字幕

③ 文本功能设置有 3 部分，分别为新建文本（默认、我的预设）、花字（热门、发光、彩色、渐变、黄色、黑白、蓝色、粉色、红色、绿色）、文字模板（智能字幕、识别歌词、本地字幕）。

④ 贴纸功能设置有 2 部分，分别为 AI 生成、贴纸素材。

⑤ 特效功能设置有 2 部分，分别为画面特效，人物特效。

⑥ 转场功能设置只有 1 部分，为转场效果（热门、叠化、运镜、模糊、幻灯片、光效、拍摄、扭曲、故障、分割、自然、MG 动画、互动、综艺）。

⑦ 滤镜设置只有 1 部分，为滤镜库（精选、冬日、风景、美食、夜景、风格化、相机模拟、复古胶片、影视级、人像、基础、户外、室内、黑白）。

⑧ 调节功能设置有 3 部分，分别为：自定义、我的预设、LUT。

⑨ 模板功能设置有 4 部分，分别为画面比例、片段数量、模板时长、热门素材包。

思路拓展

剪映界面中间工具栏可进行修剪创作视频，如图 5-47 所示。这里补充剪映界面中间工具栏介绍。

图 5-47 修剪创作视频区

切换鼠标为选择状态或分割状态，单击旁边 图标进行更换，如图 5-48 所示； 为撤销； 为恢复； 为分割； 为向左裁剪； 为向右裁剪； 为删除； 为定格； 为倒放； 为镜像； 为旋转； 为裁剪比例； 为录音； 为关闭主轨磁吸； 为关闭自动吸附； 为关闭联动； 为打开预览轴； 为全局预览缩放； 为时间线缩放。

④ 将 Generative Voice Ai 生成的符合预期的音频进行导入，导入方式同视频素材一样。单击音频素材，将其拖入下方编辑时间轴，进行创作编辑，如图 5-49 所示。

⑤ 将音频调整至与视频画面匹配，符合预期效果后，可以通过文本功能中的识别字幕提取字幕，如图 5-50 所示。

图 5-48 切换鼠标

思路拓展

这里为读者展示丰富画面：单击界面左上方功能项贴纸 ，在贴纸素材中搜索 logo 设计，选择符合预期的 logo 进行时长调整和位置摆放，如图 5-51 所示。

图 5-49 导入音频

图 5-50 识别字幕

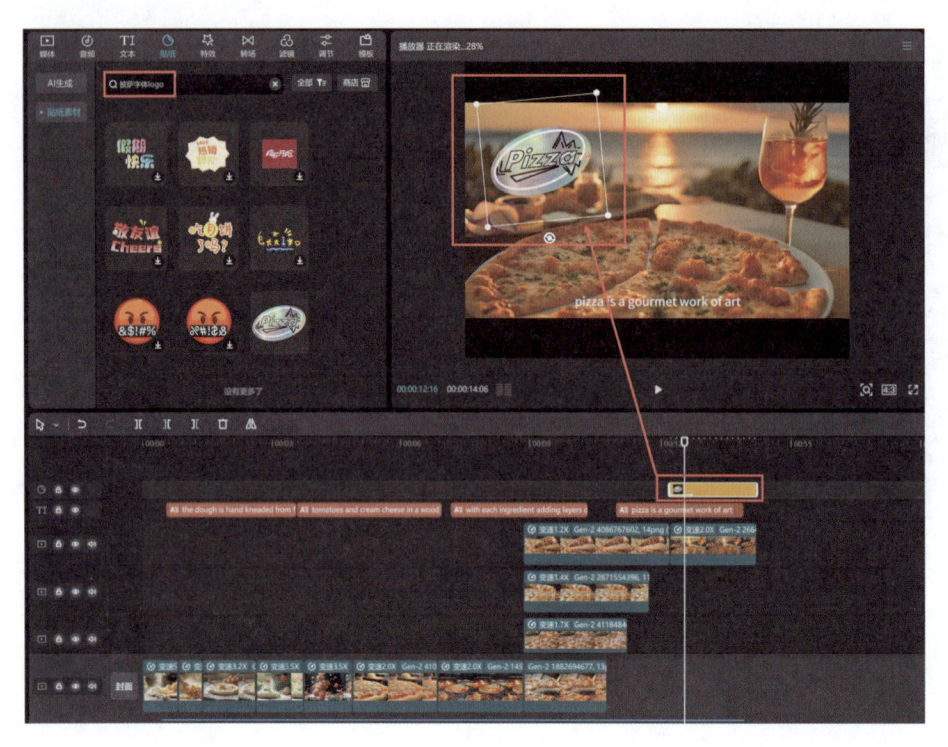

图 5-51　贴纸功能

⑥ 画面内容调整完毕后，单击右上角 导出 将修剪创作的视频进行导出，如图 5-52 所示。

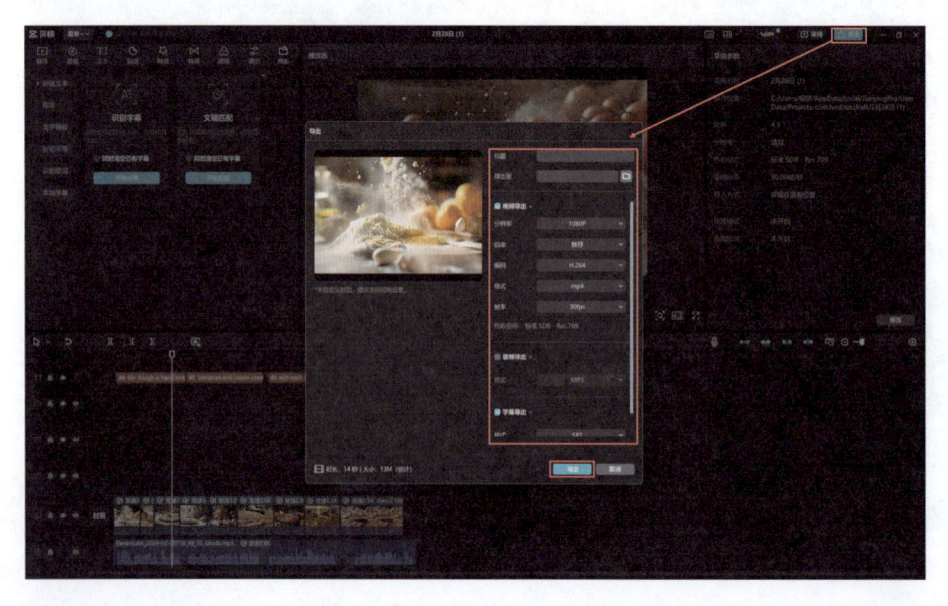

图 5-52　导出视频

⑦ 案例视频最终效果展示截图，如图 5-53~图 5-56 所示。

图 5-53 案例视频最终效果展示截图（1）

图 5-54 案例视频最终效果展示截图（2）

图 5-55 案例视频最终效果展示截图（3）

图 5-56 案例视频最终效果展示截图（4）

第 6 章 ▶▶▶❚◀◀ 企业产品展示视频案例演示

6.1 使用 AI 工具创造动态的产品展示视频

6.1.1 通义千问制作脚本

① 首先，打开通义千问，对想要展示的产品画面进行描述，生成一段产品展示视频脚本，如图 6-1 所示。

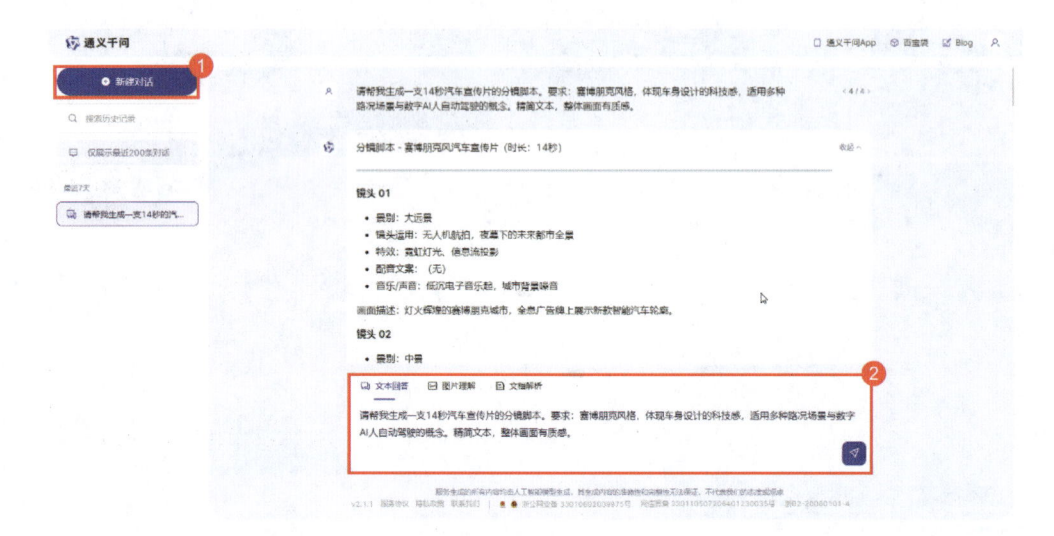

图 6-1 通义千问生成视频脚本

② 生成满意的脚本后，进一步提问，获得适用于 Midjournery 的英文指令并复制，如图 6-2 所示。

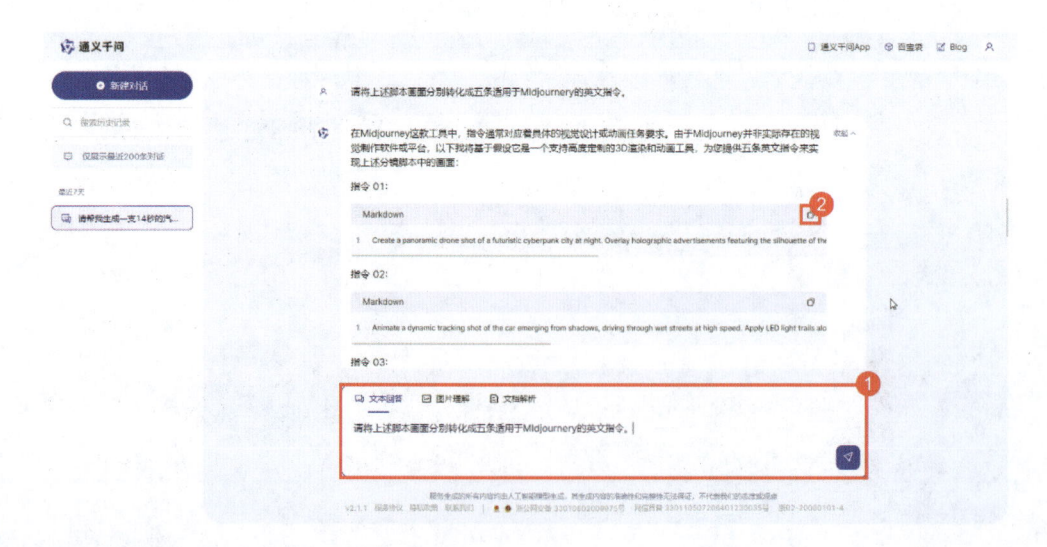

图 6-2 生成适用于 Midjournery 的英文指令

思路拓展

生成脚本效果未达预期时，可直接单击问题在原基础上进行修改，每个问题可修改 5 次。问题越丰富完善，生成的文本完整程度越高。

6.1.2　Midjourney 生成图像

① 打开 Midjourney 主页面，单击主页面左侧的服务器，单击对话框，在对话框输入 /imagine prompt 后，将复制的文本内容逐一粘贴至对话框内，单击键盘的回车键（发送指令）进行生成，如图 6-3 所示。

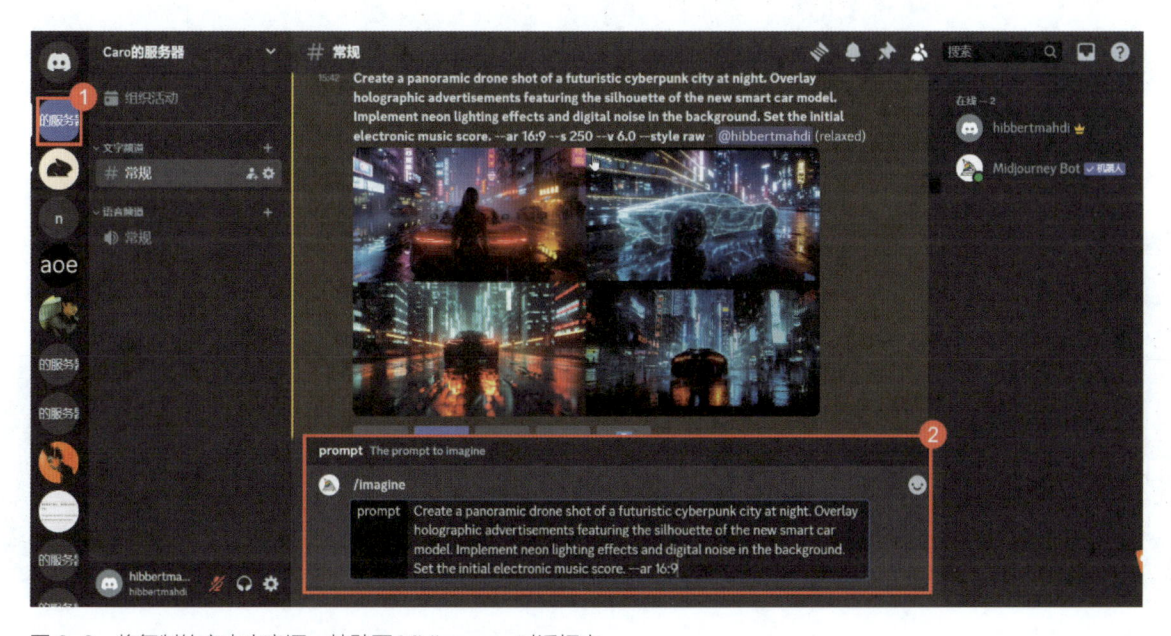

图 6-3　将复制的文本内容逐一粘贴至 Midjourney 对话框内

思路拓展

注意，第一次登录 Midjoumey 没有专属服务器的读者，需要单击左下角 ■ 按钮，创建一个专属自己的服务器并输入邀请链接添加绘画机器人，才能输入指令开始绘画。

② 绘画机器人会根据提示词生成 4 张图，选择符合脚本描述的绘图，按 U 进行放大或者 V 进行修改，按钮 ■ 为重新生成，选择合适的图按 U 进行放大，随后单击图片，按鼠标右键进行复制或保存，如图 6-4～图 6-6 所示。

③ 后续分镜头制作流程与上述步骤一致。当镜头之间有连贯镜头，或有其他参考内容时，可以单击加号，将参考图片上传。上传成功后，单击图片，按右键复制图片地址，输入指令时将图片地址粘贴进去，如图 6-7～图 6-9 所示。

图 6-4 升级图片画质

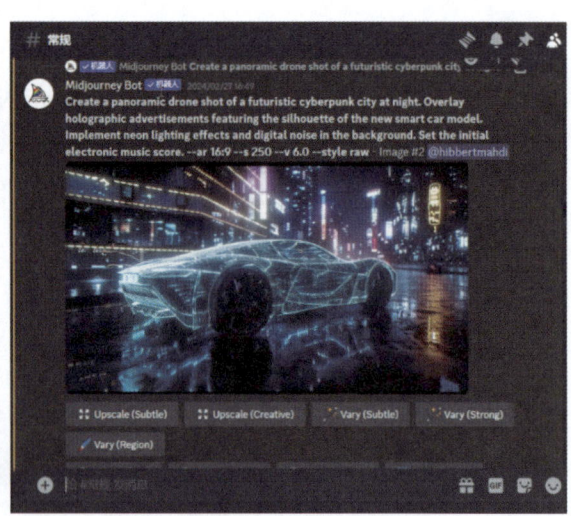

图 6-5 画质升级后的结果

图 6-6 图片另存为

图 6-7 上传图片

图 6-8 复制图片地址

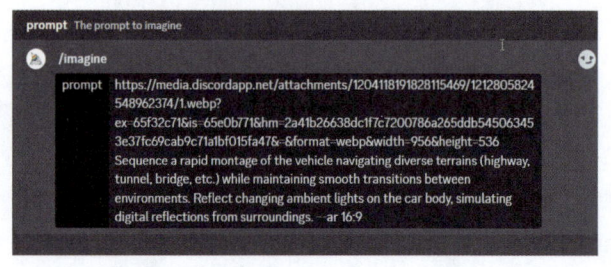

图 6-9 粘贴图片地址到对话框

思路拓展

图片地址粘贴完成后需要空一格，再输入指令。使用 --iw 命令可以控制新图片与参考图的相似程度，数值范围为 0～3.0，数值越高，参考原图的比重越高。

6.1.3 Runway 生成视频

按照前述方法将所有分镜图片制作完成后，开始进行案例视频的制作。

① 首先我们打开视频生成网站 Runway 的首页，单击"Start with Image"或"Text/Image to Video"进入图片生成视频模式，如图 6-10 所示。

② 鼠标单击上传图片，将利用 Midjourney 生成的分镜图片 1 进行上传，图片上传加载完毕后，将从通义千问复制的与分镜画面对应的指令粘贴到右侧文本框，单击按钮"Generate4s"，进行视频生成，如图 6-11 所示。

思路拓展

第一次生成视频，视频效果没达到预期时，可以单击按钮"Generate4s"，重新生成，视频生成完毕后，可以单击按钮"Extend4s"拓展 4s，如需个性化调整，可以单击左下角调整按钮进行个性化调整后重新生成。

③ 播放视频查看效果，单击右上角的下载符号将视频保存到本地，如图 6-12 所示。

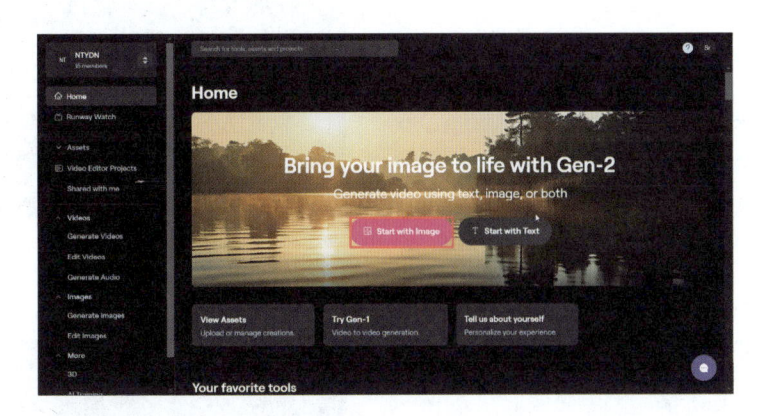

图 6-10　进入 Runway 工作台

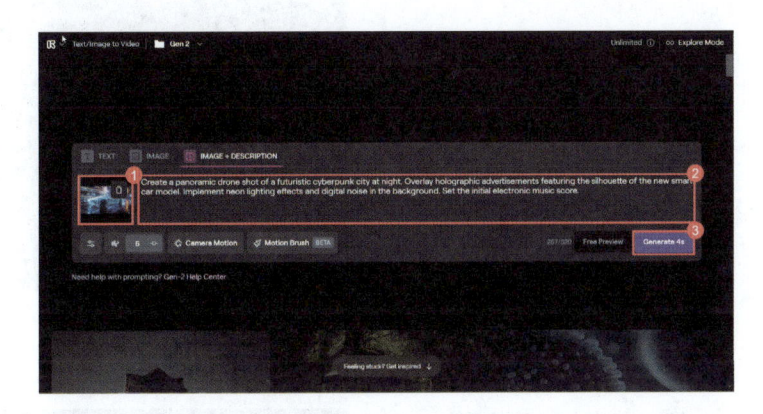

图 6-11　输入提示词生成视频

图 6-12　保存视频到本地

6.1.4 剪映剪辑视频

将所有分镜视频按照上述方法生成后，我们开始使用剪映进行剪辑。

① 打开剪映软件主界面，单击"导入"按钮，将所有分镜视频导入软件，如图6-13所示。

图6-13　导入分镜视频

② 将所有分镜视频按照脚本内容顺序，依次拖入下方轨道，如图6-14所示。

图6-14　将素材拖拽到轨道上

③ 视频添加完毕后，根据脚本内容对片段时长进行调整，单击轨道内需要调整的片段，在右上方进行速度调整。脚本内如有其他画面、动画效果，也可在右侧工具栏找到并进行调整，如图6-15所示。

图6-15　右侧工具栏

④ 按照脚本内容在视频前后添加合适的转场效果。单击左上方转场按钮，选择合适的转场效果后单击右侧加号，将转场效果添加至轨道，如图 6-16、图 6-17 所示。

图 6-16　添加转场效果

图 6-17　添加转场效果后

⑤ 画面内容调整完毕后，开始按照脚本内容添加音频与字幕。在剪辑页面单击左上方音频按钮，查找音乐，单击加号添加到轨道中，如图 6-18、图 6-19 所示。

图 6-18　音频搜索界面

图 6-19　添加背景音乐

⑥ 音频处理完成，开始添加字幕，如图 6-20 所示。在剪辑页面单击左上方文本按钮，新建文本，单击加号将文本添加至轨道。将脚本中的文本内容复制粘贴到右侧文本框中。在播放器中单击文本内容可以调整文本在画面中的位置，如图 6-21 所示。

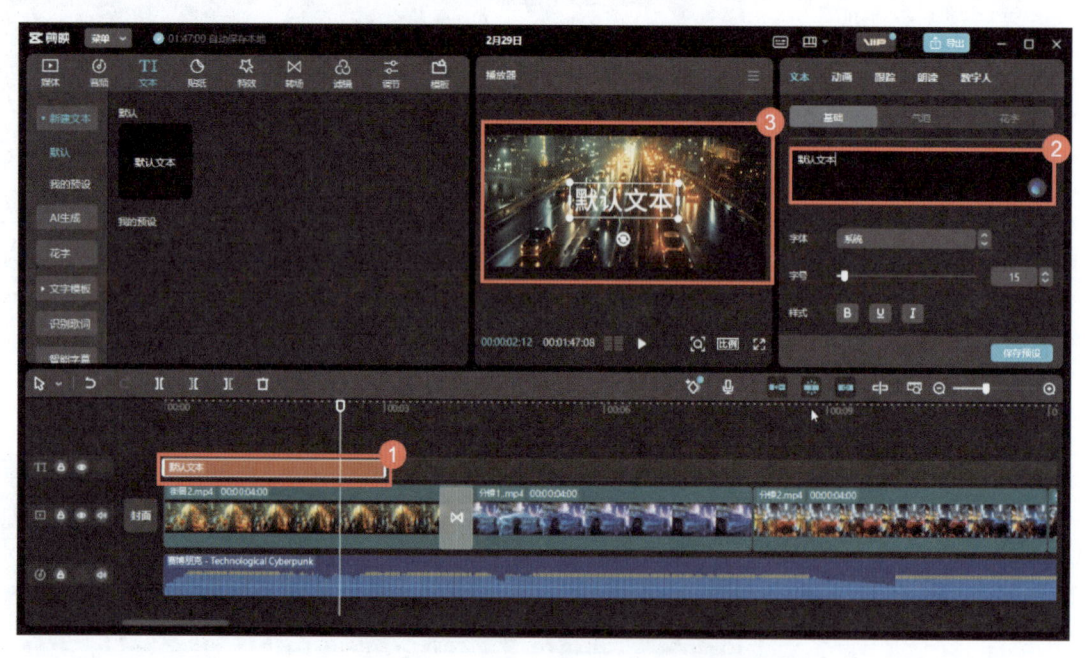

图 6-20　添加字幕

图 6-21　移动字幕到合适的视频片段

6.2 品牌传达和视觉叙事的要点

品牌视觉设计是品牌战略和品牌体验之间的桥梁，必须注重吸引、联系和促进所需的行动。

① 品牌的视觉生态系统包括其标志、调色板、图形和排版元素、图像等，所有这些组合在一起形成了该品牌独特的丰富视觉词汇。在进行产品展示视频设计时，应与品牌调性保持一致。

② 好的设计关注的是在每个客户接触点产生有意义的品牌对话，从而为客户创造强烈的情感共鸣和相关性。因此在进行设计时也需要注意，设计的内容应轻松适应环境、受众和背景。在对 AI 进行叙述时也可以从这个方面进行提问。

③ 在制作产品视频时，可以通过营造使用场景、氛围，使客户联想到产品，从而将静态产品变成灵活的视觉联想。

第 7 章 宇宙科普

7.1 ChatGPT 制作脚本

（1）使用 ChatGPT 生成文案内容

让我们来创作一个关于宇宙科普教育的文案。可以在 ChatGPT 中阐述自己的需求，让 GPT 帮助用户创作，告诉 GPT："请为大众科普一下宇宙的组成，要求通俗易懂、简单形象，字数在 200 字左右。"可以看到 GPT 列举了宇宙中的重要组成部分，如图 7-1 所示。

（2）ChatGPT 总结文案中的形象

下一步需要提取每种物象，以备后续生成图片故事板之用。同样地，GPT 能够帮助用户总结文案中出现的每种物象。可以看到，GPT 总结出了星星、银河系、黑洞、暗物质、宇宙辐射等物象，如图 7-2 所示。

图 7-1 GPT 生成科普教育文案

图 7-2 GPT 生成故事板

思维拓展

ChatGPT 对视频工作者的帮助：

虽然 ChatGPT 定位是聊天，但是它反馈的都是信息。如何高效率地产出信息可能就是视频创作者最焦虑的事情。ChatGPT 正好可以作为一个合适的工具，来缓解这些焦虑。

① 优化标题：在当今信息同质化泛滥的时代，想要在众多内容里脱颖而出，一个好的标题自然必不可少。而现在，ChatGPT 可以帮助人们想出更多的标题方案供人们选择。

② 提供内容大纲：尽管 ChatGPT 是以一条条回答的方式输出文字，但是只要稍微经过整理，

它就可以是一篇不错的自媒体文案大纲。只要多和它沟通上几回，更多的创作素材便收集起来，很大程度上缓解了创作瓶颈的问题。

③搜集素材资料：传统的搜集素材资料靠的是用户自己的理解，而对于 ChatGPT 靠的是用户对其提问，它会把它认为合适的结果告诉用户，省去了用户自己辨别结果的烦琐过程。

7.2 Midjourney 生成图像

准备好文案后，便可以开始制作故事板，确定每一个物象的画面，这样就可以确定好整体视频的风格基调。接下来笔者将使用 Midjourney 生成一些图片来制作故事板。

（1）输入提示词

生成图片的关键词可以结合 GPT 进行描述确定，也可以根据自己的想象力创作。以星空这一物象为例：首先选定生成的主体物"stars"（星空），随后添加风格提示词"realistic style"（现实主义风格）、"vast universe"（浩瀚宇宙）、"located in the center"（位于中心）、"panoramic"（全景）、"colorful"（丰富多彩）、"Unreal Engine 5"（虚幻引擎 5），图片比例为 16∶9。将提示词翻译后输入 Midjourney，如图 7-3 所示。

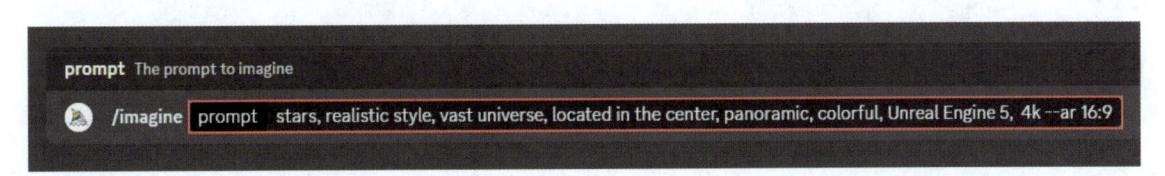

图 7-3 在 Midjourney 中输入提示词

（2）筛选图片

Midjourney 生成图片后，会得到四个不同的图片效果以供预览。如果生成的预览图都不符合预期，可以继续调整。单击"刷新"按钮以重复预览，直到找到合适的图片，如图 7-4 所示。

经过几次筛选，笔者选择左上角的第一张图片作为生成的星空图像，如图 7-5 所示。

按照同样的方法完成对其他物象的生成工作，如图 7-6～图 7-11 所示。

图 7-4 重新生成内容

图 7-5 生成的星空图像

图 7-6 火球爆炸

7.3 Runway 视频生成

（3）保存图片

保存生成的图片故事板到本地备用，如图 7-12 所示。

图 7-12 将图片保存到本地

思维拓展

注意分好类型并命名。命名时最好对视频按照顺序和名称进行编号，便于后期视频剪辑。

在完成故事板之后，便可以分别生成每一部分的场景画面。接下来，笔者将使用 Runway Gen-2 进行演示。该软件具有强大的视频生成功能，包括视频生成视频、文字生成视频以及图片生成视频等。前两种生成方式不适用于本案例：视频生成视频需要与宇宙科普主题相符的视频素材，这些素材难以完全契合主题；而文字生成视频又缺乏有效的视觉特征，不容易控制生成视频的风格。所以笔者推荐使用图片生成视频的方法。

① 将前面生成的故事板图片拖入 Runway 中，根据画面需求在左下角的工具栏中做出调整，如图 7-13 所示。

图 7-13 左下方工具栏

② 调整完后，单击右下角的紫色"Generate 4s"按钮，开始生成时长为 4 秒的视频，如图 7-14、图 7-15 所示。

图 7-14 生成视频

图 7-15 等待页面

③ 生成视频后，可以直接查看视频预览效果，如图 7-16 所示。

④ 单击视频右上角的下载按钮，将生成的视频保存到本地，如图 7-17 所示。

⑤ 其他的视频也是同样的操作，根据物象将每一个画面生成一段数秒的视频，保存到本地文件夹中，如图 7-18 所示。

图 7-16　视频画面预览

图 7-17　下载视频

图 7-18　保存到本地

思维拓展

可以利用 Runway 的 MotionBrush（动画笔刷）工具，实现特定主体物的运动变化，如图 7-19 所示。

图 7-19　MotionBrush 功能

对希望发生变化的主体物进行涂抹，涂抹后可以选择运动方向，有水平、垂直、缩放三种选择，笔者希望月球能够往左下角缓慢运动，所以设置水平向左 0.5、垂直向下 0.5，之后单击保存，如图 7-20 所示。

之后生成的视频中，月球就会在涂抹的区域按我们希望的那样向左下角缓慢飞行，如图 7-21 所示。

图 7-20　用 MotionBrush 涂抹画面

图 7-21　视频预览

7.4　剪映视频剪辑

① 新建视频工程文件。笔者以视频剪辑软件剪映为例来操作。首先打开剪映软件，进入初始界面，单击"开始创作"，如图 7-22 所示。

② 添加所有素材。单击"导入"按钮，按顺序把这些视频和音频片段导入项目工程文件中，如图 7-23 所示。

③ 随后将素材按照画面轨道和音轨两类，依次拖到下面的时间轴上，如图 7-24 所示。

图 7-22　创建工程

图 7-23　导入素材

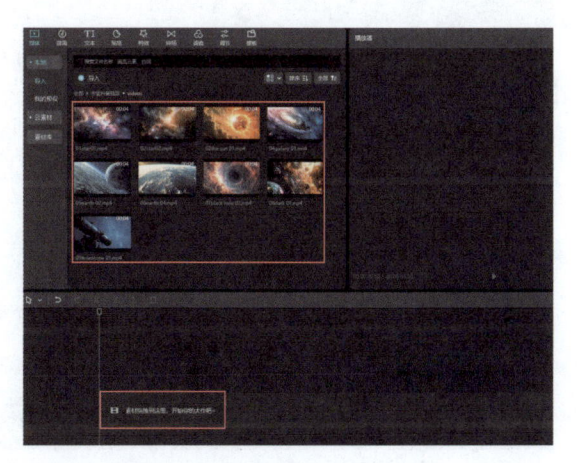

图 7-24　将素材拖拽到时间轴上

④ 接下来可以先进行一次粗剪，将视频片段导入剪映后，根据音频长度裁剪至与开场白同步。至此，整个视频的粗剪就已经完成了，如图7-25所示。

图7-25 粗剪视频

⑤ 接下来对视频细节部分进行剪辑，首先要在每一处镜头转场之间添加过渡效果。剪映软件会提供众多预设转场效果。笔者选择其中的"渐变擦除"效果，将其拖动到每个相邻分镜的交界处，完成镜头过渡转场，如图7-26所示。

⑥ 可以利用剪映的AI识别字幕功能来添加文字字幕，如图7-27所示。

图7-26 添加转场　　　　　　　　　　　　图7-27 添加字幕

⑦ 字幕生成后，可以在工作区右上方调整字幕样式。笔者选择了"后现代体"作为字幕的字体，同时配以白色的文字颜色和 10 号的字体大小，突出科技与未来感，如图 7-28 所示。

图 7-28 更换字幕字体

⑧ 添加背景音乐。合适的背景音乐对于一部教育科普影片来说至关重要，它会为整部影片奠定情感基调，也能引起观众更多的遐想和思考。笔者在剪映软件中找到名为"Tears"的免费纯音乐，该音乐风格宁静悠长，适合作为宇宙科普视频的背景音乐，如图 7-29 所示。

图 7-29 添加背景音乐

思路拓展

调整背景音乐参数：为了起到衬托人声、烘托氛围的作用，可以将背景音乐的音量相应调低，使其不会盖过人声；同时，为了让开头和结尾的声音不那么突兀，也可以将淡入和淡出时长各自设置成 1 秒，如图 7-30 所示。

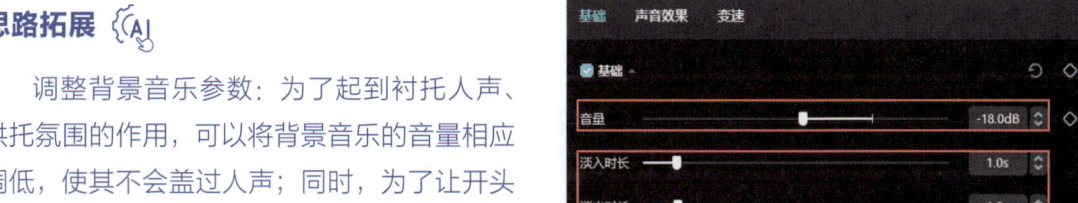

图 7-30 音频属性调整

⑨ 导出视频。单击右上角的"导出"按钮，如图 7-31 所示。

图 7-31　导出内容

⑩ 设置好标题、格式、存储位置等信息后，单击"导出"，宇宙科普教育类视频制作完成，如图 7-32 所示。

图 7-32　导出界面

第 8 章　海洋科普

8.1 通义千问生成脚本

① 首先，使用通义千问生成海洋科普案例的脚本，在通义千问的主界面单击对话框，与通义千问对话进行视频脚本的生成，如图 8-1、图 8-2 所示。

图 8-1　通义千问官网

图 8-2　输入提示词

② 脚本自动生成完毕，如图 8-3 所示。可单击鼠标右键对生成的脚本进行复制。

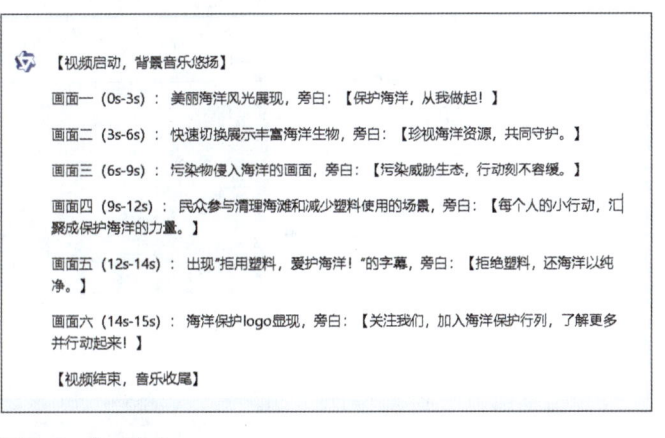

图 8-3　生成内容

③ 进入 DeepL 进行翻译，单击鼠标右键把复制的脚本粘贴在对话框进行翻译（中译英），如图 8-4 所示。

图 8-4　英文翻译

④ 复制翻译后的分镜头或分场景，如图 8-5 所示。

8.2 Midjourney 生成图像

① 打开 Midjourney 主页面，单击主页面左侧的服务器，单击对话框，在对话框中输入 / imagine prompt 后，把复制的翻译好的分镜头或分场景脚本作为提示词粘贴到对话框内，单击键盘的回车键（发送指令）进行生成，如图 8-6 所示。

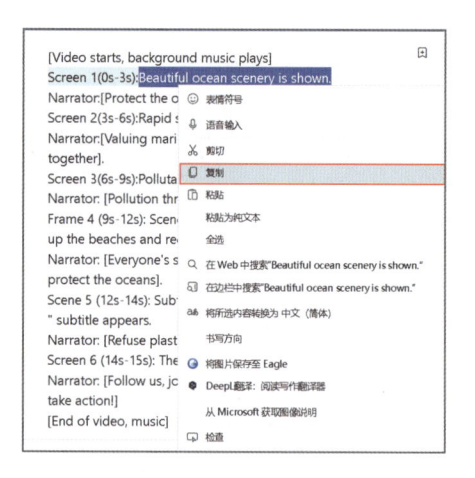

图 8-5　复制翻译内容

思路拓展

注意，第一次登录 Midjoumey 没有专属服务器的读者，需要单击左下角■按钮，创建一个专属自己的服务器并输入邀请链接添加绘画机器人，才能输入指令开始绘画。

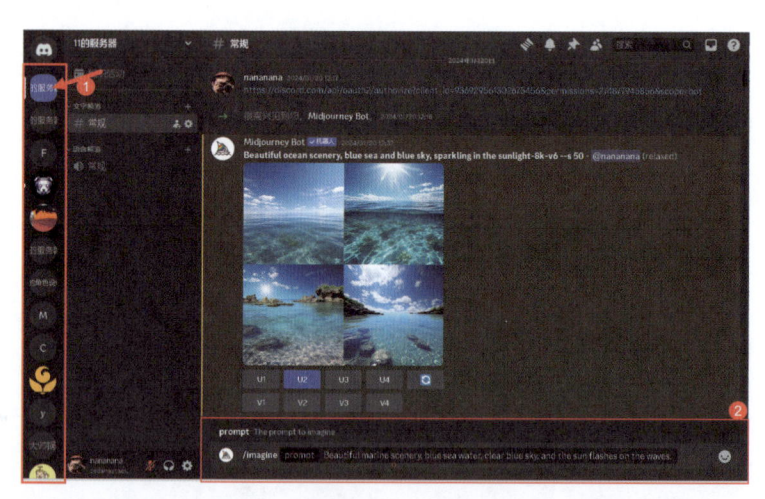

图 8-6　将提示词粘贴在对话框中

② 绘画机器人会根据提示词生成 4 张图，选择符合脚本描述的绘图，单击 U 进行放大或者 V 进行修改，按钮■为重新生成，选择合适的图按 U 进行放大，随后单击图片，如图 8-7 所示。

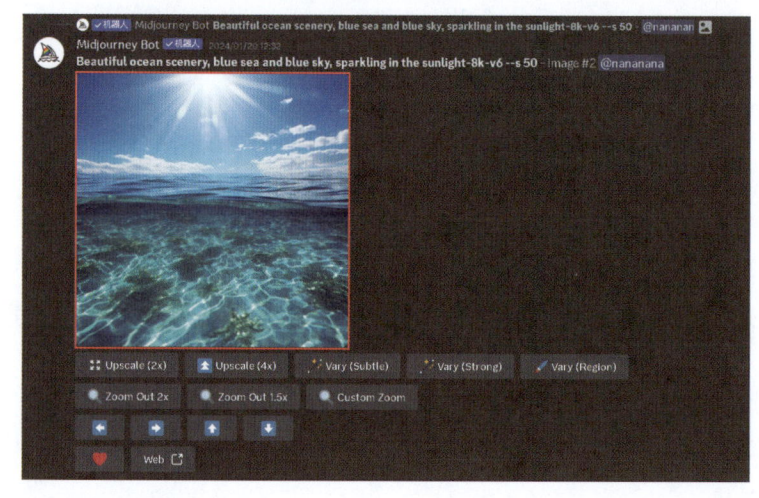

图 8-7　升级画质

③ 单击鼠标右键进行复制或保存，如图 8-8 所示。

思路拓展

在对生成的图片进行保存时可以采取多种形式，如复制图片链接进行下载、直接保存或复制。不同的形式可能会产生不一样的图片质量。

图 8-8　保存图片

④ 生成第二个分镜头。根据利用通义千问得到的案例脚本，把翻译好的分镜头二复制粘贴到 Midjourney 的对话框内，如图 8-9 所示。单击键盘的回车键发送，案例脚本的分镜头二为展示珊瑚礁和海洋生物，绘画机器人生成图片后，选择符合案例视频所需的图片保存作为分镜头二。如果得不到符合的图片，可以单击重新生成按钮，重新生成，如图 8-9～图 8-11 所示。

⑤ 生成第三个分镜头。根据通义千问生成的脚本，第三个分镜头为污染物污染海洋，复制翻译好的分镜头脚本，输入对话框，单击键盘的回车键发送，选取符合脚本的图片进行保存，如图 8-12～图 8-14 所示。

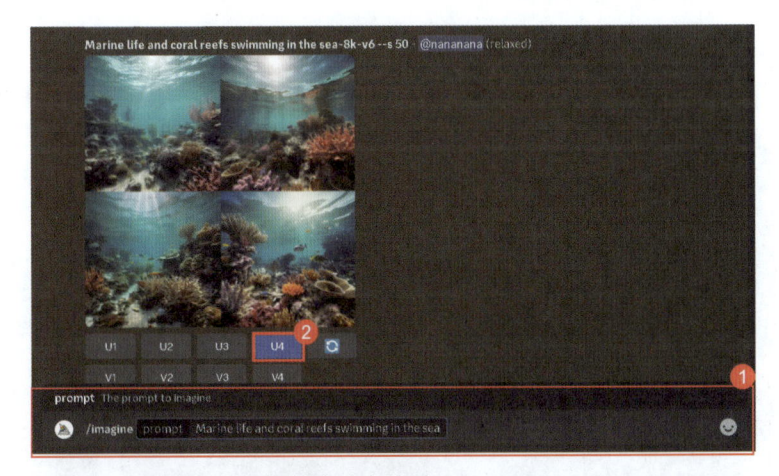

图 8-9　将分镜头二提示词粘贴到对话框中

图 8-10　升级画质（分镜头二）

图 8-11　保存图片（分镜头二）

图 8-12　粘贴分镜头三提示词并升级画质

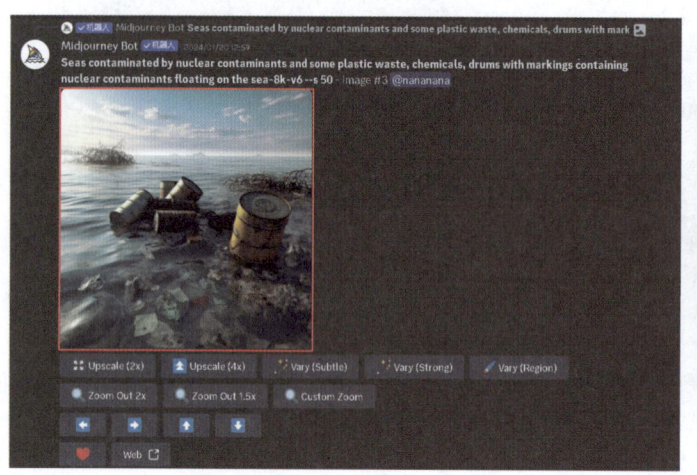

图 8-13　升级画质（分镜头三）

图 8-14　保存图片（分镜头三）

思路拓展

　　根据脚本生成图片时，我们可以截取一部分或增加提示词进行生成。截取一部分提示词进行生成时可以让绘画机器人更加明确地生成图片，而增加提示词生成不同的图片可以增加视频的丰富度。

　　⑥ 后续分镜头图片的生成，与上述生成步骤一致，注意选取符合我们案例脚本的图片。剩下的分镜头分别是人们参与海洋保护的分镜头四（图 8-15），字幕"拒用塑料，爱护海洋！"的分镜头五，以及海洋保护组织的 logo 分镜头六（图 8-16）。

图 8-15　分镜头四

图 8-16　Logo 分镜头六

8.3　Runway 生成视频

接下来进行案例视频的制作。

① 首先我们打开视频生成网站 Runway 的首页，如图 8-17 所示。单击"Start with Image"进入图片生成视频模式，如图 8-18 所示。

② 鼠标单击上传图片，把利用 Midjourney 生成的分镜头图片，按分镜顺序一一上传，图片上传加载完毕后，单击按钮"Generate4s"，进行视频生成，如图 8-19 所示。视频加载完成后，单击视频画面右上角的下载按钮，导出视频，后续图片同样按照以

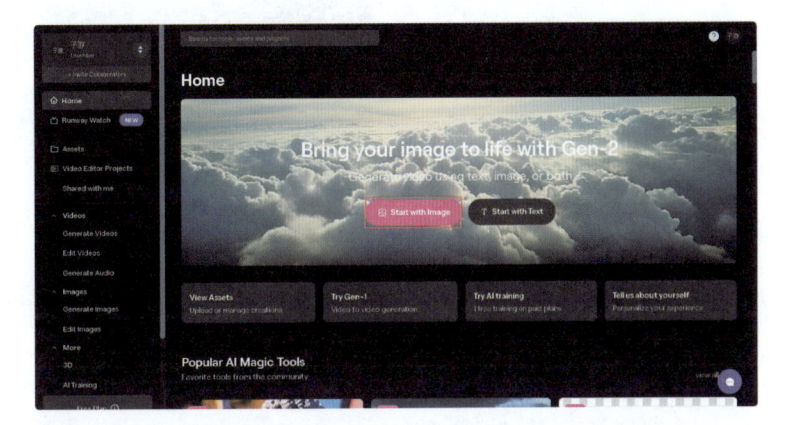

图 8-17　进入 Runway 工作台

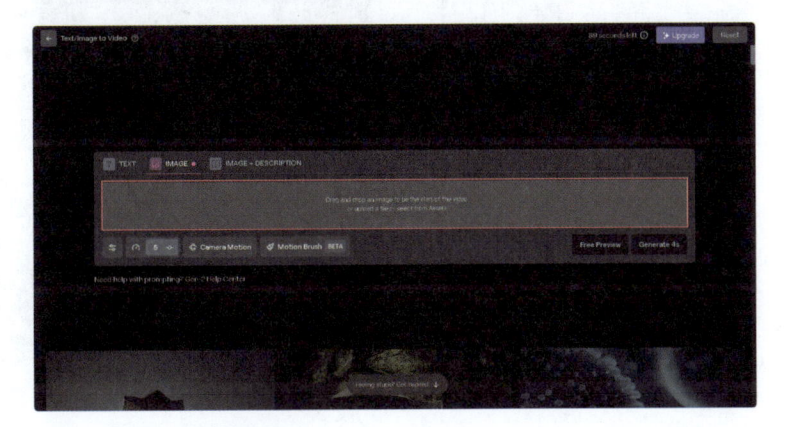

图 8-18　图片生成视频模式

上步骤进行生成，如图 8-19、图 8-20 所示。

思路拓展

第一次生成视频，视频效果没达到预期时，可以单击按钮"Generate4s"，重新生成，视频生成完毕后，可以单击按钮"Extend4s"拓展 4s，如需个性化调整可以单击左下角调整按钮进行个性化调整后重新生成。

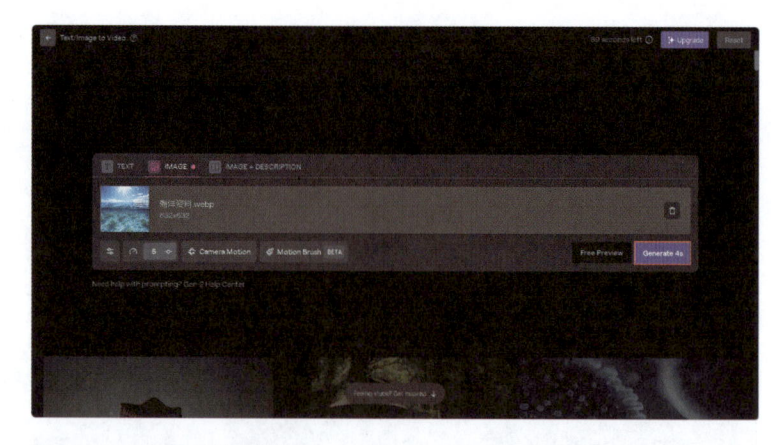

图 8-19　放入图片生成视频

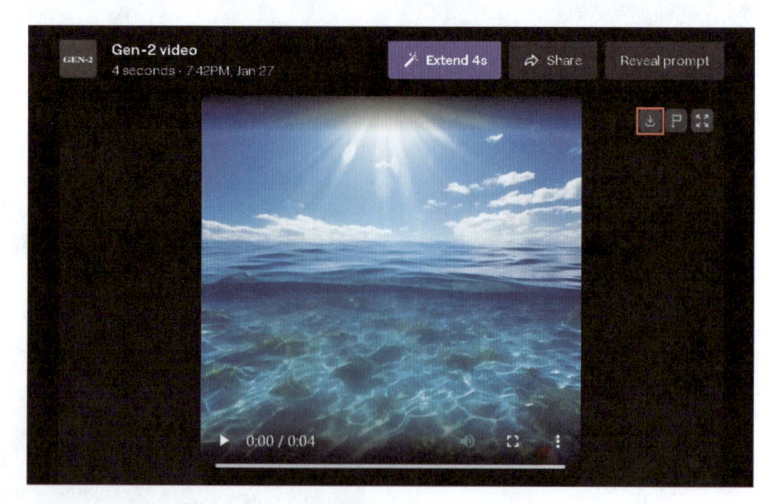

图 8-20　保存视频

8.4　剪映剪辑视频

这一步开始对生成好的案例视频进行剪辑，我们选择用剪映 App 来完成后期的剪辑。

① 首先打开剪映 App，单击主页面的"开始创作"按钮进入视频剪辑页面，如图 8-21 所示。进入剪辑页面后，可以单击左上角的"导入"按钮导入案例视频，如图 8-22 所示。

图 8-21　进入剪映工作台

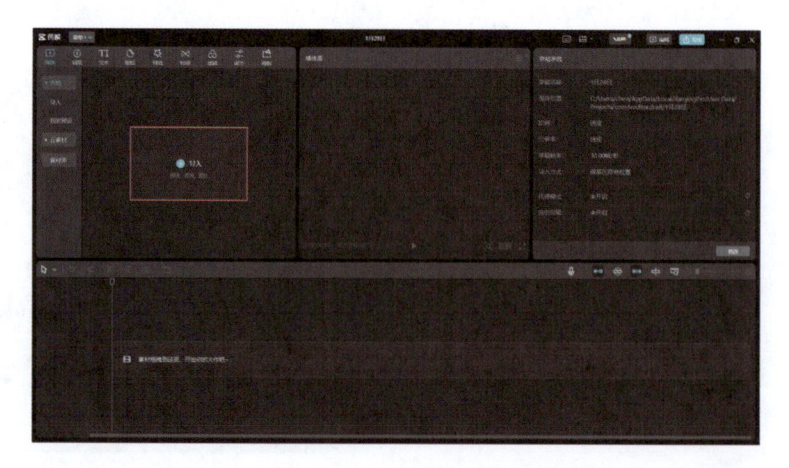

图 8-22　导入素材

② 按案例视频脚本分镜头顺序把导入好的视频素材依次拖入时间轴中，接下来单击分镜头画面对视频素材进行调整，如图 8-23 所示。

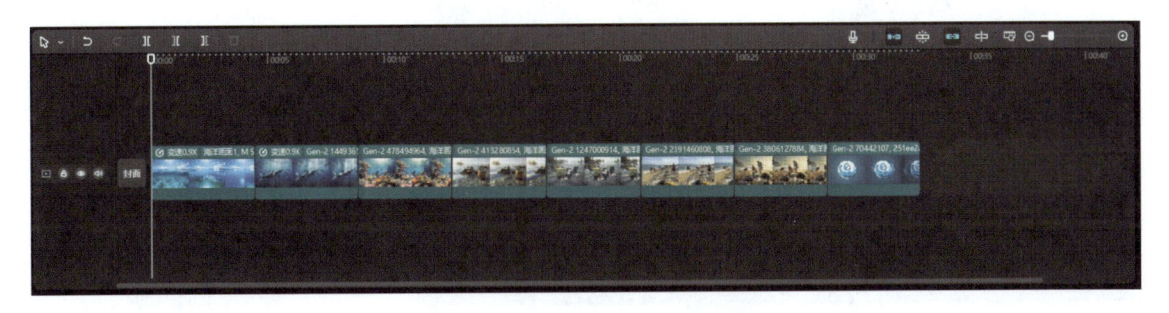

图 8-23　将素材放入时间轴

③ 单击要调整的案例视频，在剪辑页面的右上角工具栏，可以对视频的画面和播放倍速等内容进行调整。案例视频效果最终调整为视频画面比例为 16∶9，如图 8-24 所示；视频播放倍速为 0.9，如图 8-25 所示。

图 8-24　画面属性

图 8-25　变速属性

思路拓展

在剪辑案例视频时，我们可以尝试不同的视频播放速度以及字幕朗读的速度，视频播放较快时我们可以下调视频播放的速度，以得到更好的观感效果，字幕也同理，同时也可以尝试其他不同的参数。

④ 画面内容调整完毕后，开始对调整好的视频添加背景音乐和字幕。在剪辑页面的左上角单击音频，根据案例主题类型在搜索框中输入"海洋"，如图 8-26 所示。选择符合视

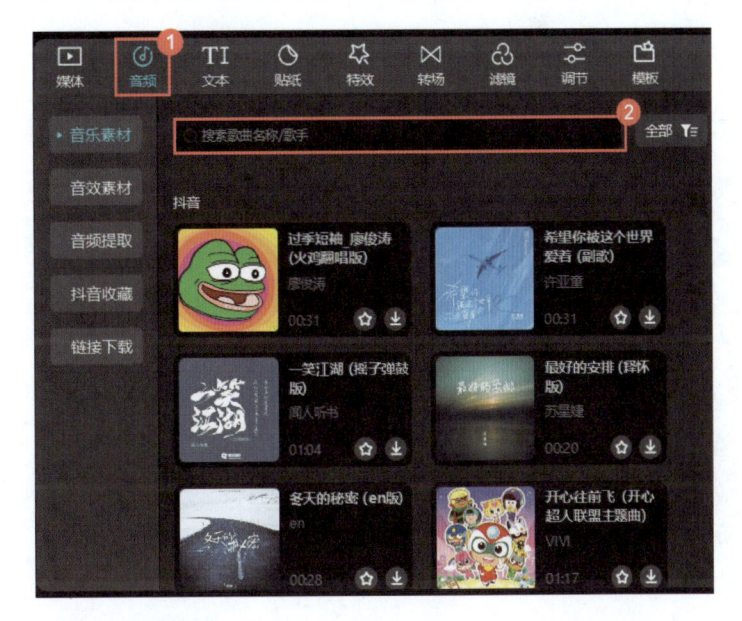

图 8-26　音乐搜索

频类型的背景音乐，单击加号，添加到视频剪辑窗口中，如图 8-27 所示。

⑤ 这一步进行字幕的生成，同样在左上角，单击文本，再单击案例视频添加字幕，最后再单击字幕进行编辑，把案例视频的脚本依照对应的分镜头画面复制粘贴到文本框中，填写完后单击剪辑页面的右上角朗读，选择合适的朗读字幕效果，完成后，播放查看视频的最终效果，满意即可单击右上角的"导出"按钮，导出视频，如图 8-28、图 8-29 所示。

⑥ 案例视频的最终效果如图 8-30～图 8-33 所示。

图 8-27　添加背景音乐

图 8-28　添加字幕

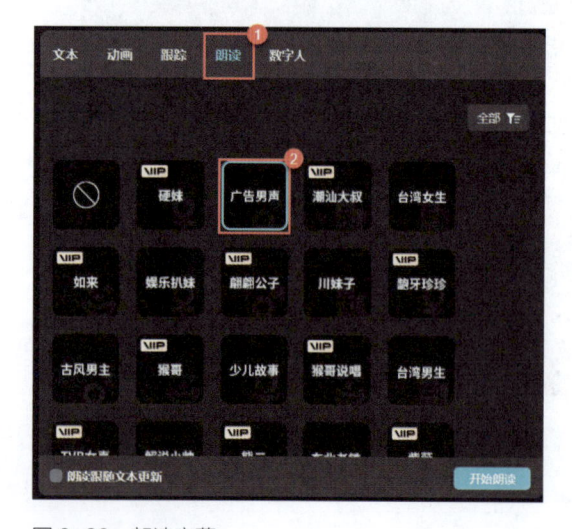

图 8-29　朗读字幕

图 8-30　视频效果（1）

图 8-31　视频效果（2）

图 8-32　视频效果（3）

图 8-33　视频效果（4）

第 9 章 旅游推广

9.1 Google Bard AI 制作脚本

第一步是用 AI 生成视频的脚本。

① 打开 Google Bard AI 的主页面，单击对话框，如图 9-1 所示。

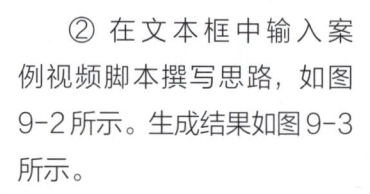

图 9-1 Bard AI 首页

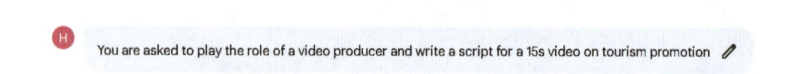

② 在文本框中输入案例视频脚本撰写思路，如图 9-2 所示。生成结果如图 9-3 所示。

图 9-2 输入视频脚本撰写思路

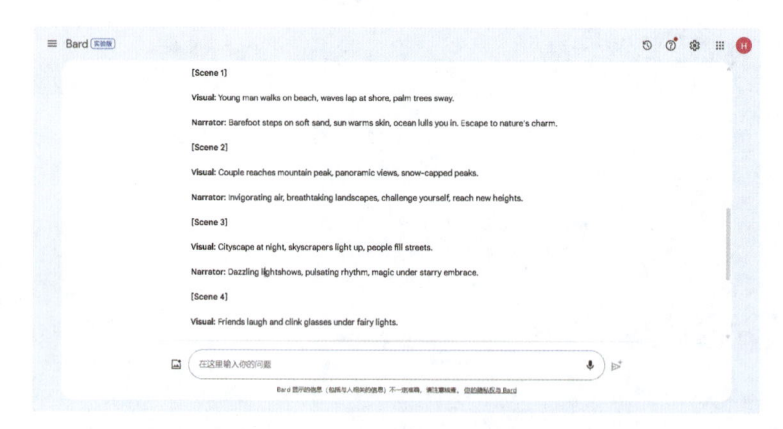

图 9-3 生成结果

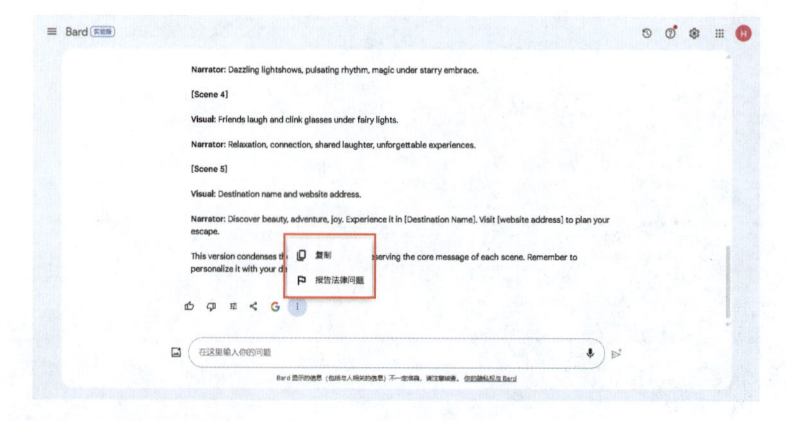

③ 复制生成的内容，如图 9-4 所示。

图 9-4 复制内容

9.2　Midjourney 生成图像

这一步会用视频脚本进行图片的生成。

① 框选脚本分镜头一复制，打开 Midjourney 主页面，单击左侧的服务器，单击对话框输入 /imagine prompt 后，把复制好的内容粘贴到对话框内，单击键盘的回车键（发送指令）生成图片，如图 9-5 所示。

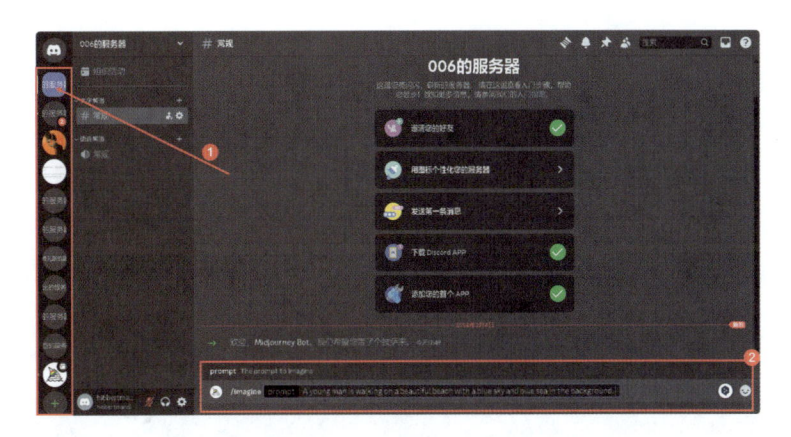

图 9-5　将提示词粘贴到 Midjourney 中

思路拓展

输入提示词后，我们可以添加一些命令进去，使生成的图片效果更符合视频的创作。例如需要视频的比例为 16：9 时，可以在提示词的末尾输入 "--16：9"，后续生成的图片就会符合 16：9 长宽的格式，对生成图片有要求时也是如此，在提示词后输入 "--2K"，生成图片的分辨率就会为 2K。

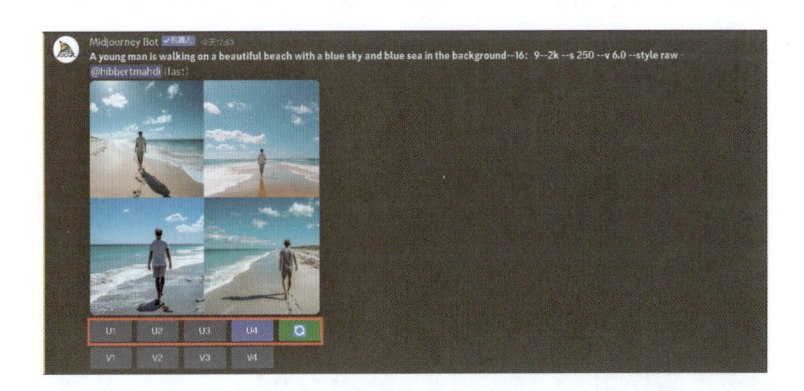

图 9-6　升级画质

② 等待若干分钟，即可得到 4 张生成的图片，选择一张符合脚本描述的图片，按第一排 U 按钮进行放大，查看详细的画面细节，效果满意即可单击图片进行保存，不满意可单击重新生成按钮重新生成，如图 9-6～图 9-8 所示。

图 9-7　升级后

图9-8 保存图像

③ 接下来生成第二个分镜头，根据脚本描述，第二个分镜的内容为"A young couple hiking in the mountains"，翻译成中文的意思是"一对年轻夫妻在山间徒步"，我们可以在内容结尾的后面输入"--16：9"和"--2k"等命令，单击键盘回车键发送，使生成的图片更符合我们视频所需求的效果，如图9-9所示。

④ 保存图片，依照以上步骤，最后得到分镜头图片二，如图9-10所示。

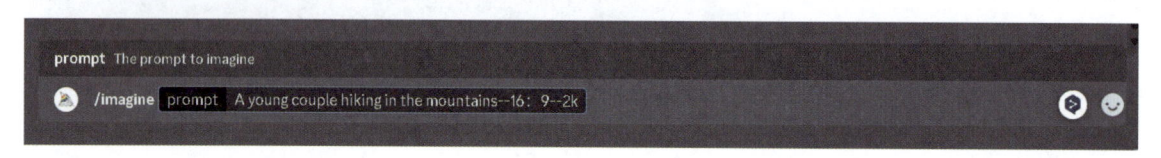

图9-9 输入第二个分镜头提示词

⑤ 第三个分镜头的内容为"The city at night，showcasing the famous light show and night scenery"，翻译成中文的意思是"城市的夜晚，展示了著名的灯光秀和夜景"。把内容复制粘贴到对话框，内容结尾命令与上述命令保持一致，编辑好后单击键盘回车键发送，得到分镜头图片三，如图9-11、图9-12所示。

图9-10 图片效果（分镜头二）

图9-11 输入第三个分镜头提示词

⑥ 后续分镜头生成，与上述生成步骤一致。按照脚本描述，第四个分镜头为"A group of people laughing and drinking"，翻译成中文的意思是"一群人在欢笑和喝酒的画面"；第五个分镜头为"Logo of the tourism promotion organization"，翻译成中文的意思是"旅游推广文旅logo"；内容结尾命令保持一致，最后得到以下分镜头图片，如图9-13、图9-14所示。

图 9-12　图片效果（分镜头三）

图 9-13　图片效果（分镜头四）

图 9-14　图片效果（Logo）

思路拓展

　　Midjourney 生成的图片带有随机性，为了保证视频画面的一致性，可以进行多次生成，选取符合脚本描述画面的图片的同时，图片的颜色与风格尽量保持接近，这样可以保证视频观看的效果与画面的连续性。

9.3　Runway 生成视频

　　这一步开始生成视频。

　　① 打开视频生成网站 Runway 的主页面，单击主页面 "Start with Image" 进入图片生成视频模式，如图 9-15 所示。

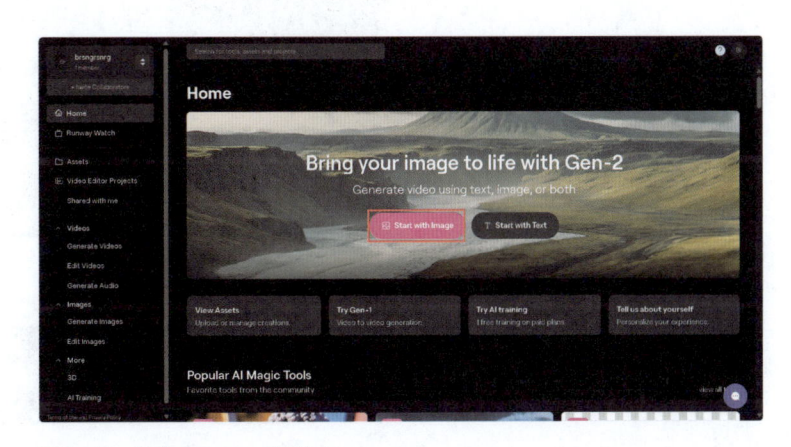

图 9-15　进入 Runway 工作台

② 接下来，把利用脚本生成的分镜头图片，单击上传图片按钮上传，上传加载完毕后，单击按钮"Generate4s"，进行视频的生成，如图9-16、图9-17所示。

③ 视频加载完毕后，可以单击播放按钮，查看视频生成的效果，若达到满意效果，即可单击视频画面右上角的下载按钮，导出视频，后续分镜头视频制作同样按照以上步骤进行生成，如图9-18所示。

思路拓展

Runway生成的视频有时会产生特殊的效果，如人物后退行走、肢体重叠、多重手指等，生成的视频可以通过播放来排除出现的不符合正常逻辑的画面。

9.4 剪映剪辑视频

分镜头画面视频生成完毕后，接下来会用到剪映App进行视频的剪辑。

① 打开剪映App的主页面，单击"开始创作"按钮，开始视频剪辑，如图9-19所示。

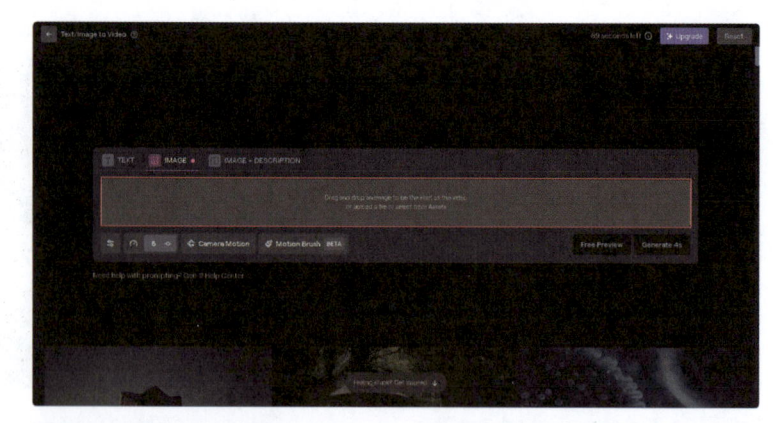

图9-16 图片生成视频模式

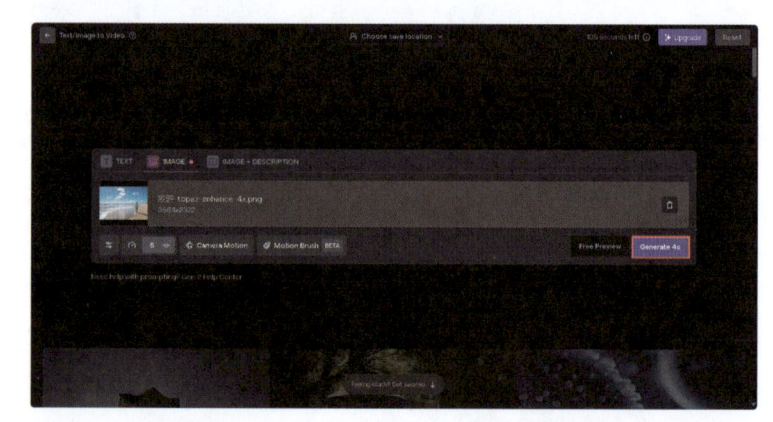

图9-17 上传图片素材

图9-18 下载视频

图9-19 进入剪映工作台

②进入剪辑页面后，单击左上角的"导入"按钮，把生成好的分镜头画面视频一一导入，随后把导入的分镜头画面视频，按照脚本顺序依次拖入时间轴中，如图9-20、图9-21所示。

③进行视频背景音乐的添加。在剪辑页面的左上角，选择左边的"音频"，根据主题的类型，在左侧单击"旅行"，在下方的音乐中选择合适类型的背景音乐，单击加号按钮，添加到视频剪辑窗口，如图9-22所示。

④进行字幕的生成。首先，单击时间轴内分镜头一，在左上角单击文本，添加字幕到分镜头一的画面里，在中间可以看到字幕在画面中的效果和位置，我们可以对字幕的位置进行拖动调整，如图9-23所示。

思路拓展

在添加字幕时，确保字幕在字体、大小、颜色和位置上保持一致性，有助于保持视频的专业外观。通常字幕会放置在视频的底部中央，这是观众最容易注意到的位置。但根据视频内容和布局，有时可能需要调整字幕位置，避免遮挡重要的视觉元素。

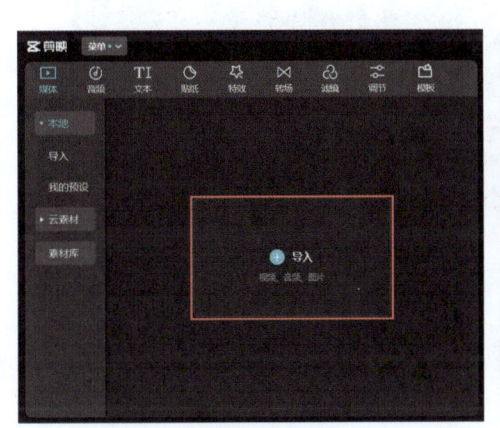

图9-20 导入素材

图9-21 将素材拖入到时间轴

图9-22 选择音乐

图9-23 添加文字

⑤ 单击添加的字幕，在页面的右上角，可以进行字幕的编辑，把对应分镜头的旁白复制粘贴到文本框中，编辑好后，单击右上角的朗读，选择合适的朗读音效播放查看朗读的画面效果，后续分镜头字幕添加同样依照以上步骤一一进行添加，如图 9-24、图 9-25 所示。

⑥ 案例视频的最终效果如图 9-26 ~ 图 9-30 所示。

图 9-24 添加字幕

图 9-25 朗读字幕

图 9-26 视频画面效果（1）

图 9-27 视频画面效果（2）

图 9-28 视频画面效果（3）

图 9-29 视频画面效果（4）

图 9-30 视频画面效果（5）

>>> 107

第10章 音乐 MV 视频制作

10.1 Microsoft Copilot 制作脚本

首先，需要准备一份关于音乐 MV 视频制作的视频故事板的思路脚本和风格方向。在这里笔者采用 Microsoft Copilot（人工智能驱动的聊天助手）进行描述、整理和提取。登录 Microsoft Copilot 界面"COPILOT"，如图 10-1 所示。

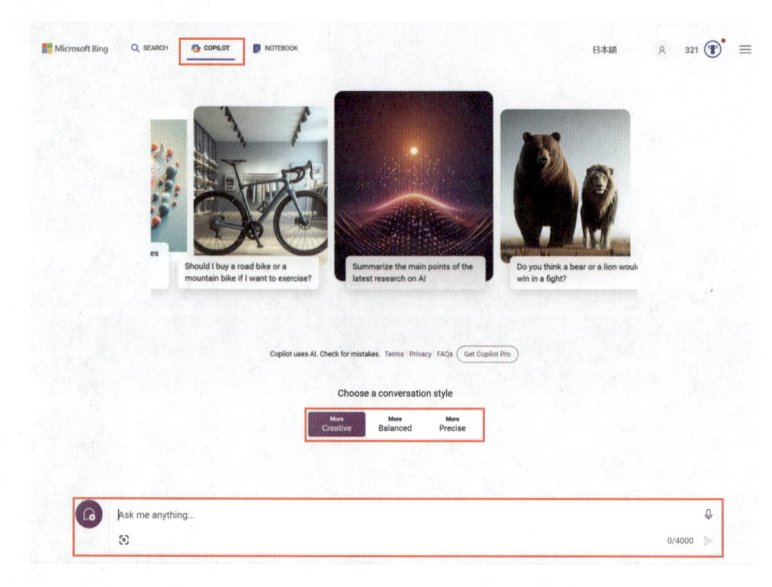

图 10-1　Copilot 工作台

（聊天）中可以看到对话方式有 3 个功能选项，分别为 More Creative、More Balanced、More Precise。笔者选择"More Creative"，在聊天框中输入问题以提取整个视频故事板的思路脚本。选择对话方式后，界面将自动跳转至选择的对话方式界面，界面色调也会随之改变，如图 10-2～图 10-4 所示。

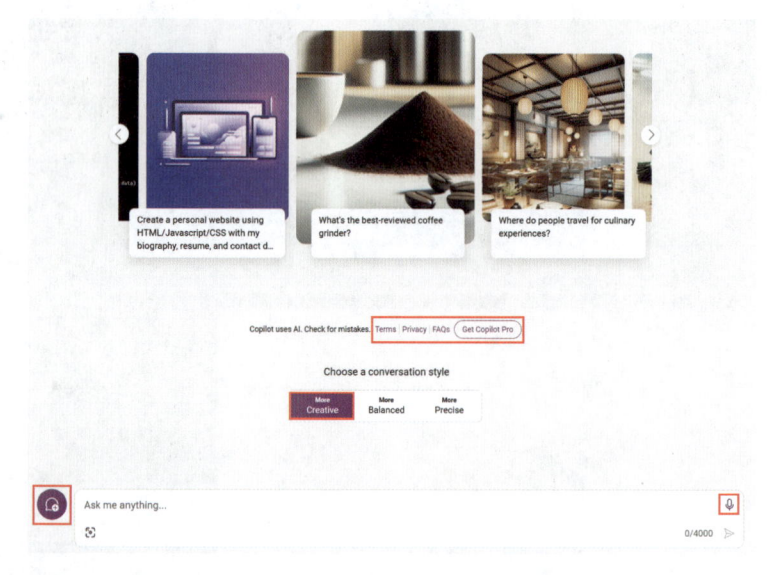

图 10-2　More Creative 模式

图 10-3　More Balanced 模式

思路拓展

选择 COPILOT 对话方式后，单击聊天框进行文字输入（文字内容不能超过 4000 字），输入文字后单击 ➤ 即可发送，单击 New topic 可以添加新话题，如图 10-5 所示。

在聊天框输入文字后单击 可以添加图像或链接进行辅助 Microsoft Copilot 文字分析，上传方式可以通过：粘贴图片或链接、从设备上传、打开摄像头拍一张照片实现，如图 10-6 所示。

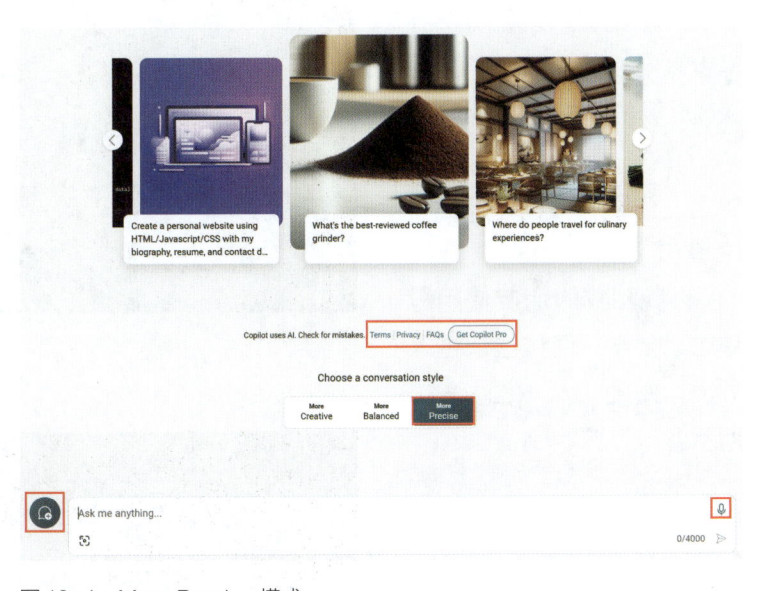

图 10-4　More Precise 模式

图 10-5　输入提示词

第 10 章　音乐 MV 视频制作

109

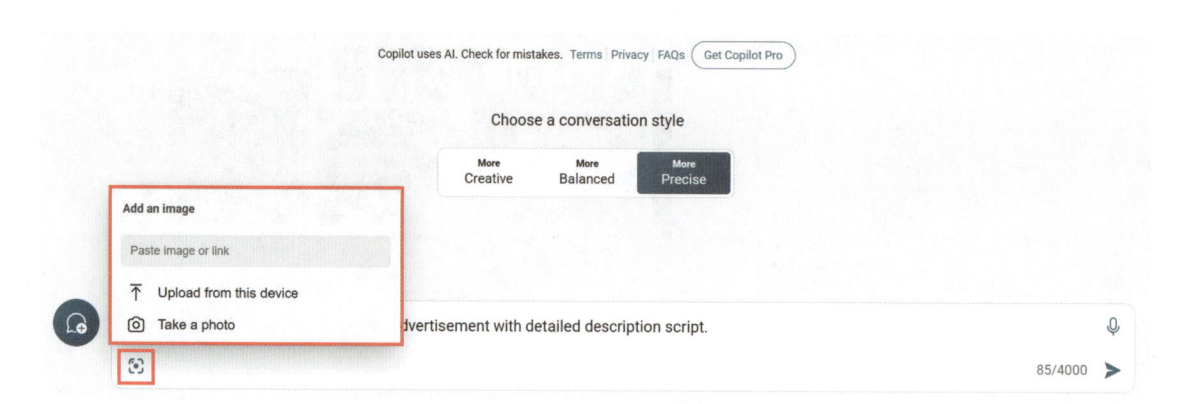

图 10-6 上传图片

10.2 Midjourney 生成图像

在拥有分段视频脚本后，笔者采用 Midjourney 将分镜头或分场景脚本生成照片。

① 登录 Discord 界面，单击左侧![]，在创建服务器中单击"亲自创建"，选择"仅供我和我的朋友使用"，单击"创建"通过验证进入界面，如图 10-7～图 10-10 所示。

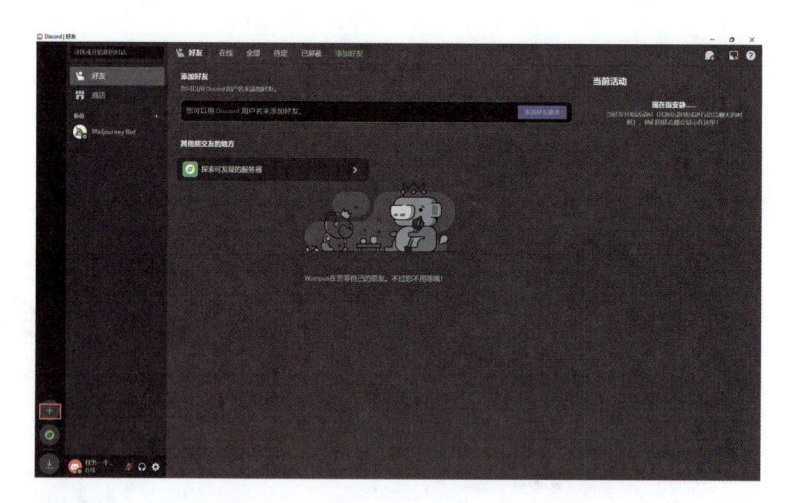

图 10-7 Discord 界面

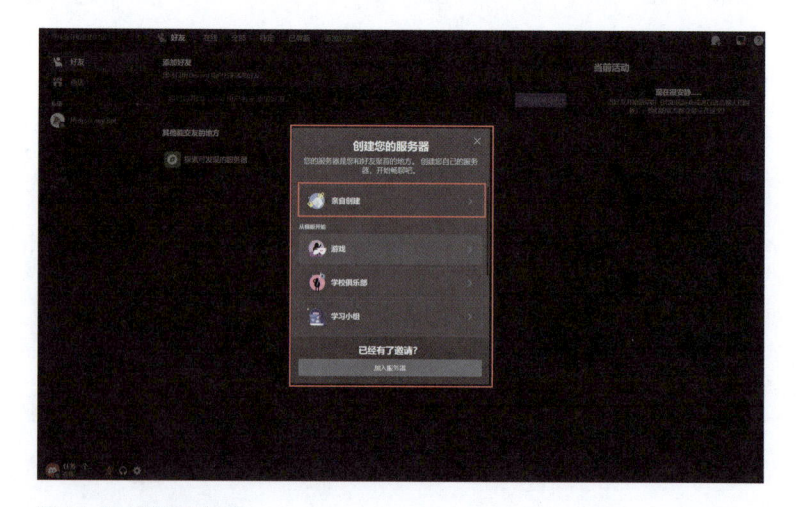

图 10-8 创建服务器

图 10-9　服务器信息　　　　　　　　图 10-10　创建服务器完成

② 进入创建好的服务器后，紧接着添加 Midjourney 服务器，找到 Midjourney 服务器，单击后添加到刚刚创建的服务器，通过验证即可使用，如图 10-11、图 10-12 所示。

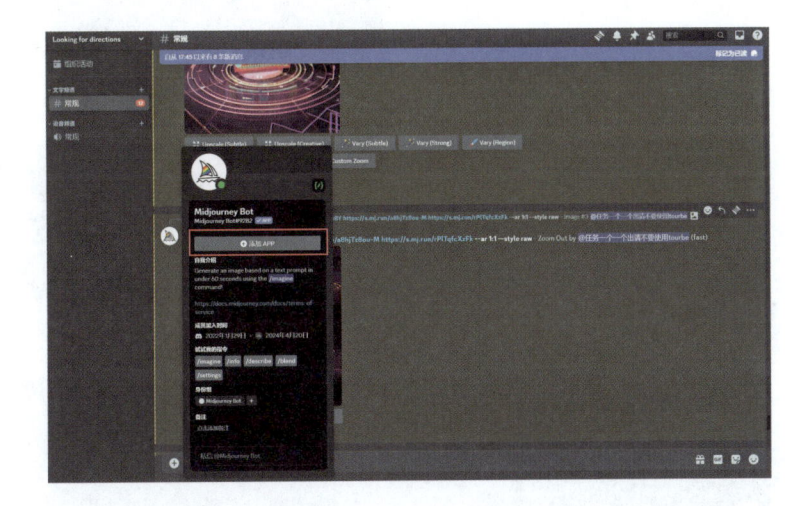

图 10-11　添加 Midjourney

图 10-12　添加服务器完成

111

③ 单击聊天框，输入"/"，选择 /imagine 后将分镜头或分场景的具体描述文本进行输入，单击回车发送，等待 1~2 分钟即可生成 4 张图片；单击图片下方的 U1~U4，依次对应着四张图片位置，单击后即可单独生成图片，鼠标右键单击"另存为"即可保存图片，如图 10-13~图 10-15 所示。

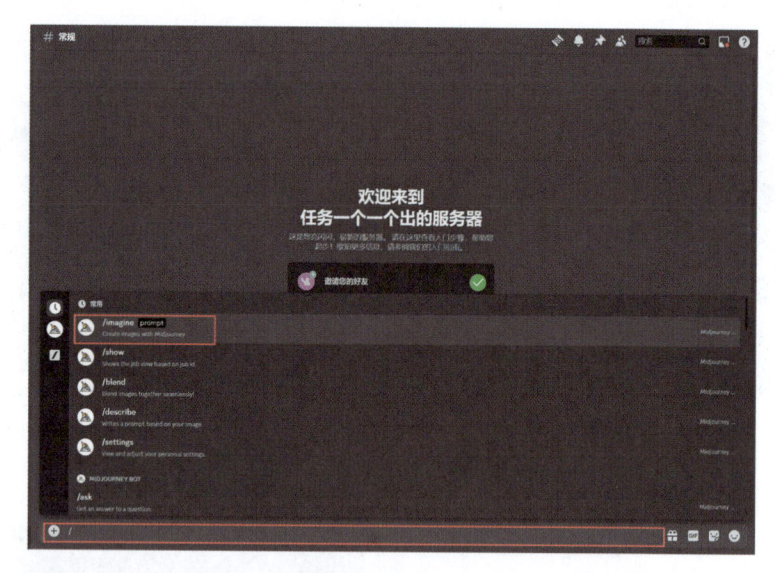

图 10-13 切换到"image"模式

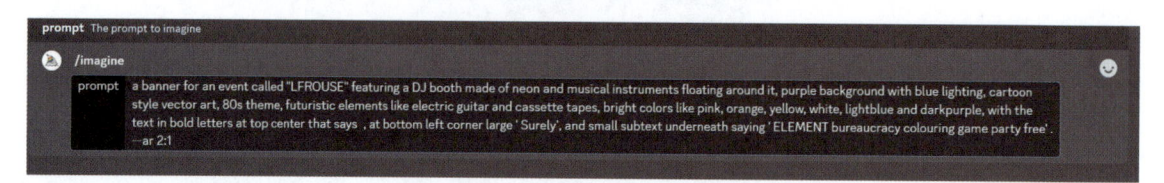

图 10-14 输入提示词

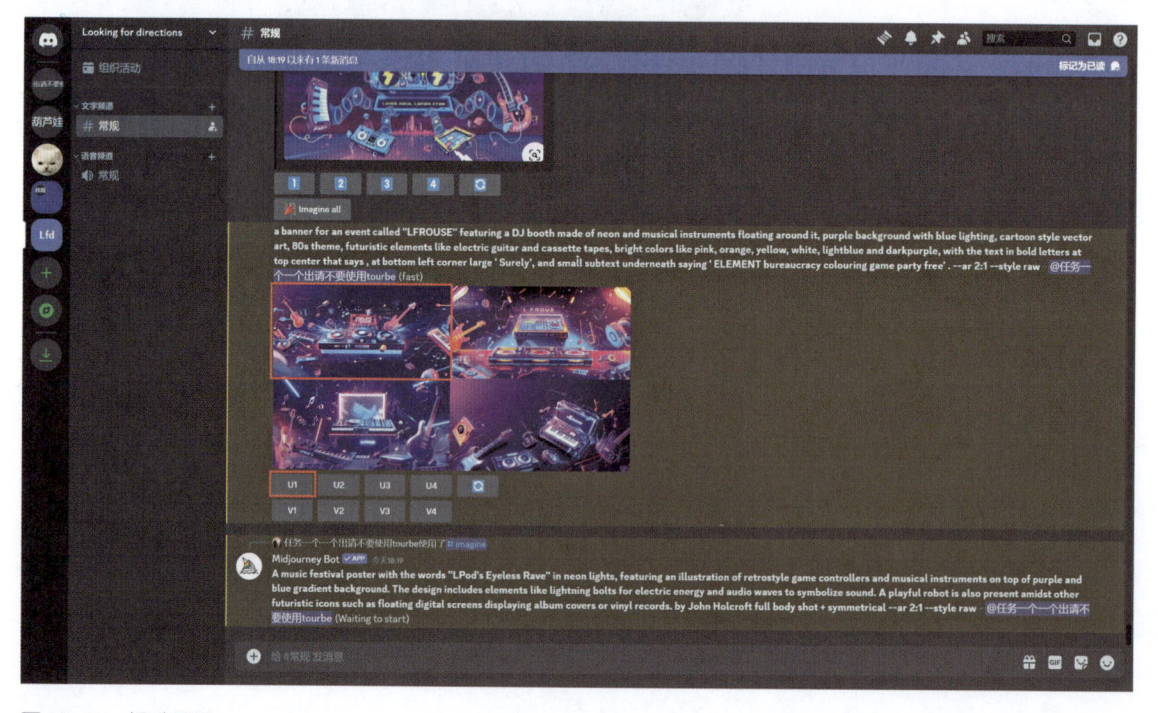

图 10-15 提升画质

思路拓展

这里为读者提供描述模板以供借鉴：

/imagine prompt: Showing a DJ booth made of neon lights and musical instruments, purple background with blue lighting, cartoon style vector art, futuristic elements like electric guitar and cassette tape, bright colors like pink, orange, yellow, white, blue light and deep purple. Illustration of game controllers and musical instruments in retro style on purple and blue gradient background.The design includes elements such as lightning, the symbol of electrical energy, and audio waves, the symbol of sound.A playful robotic futuristic floating digital screen displays album cover or vinyl record.: : --aspect 16∶9

（在文字描述后添加"--aspect 16∶9"输入比例即可调整图片生成比例。）

译文："/imagine 提示：展示由霓虹灯和乐器组成的 DJ 台，带有蓝色灯光的紫色背景，卡通风格矢量艺术，电吉他和盒式磁带等未来元素，粉色、橙色、黄色、白色、蓝色光等明亮的颜色和深紫色。游戏控制器和乐器的例证在紫色和蓝色梯度背景的减速火箭的样式。该设计包括闪电（电能的象征）和音频波（声音的象征）等元素。俏皮的机器人未来浮动数字屏幕显示专辑封面或黑胶唱片。: : --aspect 16∶9。"

这里为读者展示在 Midjourney 中提取的图片，如图 10-16～图 10-19 所示。

图 10-16　分镜头（1）

图 10-17　分镜头（2）

图 10-18　分镜头（3）

图 10-19　分镜头（4）

10.3　Runway 生成视频

在拥有符合预期的音乐MV视频照片后，笔者采用Runway将照片转化为视频。

① 登录 Runway（runwayml.com）页面，可以看到主界面的左侧为项目栏，项目栏中的"Videos"影片功能项包含了"Generate Videos"（生成视频）、"Edit Videos"（编辑视频）、"Generate Audio"（生成音频），如图10-20所示。

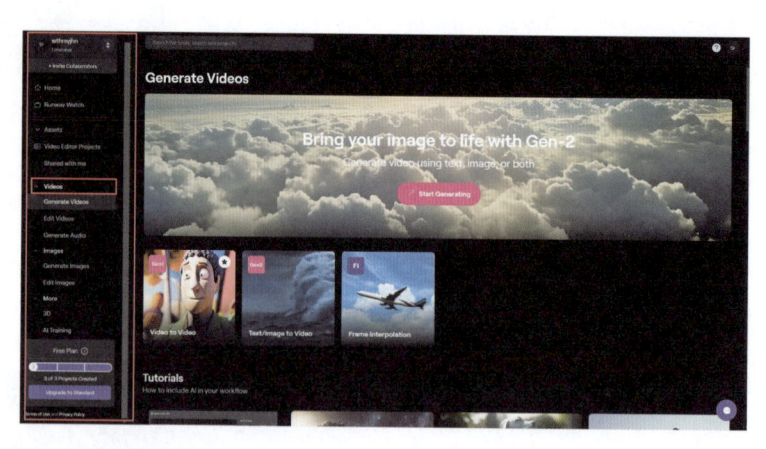

图 10-20　进入 Runway 工作台

② 项目栏"Videos"中笔者选择"Generate Videos"，单击"Generate Videos"界面中 Gen2 图标进入文本/图像转视频界面，如图10-21所示。

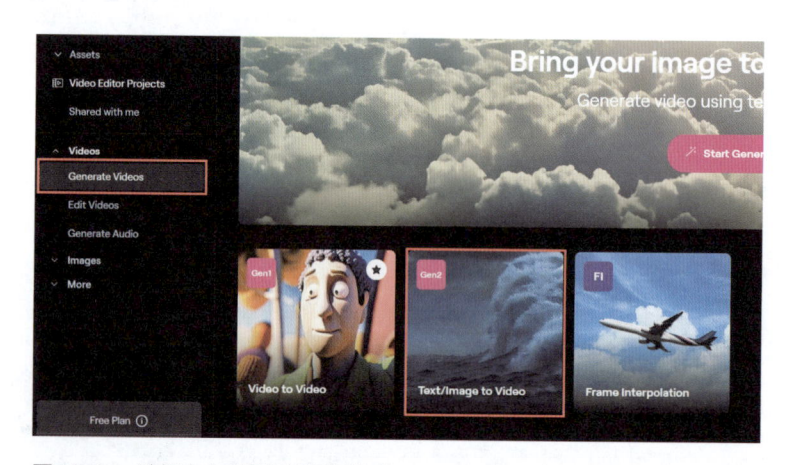

图 10-21　选择文本/图像转视频模式

③ 进入文本/图像转视频界面。左侧的菜单栏中，从上到下依次是提示词、常规设置、相机设置、运动笔刷、模型、风格、画幅比例、预设；右侧是创作和查看的位置，如图10-22所示。

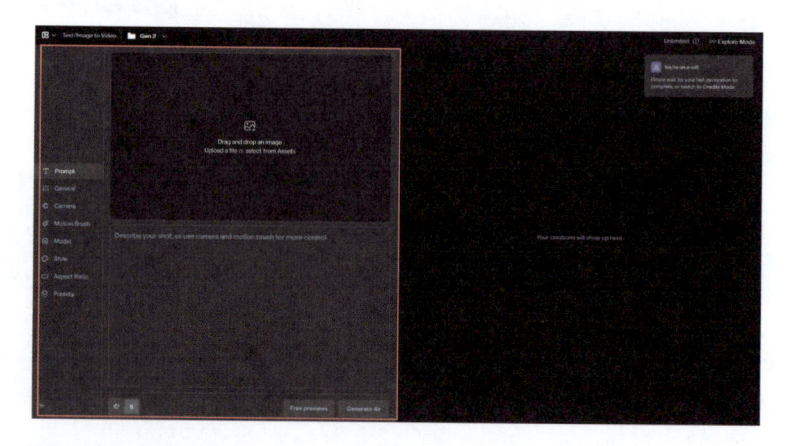

图 10-22　视频工作台

第 10 章　音乐 MV 视频制作

思路拓展

这里补充 Gen-2 将图像或文本提示转换为引人入胜的视频的不同方式。

文本到视频：单击左侧文字输入框，输入场景描述，它将以能想象到的任何风格合成视频，只需使用文本提示即可，如图 10-23 所示。

图 10-23　文本生成视频

文本＋图像到视频：使用参考图像和文本提示生成视频，或使用运动笔刷和相机选项进行特定控制，如图 10-24 所示。

图 10-24　文本＋图片到视频

图像到视频：仅使用参考图像生成视频（变化模式），或使用运动笔刷和相机选项进行特定控制，如图 10-25 所示。

图 10-25　图像到视频

风格化：将任何图像或提示的样式传输到视频的每一帧，如图 10-26 所示。

图 10-26　风格化

115

故事板：将模型转换为完全风格化的动画渲染，如图10-27所示。

图10-27 故事板

装饰或面具：隔离视频中的主题，并使用简单的文本提示进行修改，如图10-28所示。

图10-28 装饰或面具

渲染：通过应用输入图像或提示，将无纹理渲染转换为逼真的输出，如图10-29所示。

图10-29 渲染

自定义：通过自定义模型来释放Gen-2的全部功能，以获得更高保真度的结果，如图10-30所示。

图10-30 自定义

这里笔者采用文本 + 图像转视频模式。

① 单击文本 / 图像转视频界面左侧照片图标，将准备好的符合预期的照片上传，并在描述框中输入想要的场景表述（注意描述词不能超过 320 字）。单击 Generate 4s 即可生成视频，如图 10-31、图 10-32 所示。

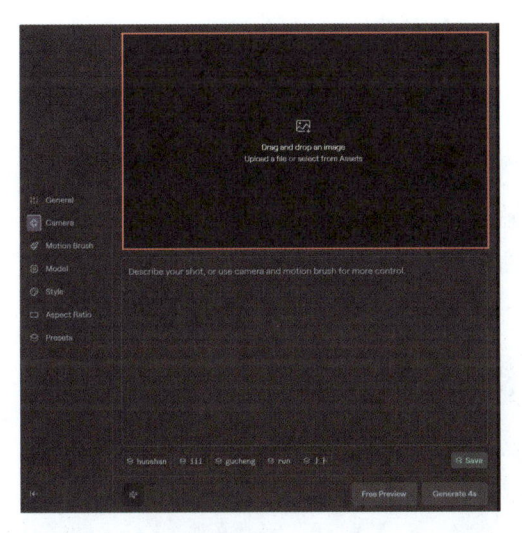

图 10-31　上传图片

图 10-32　生成视频

② 单击 Generate 4s 生成视频后，等待 1~2 分钟生成 4 秒视频，在界面的右侧可以查看视频。如果觉得 4 秒时长的视频不能满足需求，可以单击视频右上角 Extend 4s （扩展 4 秒）按钮，界面将自动跳转到左侧，可使用运动画笔和相机选项进行特定控制，Runway 会使用"Gen-2"模型自行补充后面的内容，在界面最右侧可滑动观看，如图 10-33 所示。

图 10-33　生成视频

思路拓展

这里补充介绍：图标可勾选调节，如图10-34所示。"seed"（种子）：用于生成的扩散坐标。"Interpolate"（插值）：平滑镜框。"Upscale"（高档的）：自动增强视频分辨率（可能略微增加生成时间）。"Remove watermark"（去除水印）：从输出中移除"Gen-2"水印。

运动方式和强度调整：Camera Motion 中可以调整镜头的运动方式和强度，这里可以理解为操控一架无人机进行飞行拍摄运镜。"Camera Motion"界面中相关参数功能有："Horizontal""Vertical""Pan""Tilt""Roll""Zoom""Reset"，如图10-35所示。

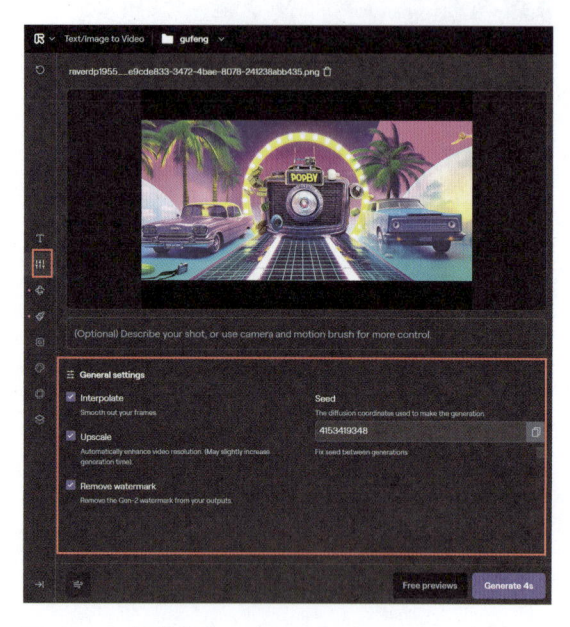

图10-34　调整参数　　　　　　　　　图10-35　相机参数

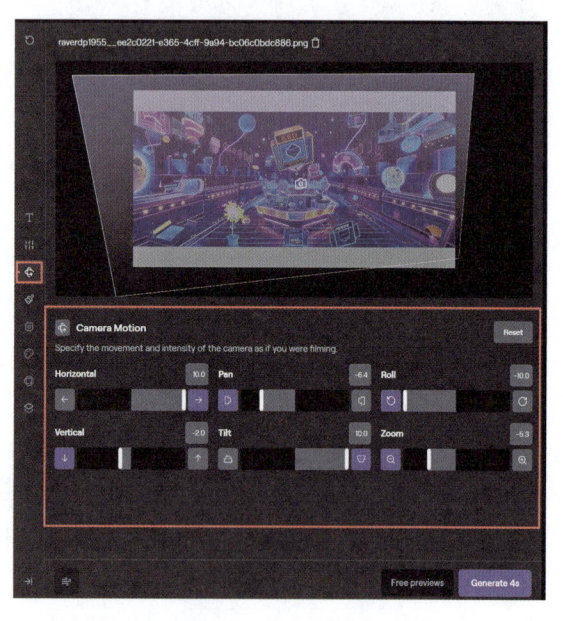

局部定向运动：Motion Brush BETA，可以使用运动笔刷设置局部定向运动来更好地控制视频画面效果。在"Motion Canvas"（运功画布）上有5把刷子（Brush 1~5），单击刷子可使用对应笔刷；打开 Auto-detect area（自动检测区域），笔刷将自动识别区域，关闭 Auto-detect area，则可以使用原始笔刷；"Directional motion"定向控制"Motion Canvas"（运动画布）上的刷子进行调整视频画面运动。"Directional motion"界面中，"Horizontal（x-axis）"可以水平（X轴）移动，"Vertical（y-axis）"可以垂直（Y轴）移动，"Proximity（z-axis）"可以接近度（z轴）移动，"Ambient（noise）"可以使环境变得躁动。当刷子画错时，可以使用橡皮进行修改或单击左下方回勾撤回上一步。单击"Save"进行保存。该过程如图10-36、图10-37所示。

图 10-36　Motion Brush 页面 　　　　　　　　　图 10-37　添加更多笔刷层级

🔸 不支持宽高比，输出将匹配图像的宽高比。要设置自定义宽高比，请删除图像，如图 10-38 所示。

🔸 不支持的样式，输出将与图像的风格相匹配。要设置样式，请移除图像，如图 10-39 所示。

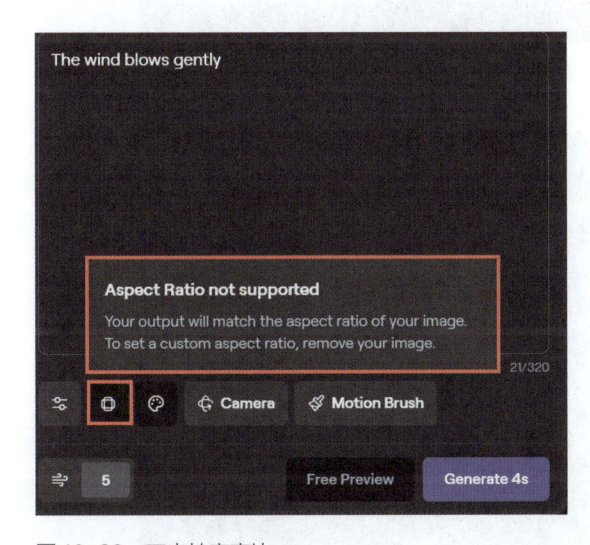

图 10-38　不支持宽高比 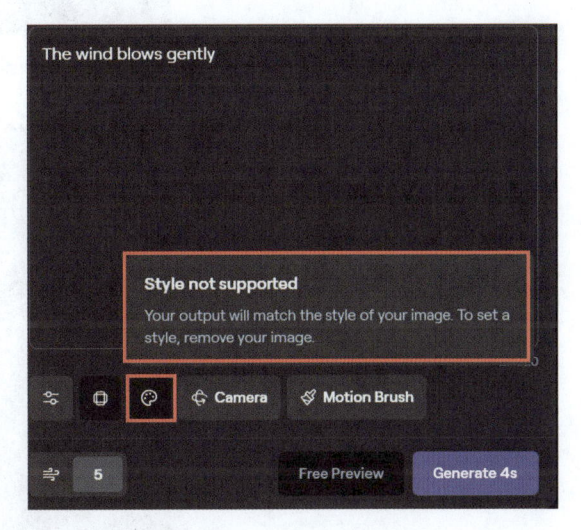　　　　　　　　　　　图 10-39　不支持的样式

③ 调整设置，使用运动画笔和相机选项进行特定控制后，在界面左侧查看视频，通过视频周围的图标功能进行设置、下载、转发等。 Extend 4s 为生成 4 秒视频；🗑为删除视频；↗为发布和共享，将使文本和媒体提示对任何具有链接管理设置的人可用；♡为喜欢 / 收藏；⬇为下载按钮；P为查看报告内容；⛶为放大观看；视频右下方 🔊为调节声音，⛶为放大，⋮为调节播放速度。如果想深入了解更多功能和用法，可以查阅 Runway Gen-2 官方网站，如图 10-40、图 10-41 所示。

图 10-40　预览视频

图 10-41　视频详细数据

④ 调整设置参数并保存，单击 Generate 4s（生成 4 秒视频）按钮，将符合预期的视频下载到本地计算机中备用，如图 10-42 所示。

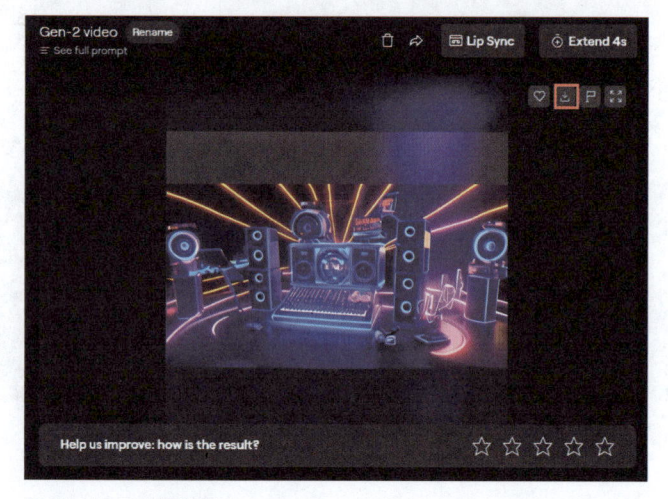

图 10-42　下载视频

10.4 剪映剪辑视频

在拥有符合预期的视频后，进入案例视频剪辑创作阶段。这里笔者使用剪映 App 软件进行剪辑。

① 登录主页面，单击 开始创作 进入界面，单击 ➕ 导入 导入创作，单击视频素材，将其依次拖入时间轴中，如图 10-43 所示。

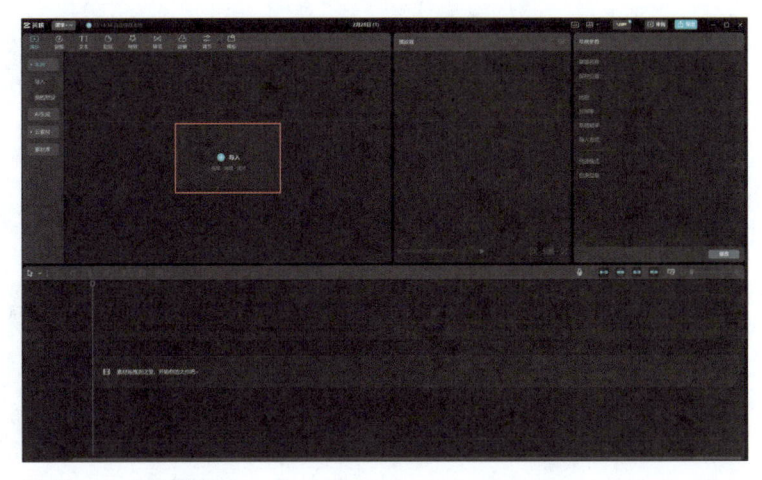

图 10-43　导入素材

② 将视频素材调整顺序后，单击要修改的片段，在剪映界面右上方项目栏中功能区（画面、变速、动画、调节、AI 效果）修剪创作视频，如图 10-44、图 10-45 所示。

图 10-44　将素材拖入时间轴

图 10-45　属性画面

③ 单击界面左上方项目栏中的功能区（媒体、音频、文本、贴纸、特效、转场、滤镜、调节、模板）修剪创作视频。添加背景音乐和字幕，单击根据案例主题进行创作，如图10-46、图10-47所示。

图10-46　音频面板

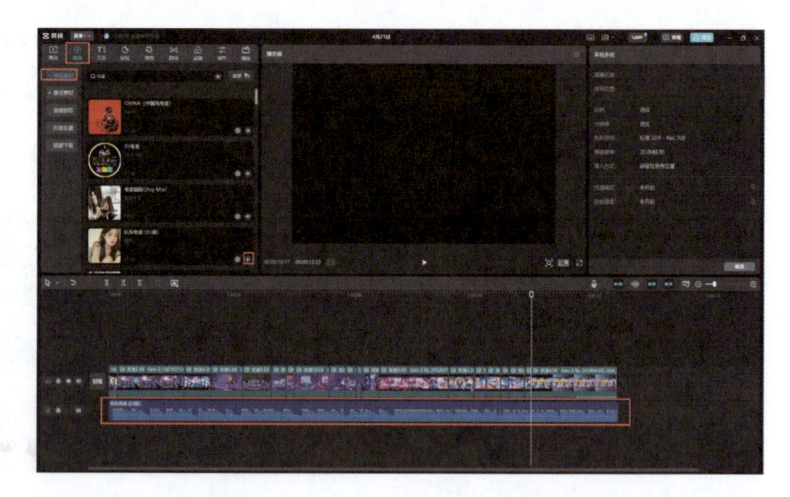

图10-47　添加背景音乐

④ 单击音频素材，将其拖入下方编辑时间轴，进行创作编辑，如图10-48所示。

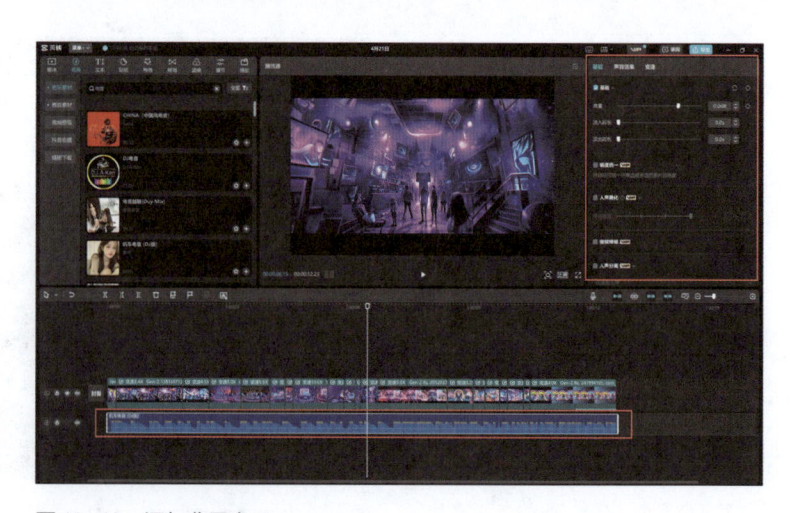

图10-48　添加背景音乐

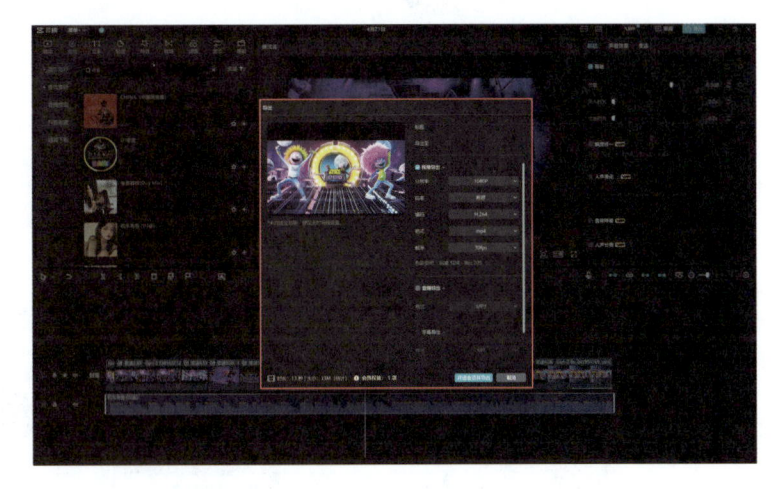

⑤ 画面内容调整完毕后，在界面右上角单击 导出 将修剪创作的视频导出，如图10-49所示。

图10-49　导出面板

⑥ 音乐MV视频制作案例视频最终效果展示截图，如图10-50～图10-53所示。

图10-50　视频画面（1）

图10-51　视频画面（2）

图10-52　视频画面（3）

图10-53　视频画面（4）

第 11 章　童话故事绘本

11.1　Microsoft Copilot 制作脚本

首先，需要准备一份关于童话故事绘本视频故事板的思路脚本和文本。在这里笔者采用 Microsoft Copilot（人工智能驱动的聊天助手）进行描述、整理和提取。

思维拓展

在 Microsoft Copilot 界面的 COPILOT（聊天）中可以看到对话方式有 3 个功能选项，分别为 More Creative、More Balanced、More Precise。More Creative（如图 11-1 所示）更有创造力，可以在聊天框中输入文字进行聊天、提问和生成图片；More Balanced（如图 11-2 所示）更平衡、More Precise（如图 11-3 所示）更精准，无法用文字生成图片。

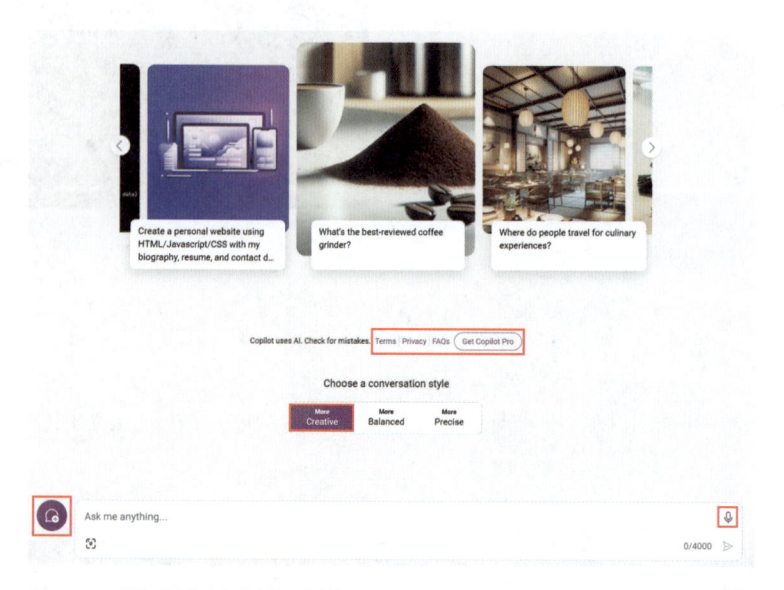

图 11-1　"更有创造力"界面布局

图 11-2　"更平衡"界面布局

笔者选择"More Creative",在聊天框中输入问题,提取整个视频故事板的思路脚本备用,如图11-4所示。

思路拓展

这里为读者提供视频脚本思路和文本提取的技巧建议:首先,要明确视频的目标受众。其次,将头脑中对视频产生的想法利用头脑风暴、思维导图或自由写作等方法进行整理。想一想可以吸引注意力的关键点。整理粗略的脚本,对其进行细化。注意,人们普遍喜欢故事性强的内容,在情感层面上建立联系,无论是幽默、兴奋还是同理心,情绪都能让视频更令人难忘。故事性可以是一个客户的旅程、一个人生活中的一天,或者是一个与自己相关的虚构故事等。读者可以在提取脚本思路和文本的过程中反复反问自己:希望观众看完视频后想到什么?希望观众看完视频后做什么?编辑过程中应确保清晰、简洁。

单击聊天框进行文字输入(文字内容不能超过4000字),输入文字后单击 ▶ 即可发送,单击 New topic 可以添加新话题,如图11-5所示。

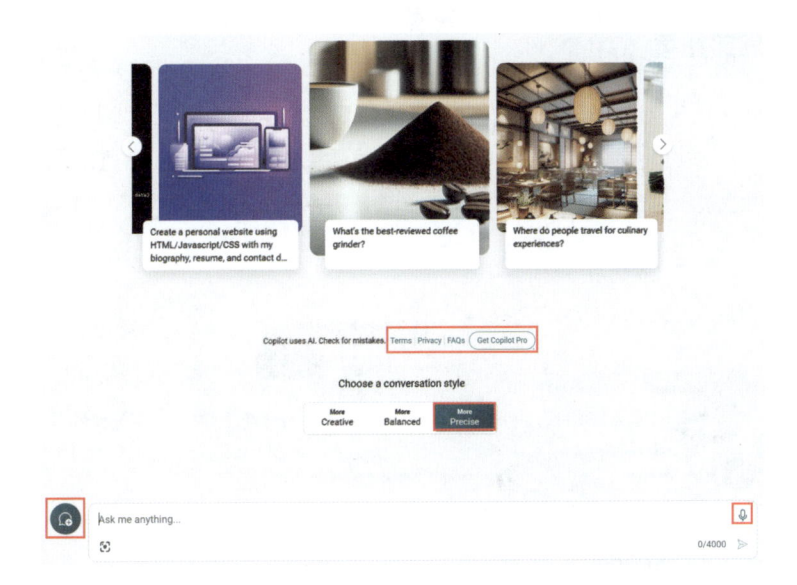

图11-3 "更精准"界面布局

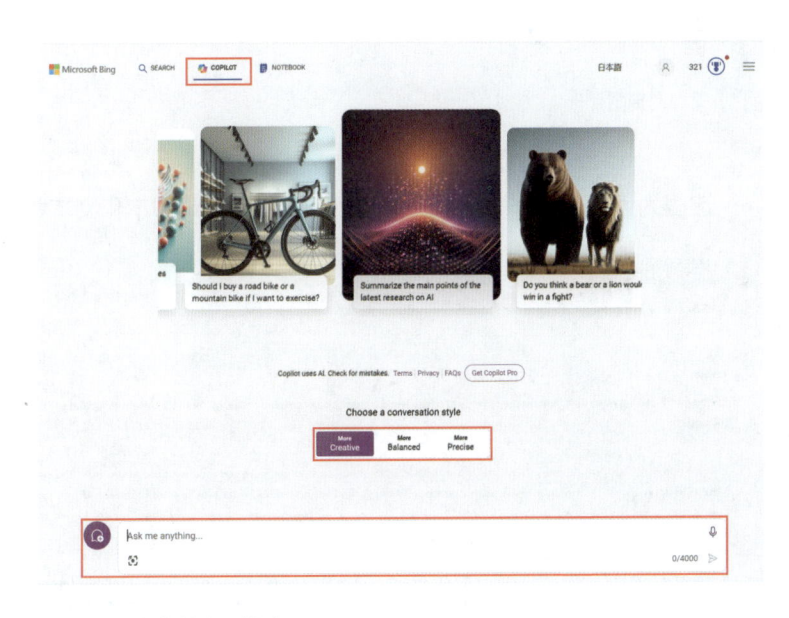

图11-4 本案例实用模式

图11-5 创建新话题

思路拓展

这里为读者补充 COPILOT 中对话方式的聊天提问技巧：聊天框输入文字后，单击 可以添加图像或链接进行辅助 Microsoft Copilot 文字分析，上传方式有粘贴图片或链接、从设备上传、打开摄像头拍一张照片，如图 11-6、图 11-7 所示。

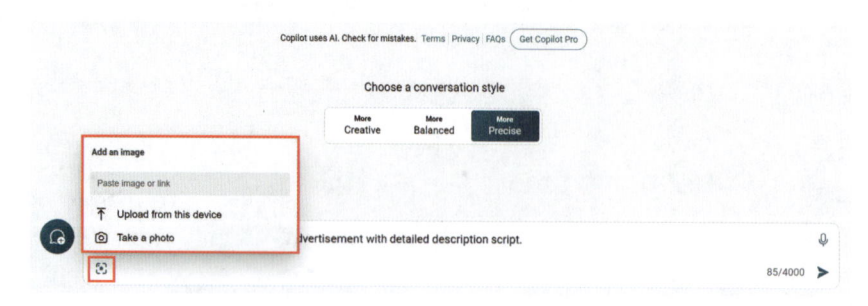

图 11-6　上传相机

图 11-7　上传图片

这里为读者展示"More Creative"生成的视频脚本和文本案例，如图 11-8 ～图 11-13 所示。

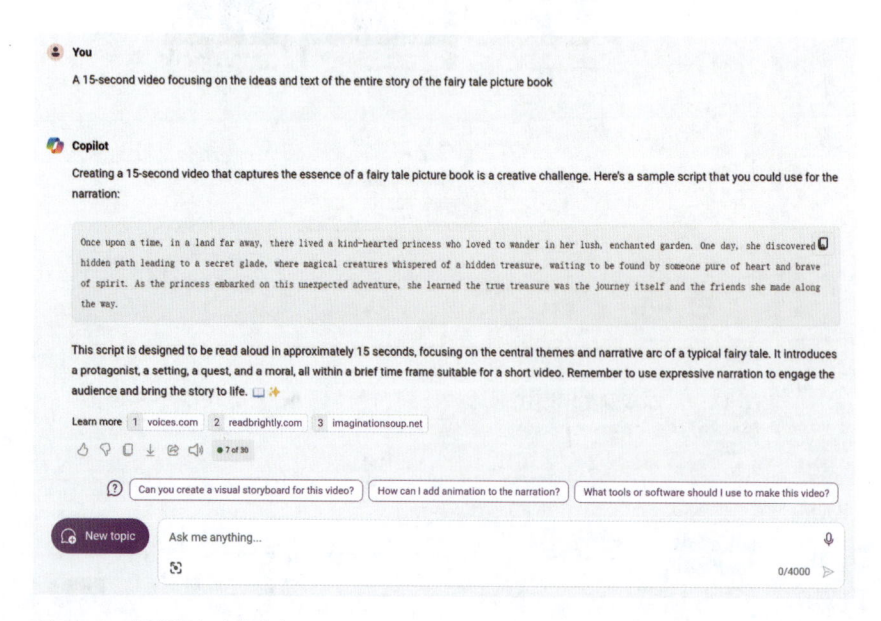

图 11-8　生成脚本（英文）

第 11 章　童话故事绘本

> **你**
> 一个15秒的视频专注于童话故事绘本的整个故事的思想和文字

> **副驾驶员**
> 制作一个15秒的视频，抓住童话故事绘本的精髓，是一个创造性的挑战。下面是一个示例脚本，您可以使用它的旁白：
>
> > 很久很久以前，在一个遥远的地方，住着一位心地善良的公主，她喜欢在她郁郁葱葱的迷人花园里漫步。有一天，她发现了一条通往一片秘密林间空地的小路，那里有一些神奇的生物在窃窃私语，说有一个隐藏的宝藏，等待着一个心地纯洁、精神勇敢的人来发现。当公主踏上这段意想不到的冒险之旅时，她发现真正的宝藏是旅程本身和她一路上结交的朋友。
>
> 这个脚本的设计是大声朗读约15秒，重点是一个典型的童话故事的中心主题和叙事弧。它介绍了一个主角，一个背景，一个任务，和一个寓意，所有这些都在一个适合短视频的短时间框架内。记住要用富有表现力的叙述来吸引观众，使故事栩栩如生。

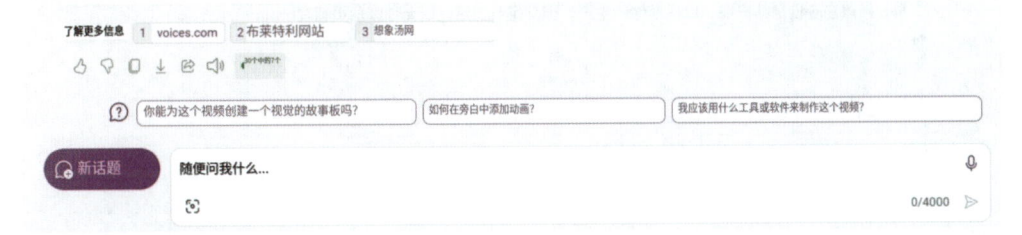

图 11-9　生成脚本（中文）

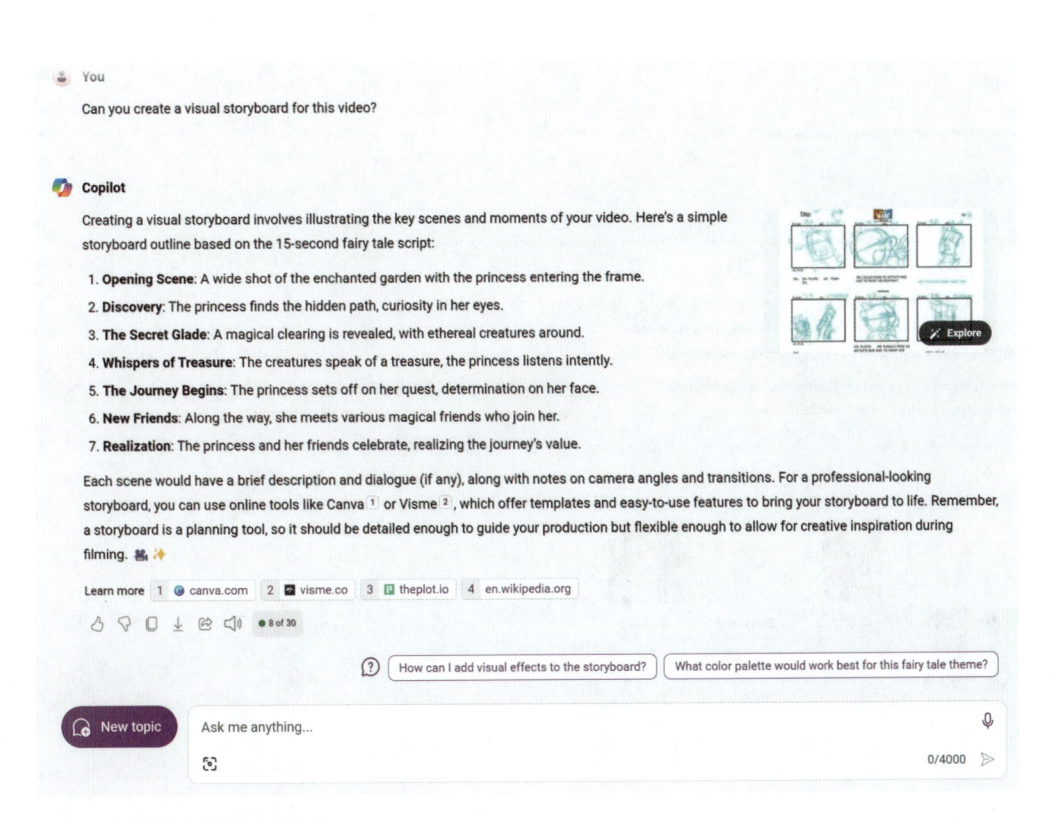

> **You**
> Can you create a visual storyboard for this video?

> **Copilot**
> Creating a visual storyboard involves illustrating the key scenes and moments of your video. Here's a simple storyboard outline based on the 15-second fairy tale script:
>
> 1. **Opening Scene**: A wide shot of the enchanted garden with the princess entering the frame.
> 2. **Discovery**: The princess finds the hidden path, curiosity in her eyes.
> 3. **The Secret Glade**: A magical clearing is revealed, with ethereal creatures around.
> 4. **Whispers of Treasure**: The creatures speak of a treasure, the princess listens intently.
> 5. **The Journey Begins**: The princess sets off on her quest, determination on her face.
> 6. **New Friends**: Along the way, she meets various magical friends who join her.
> 7. **Realization**: The princess and her friends celebrate, realizing the journey's value.
>
> Each scene would have a brief description and dialogue (if any), along with notes on camera angles and transitions. For a professional-looking storyboard, you can use online tools like Canva [1] or Visme [2], which offer templates and easy-to-use features to bring your storyboard to life. Remember, a storyboard is a planning tool, so it should be detailed enough to guide your production but flexible enough to allow for creative inspiration during filming. 🎬 ✨

图 11-10　故事板创作（英文）

127

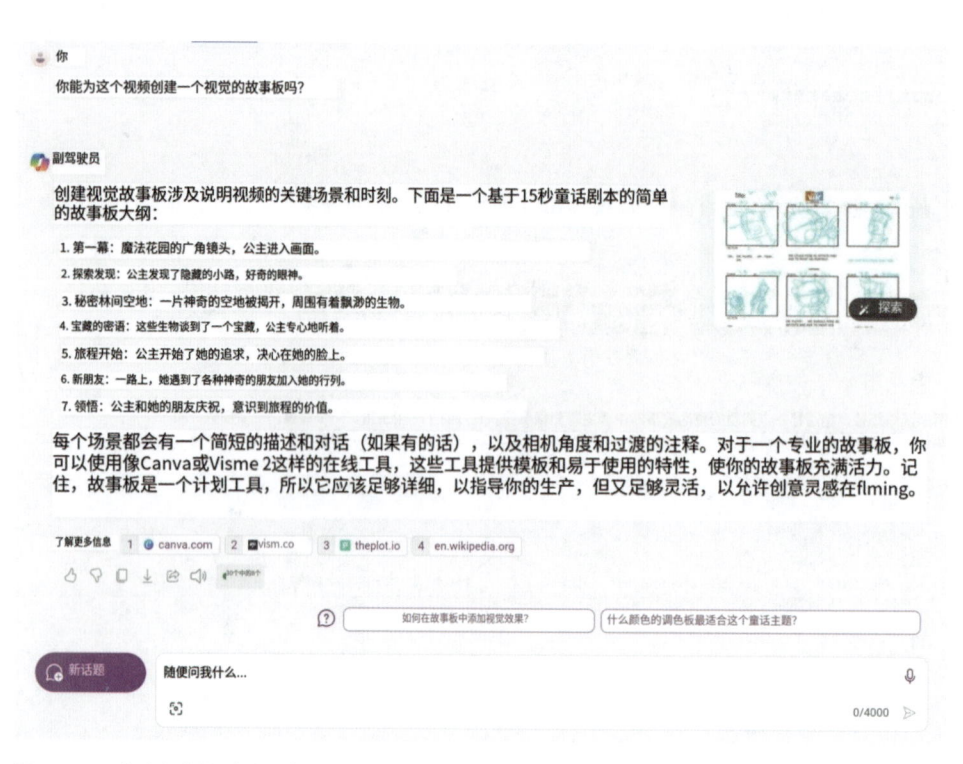

图 11-11　故事板创作（中文）

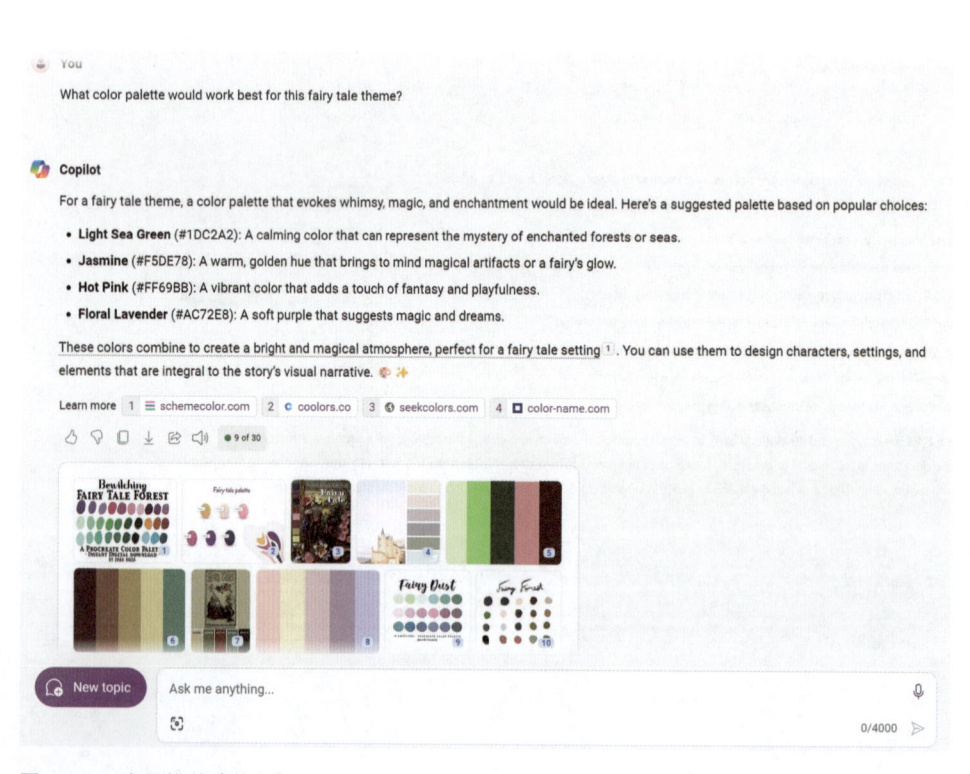

图 11-12　色调推荐（英文）

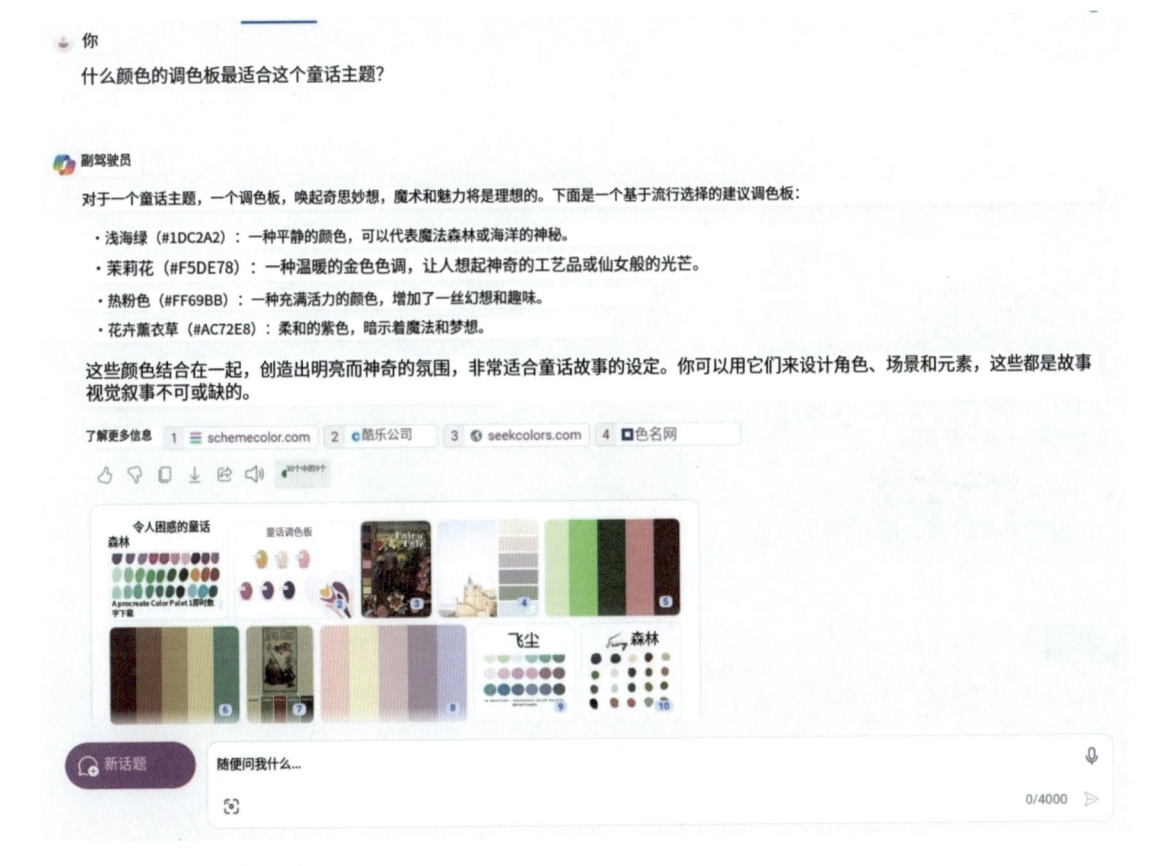

图 11-13 色调推荐（中文）

11.2 Microsoft Copilot 生成图像

在拥有视频脚本后，根据分镜头或分场景脚本用 Microsoft Copilot 对话方式中的"More Creative"生成照片。单击 进入界面，单击聊天框输入分镜头或分场景具体描述文本，发送后，等待 1~2 分钟即可生成 4 张图片；选择"More Creative"生成的合适的图片，单击图片可以进行放大查看，单击 即可下载图片，如图 11-14~图 11-16 所示。如果生成的图片中没有符合预期的图片，可以更换描述重新生成。

思路拓展

"More Creative"主页生成照片的同时，还会在照片的右下方提供相关建议，单击想要了解的"More Creative"建议即可继续生成，如图 11-17、图 11-18 所示。

"More Creative"生成的 4 张图片的上方 辅助栏中： 图标可以进行下载（Word、PDF、Text），单击 图标进行复制，单击 图标进行转发，如图 11-19 所示。

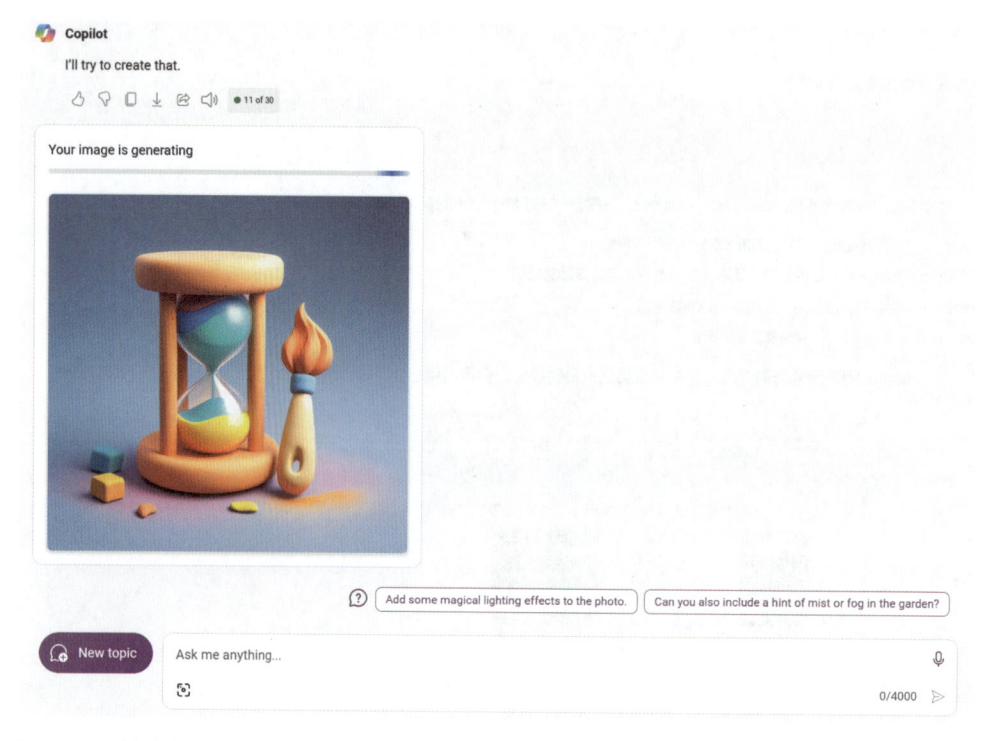

图 11-14 等待生成

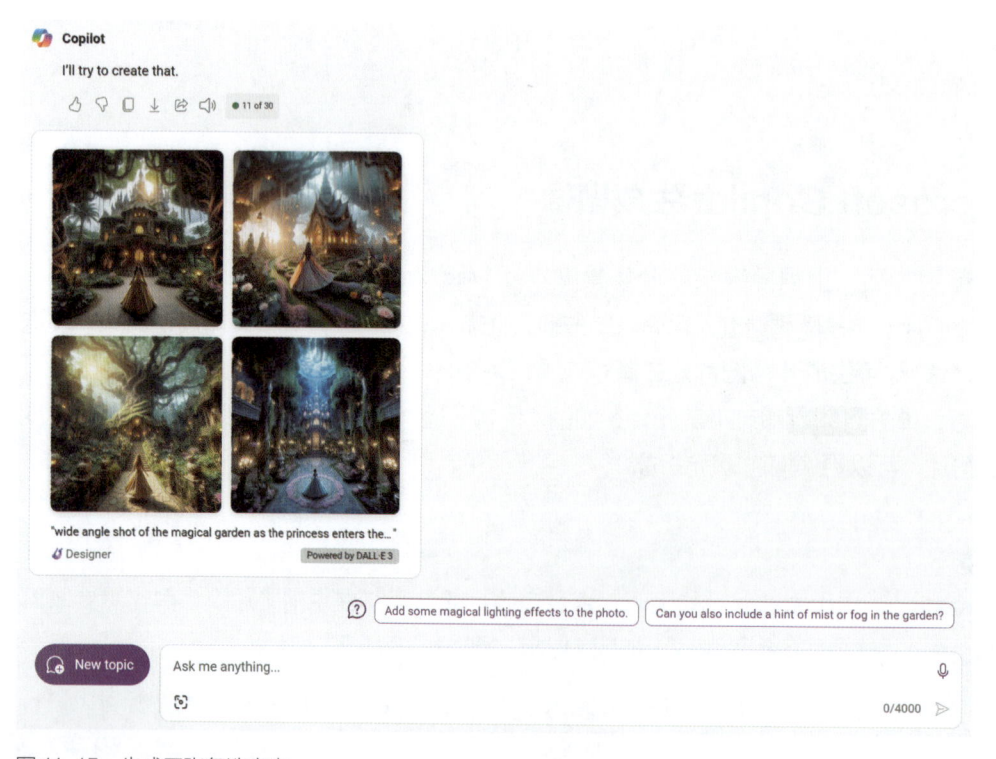

图 11-15 生成四张备选方案

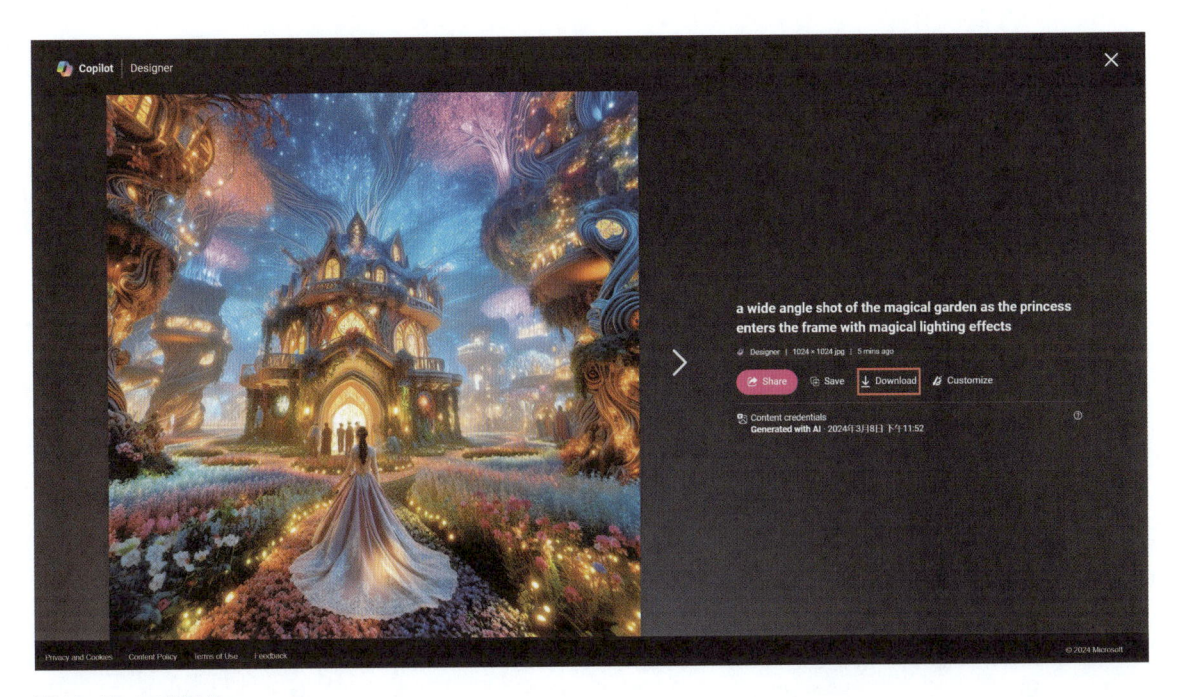

图 11-16 下载图片

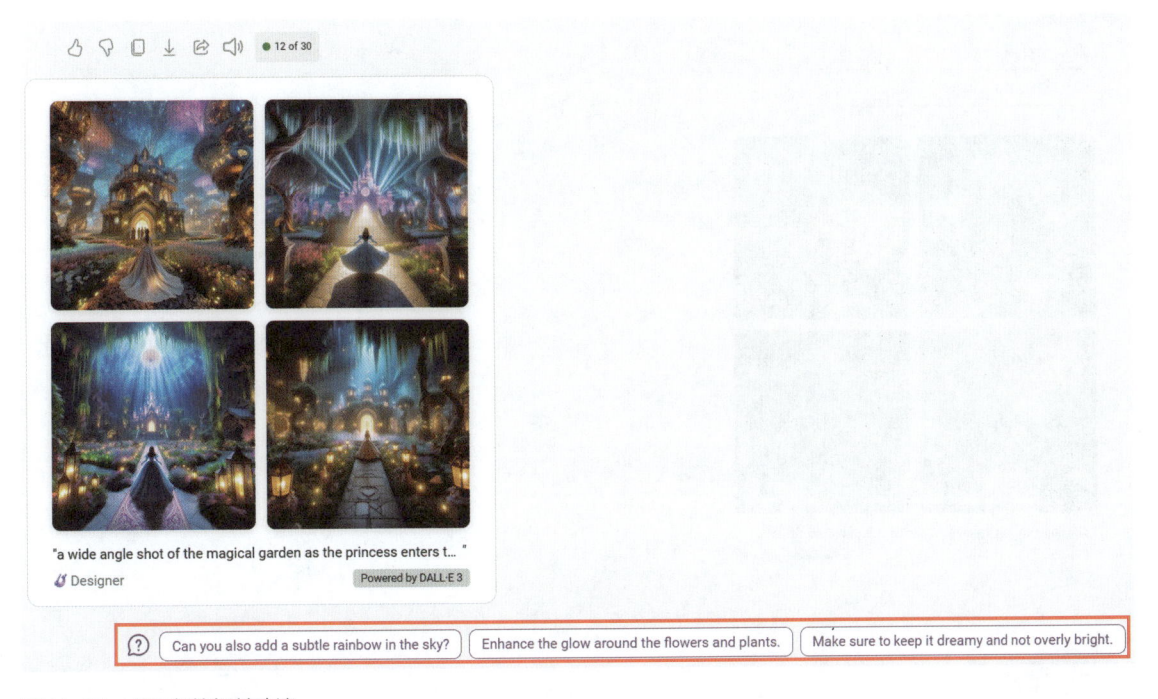

图 11-17 右下角的相关建议

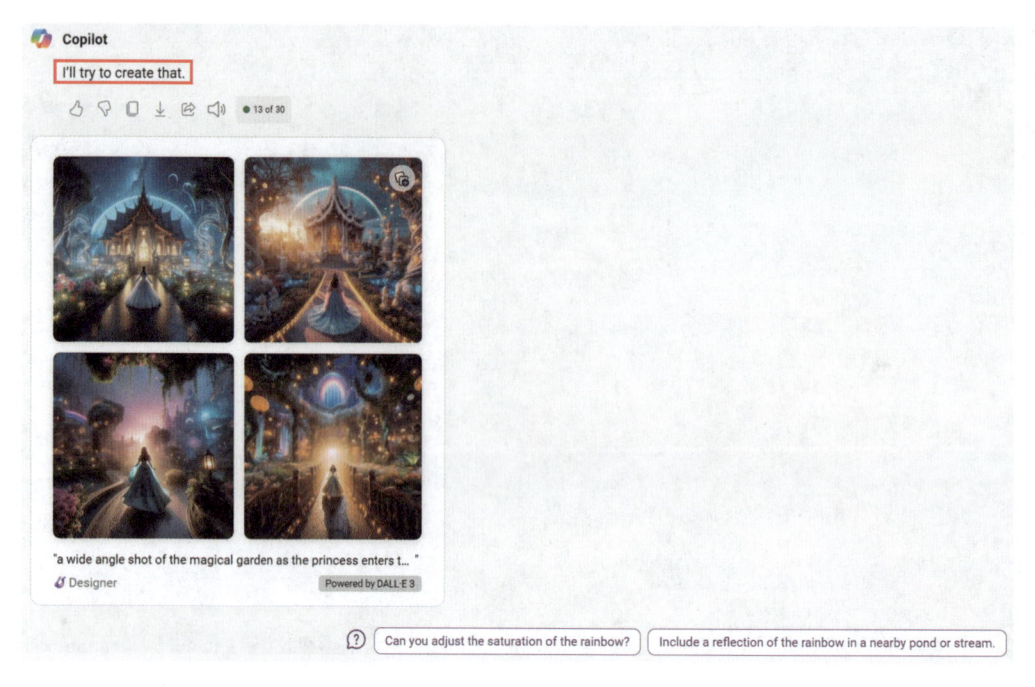

图 11-18　重新生成新的内容

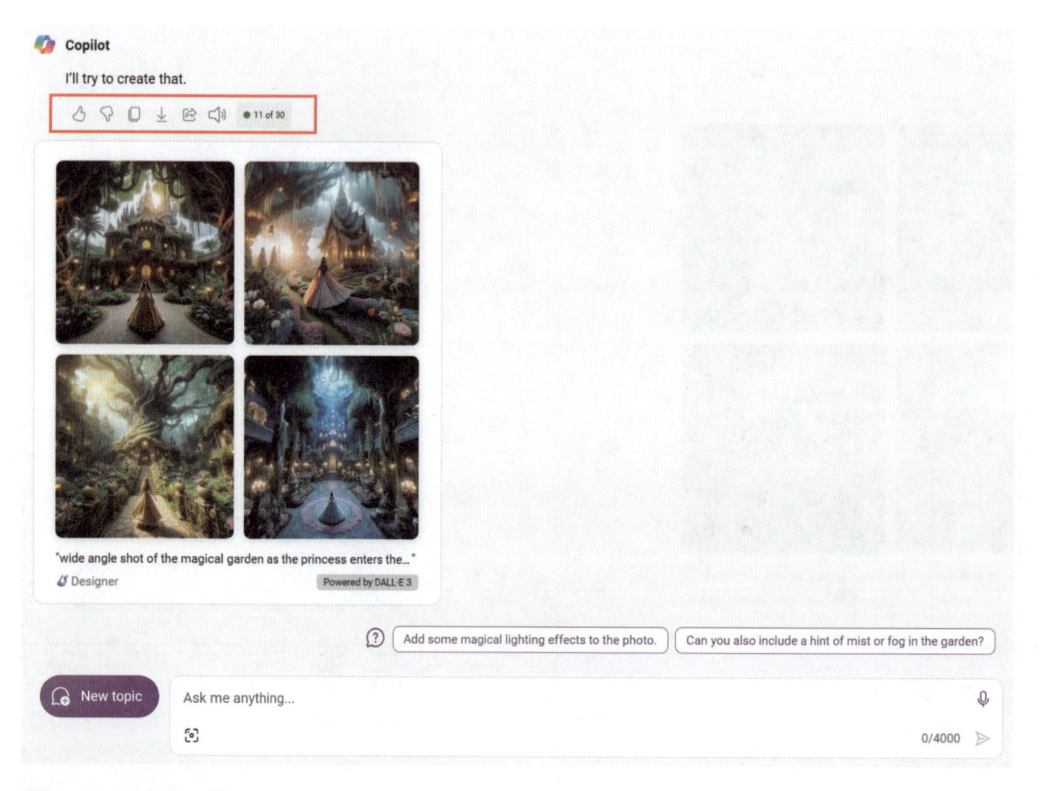

图 11-19　快捷工具栏

这里为读者展示在"More Creative"中提取的童话故事绘本图片，如图 11-20~图 11-23 所示。

图 11-20　图片效果（1）

图 11-21　图片效果（2）

图 11-22　图片效果（3）

图 11-23　图片效果（4）

11.3　Runway 生成视频

在拥有符合预期的照片后，笔者采用 Runway 将照片转化为视频。

① 登录 Runway（runwayml.com）页面，可以看到主界面的左侧为项目栏，项目栏中的"Videos"影片功能项包含了"Generate Videos"（生成视频）、"Edit Videos"（编辑视频）、"Generate Audio"（生成音频），如图 11-24 所示。

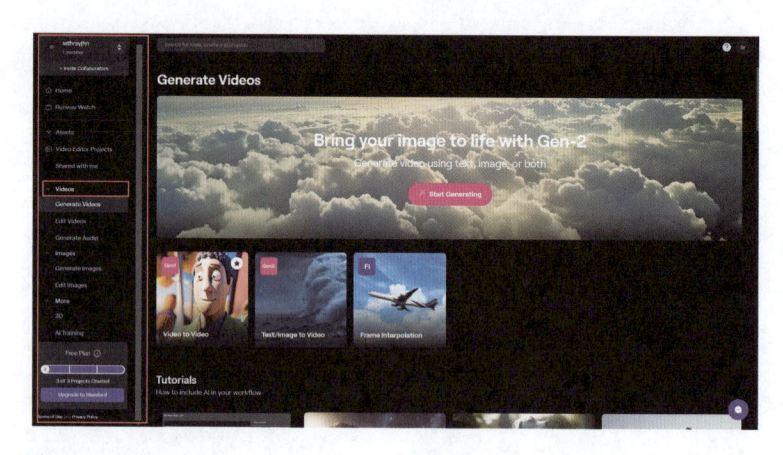

图 11-24　进入 Runway 工作台

② 项目栏"Videos"中，笔者选择"Generate Videos"，单击"Generate Videos"界面中 Gen2 图标进入文本/图像转视频界面，如图 11-25 所示。

③ 进入文本/图像转视频界面。左侧的菜单栏中，从上到下依次是提示词、常规设置、相机设置、运动笔刷、模型、风格、画幅比例、预设；右侧是创作和查看的位置，如图 11-26 所示。

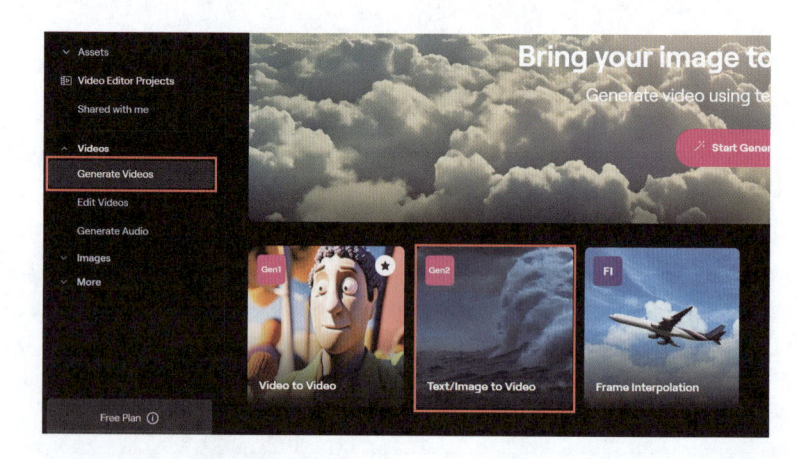

图 11-25　文本/图像转视频模式

④ 这里笔者采用文本+图像生成视频。单击工作台左侧照片图标 ，将准备好的符合预期的照片进行上传，并在描述框中输入想要的场景表述（注意描述词不能超过 320 字）。单击 Generate 4s 即可生成

图 11-26　工作台界面

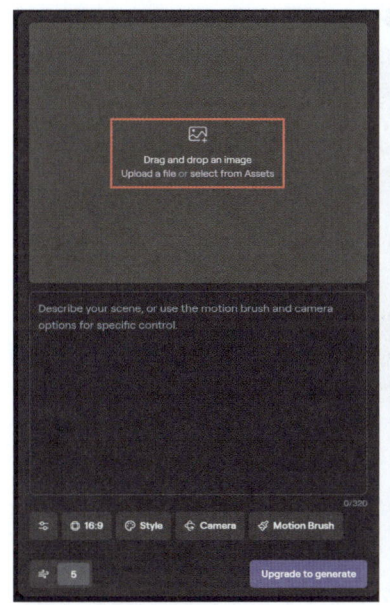

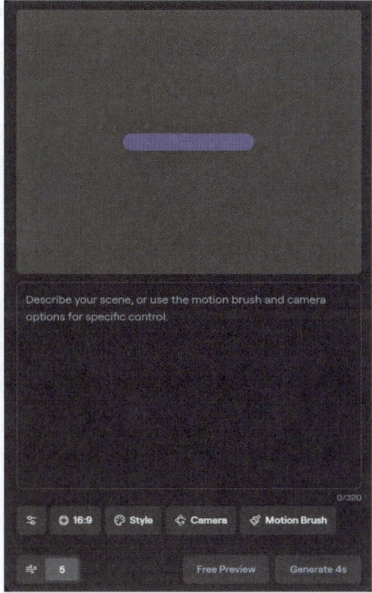

图 11-27　放入图片　　　　图 11-28　等待上传　　　　图 11-29　输入提示词

4 秒视频，如图 11-27～图 11-29 所示。

⑤ 单击 Generate 4s 后，等待 1～2 分钟生成 4 秒视频，在界面的右侧可以查看生成的视频。如果觉得 4 秒时长的视频不能满足需求，可以单击视频右上角 Extend 4s （扩展 4 秒）按钮，将视频时长延长至 8 秒或 16 秒，Runway 会使用"Gen-2"模型自行补充后面的内容，在界面最右侧可滑动观看，如图 11-30 所示。

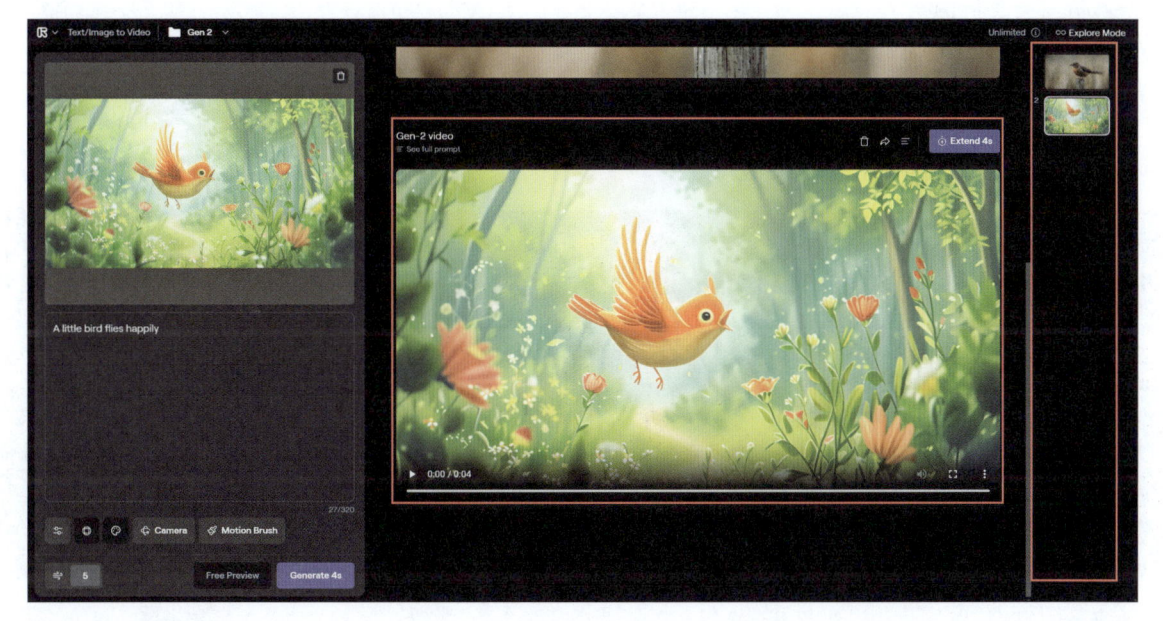

图 11-30　生成结果

⑥ 若视频不理想，还可以在界面左侧项目栏进行调整或使用运动画笔和相机选项进行特定控制，如图11-31所示。

图 11-31　可再次调整参数生成

思路拓展

这里补充介绍：图标可勾选调节，如图11-32所示。"seed"（种子）：用于生成的扩散坐标。"Interpolate"（插值）：平滑镜框。"Upscale"（高档的）：自动增强视频分辨率（可能略微增加生成时间）。"Remove watermark"（去除水印）：从输出中移除"Gen-2"水印。

不支持宽高比，输出将匹配图像的宽高比。要设置自定义宽高比，请删除图像，如图11-33所示。

不支持的样式，输出将与图像的风格相匹配。要设置样式，请移除图像，如图11-34所示。

运动方式和强度调整：Camera Motion 中可以调整镜头的运动方式和强度，这里可以理解为操控一架无人机进行飞行拍摄运镜。"Camera Motion"界面中相关参数功能有："Horizontal""Vertical""Pan""Tilt""Roll""Zoom""Reset saved""Save"，如图11-35所示。

局部定向运动：Motion Brush BETA 可以使用运动笔刷设置局部定向运动来更好地控制视频画面效

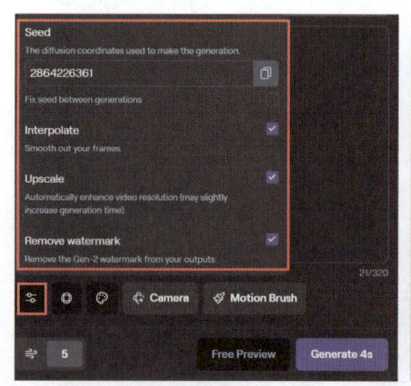

图 11-32　高级参数　　　图 11-33　不支持宽高比　　　图 11-34　不支持的样式

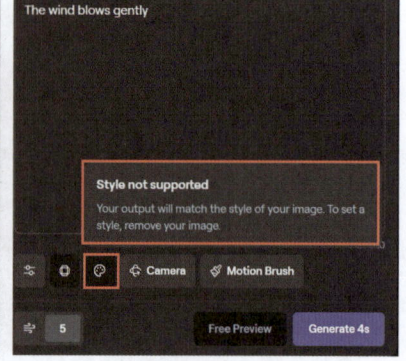

136

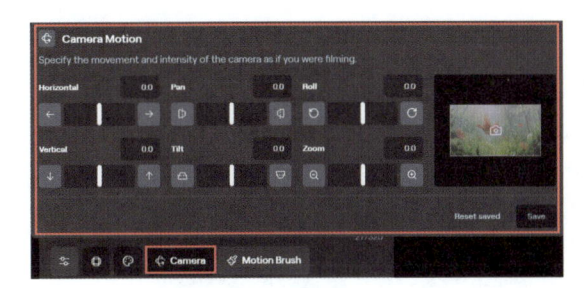

图 11-35　运动方式和强度调整

图 11-36　局部定向运动

果。在"Motion Canvas"（运动画布）上有 5 把刷子（Brush 1~5），单击刷子可使用对应的笔刷；打开 ![Auto-detect area]（自动检测区域），笔刷将自动识别区域，关闭 ![Auto-detect area]，则可以使用原始笔刷；"Directional motion"定向控制"Motion Canvas"（运动画布）上的刷子进行调整视频画面运动。"Directional motion"界面中，"Horizontal（x-axis）"可以水平（X 轴）移动，"Vertical（y-axis）"可以垂直（Y 轴）移动，"Proximity（z-axis）"可以接近度（z 轴）移动，"Ambient（noise）"可以使环境变得躁动。当刷子画错时，可以使用橡皮进行修改或单击左下方回勾撤回上一步。单击"Save"进行保存。该过程如图 11-36~图 11-39 所示。

图 11-37　运动笔刷（1）

图 11-38　运动笔刷（2）

第 11 章　童话故事绘本

137

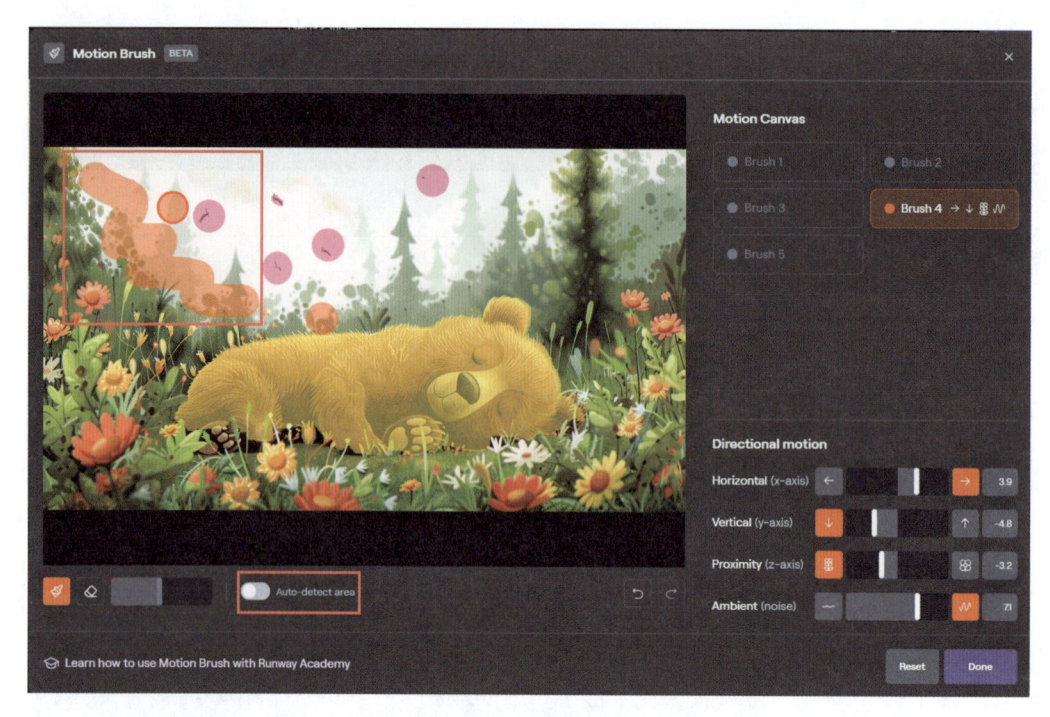

图 11-39　运动笔刷（3）

⑦ 调整设置，使用运动画笔和相机选项进行特定控制后，在界面左侧查看视频，通过视频周围的图标功能进行设置、下载、转发等。 Extend 4s 可生成 4 秒视频； 为删除视频； 为发布和共享，将使文本和媒体提示对任何具有链接管理设置的人可用； 为喜欢收藏； 为下载； P 为查看报告内容； 为放大观看；视频右下方 调节声音、放大、 调节播放速度。如果想深入了解更多功能和用法，可以查阅 Runway Gen-2 官方网站，如图 11-40、图 11-41 所示。

图 11-40　视频画面预览　　　　　　　　　图 11-41　视频设置

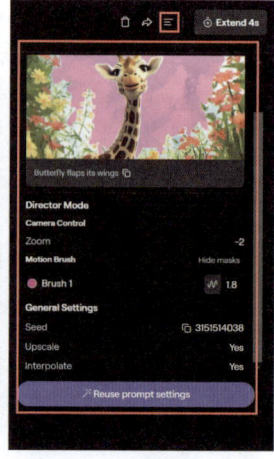

⑧ 调整设置参数并保存。单击 Generate 4s （生成 4 秒视频）按钮，将符合预期的视频下载到本地计算机中备用，单击 按钮即可下载，如图 11-42 所示。

图 11-42 保存视频

11.4 剪映剪辑视频

在拥有符合预期的视频后，进入案例视频剪辑创作阶段。这里笔者使用剪映 App 进行剪辑。

① 登录主页面，单击 开始创作 进入界面，单击 导入 进行导入创作，单击视频素材，将其依次拖入时间轴中如图 11-43、图 11-44 所示。

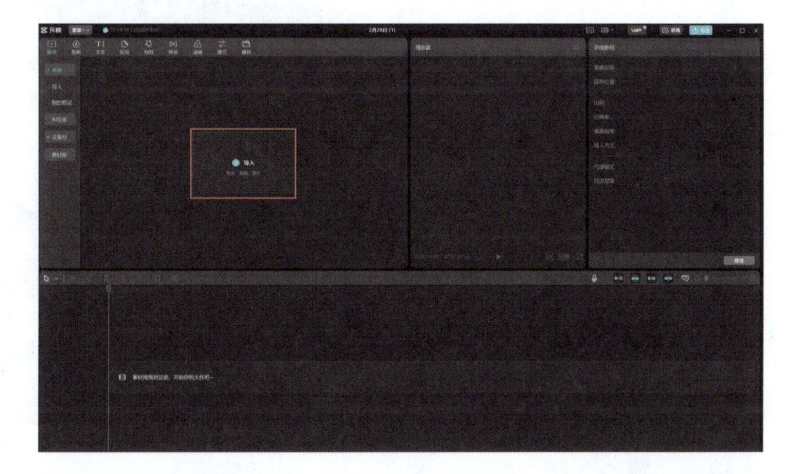

图 11-43 导入内容

图 11-44 放入素材

② 将视频素材调整顺序后，单击要修改的片段，在剪映界面右上方项目栏中的功能区（画面、变速、动画、调节、AI效果）修剪创作视频，如图11-45所示。

③ 单击界面左上方项目栏中的功能区（媒体、音频、文本、贴纸、特效、转场、滤镜、调节、模板）修剪创作视频。添加背景音乐和字幕，单击音频 和文本 ，根据案例主题进行创作，如图11-46所示。

④ 剪映界面中间工具栏可进行修剪创作视频。 为切换鼠标为选择状态或分割状态，单击旁边 图标进行更换； 为撤销； 为恢复； 为分割； 为向左裁剪； 为向右裁剪； 为删除； 为定格； 为倒放； 为镜像； 为旋转； 为裁剪比例； 为录音； 为关闭主轨磁吸； 为关闭自动吸附； 为关闭联动； 为打开预览轴； 为全局预览缩放； 为时间线缩放，如图11-47所示。

⑤ 笔者使用ElevenLabs进行音频制作，它能够以任何语言和风格创建语音，以先进的人工智能技术和直观的工具来生成画外音。调整到符合预期的音频，单击 图标导出音频，如图11-48所示。

图11-45 修剪视频素材

图11-46 媒体

图11-47 时间轴面板工具栏

思路拓展

这里补充 ElevenLabs 的使用注意事项和使用技巧：在生成语音内容的过程中，需要评估输出质量，确保它在清晰度、自然度和发音方面符合期望。生成的语音上下文之间的语调、节奏和风格要调整至与视频内容贴切。例如，客服聊天机器人可能需要更专业的语气，而虚构的人物可能需要独特的个性等。调整生成的声音的音量和强度，以匹配整体音频混合，避免音量突然变化等。在调整音频电平时可以参考轨道，将视频的音频音调和电平与混合良好的参考轨道相匹配。掌握在时间线上剪切、插入和淡出。平滑过渡可增强观众的体验。确保音频与视频同步、唇同步精度对专业结果至关重要。使用降噪工具去除不必要的噪声。谨慎地应用过滤器（均衡器、压缩器），过度处理会损害音频质量。

⑥ 将 ElevenLabs 生成的符合预期的音频导入，导入方式同视频素材一样。单击音频素材拖入下方编辑时间轴，进行创作编辑，如图 11-49 所示。

⑦ 将音频调整至与视频画面匹配，符合预期效果后，可以通过文本功能中的识别字幕提取字幕，如图 11-50 所示。

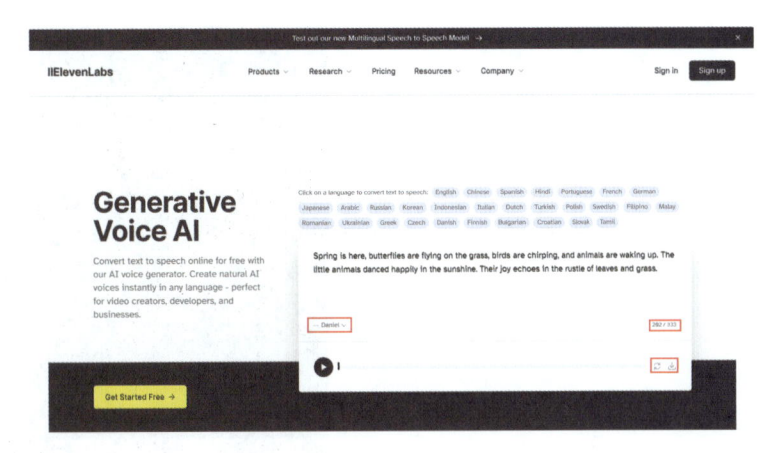

图 11-48　ElevenLabs 官网

图 11-49　导入音频

图 11-50　识别字幕

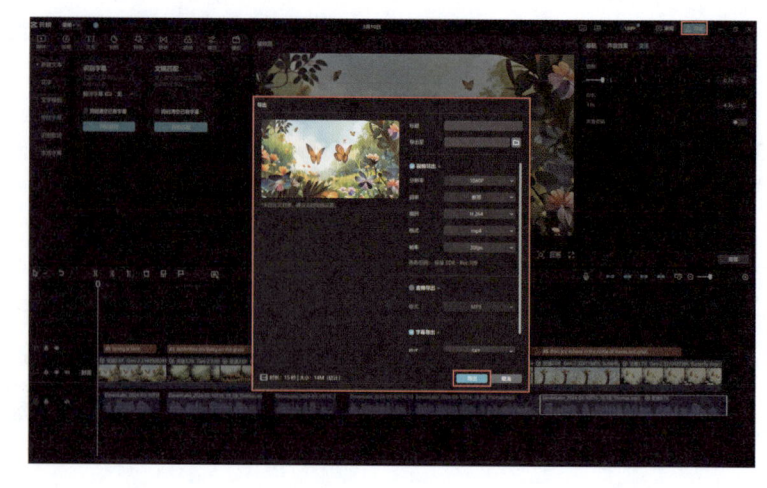

⑧ 画面内容调整完毕后，在界面右上角单击 导出，将修剪创作的视频导出，如图 11-51 所示。

图 11-51 导出视频

⑨ 案例视频最终效果展示截图如图 11-52～图 11-55 所示。

图 11-52 视频画面（1）

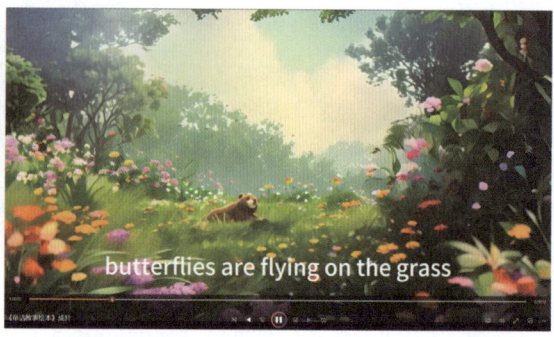

图 11-53 视频画面（2）

图 11-54 视频画面（3）

图 11-55 视频画面（4）

第12章 香水广告

12.1 设计思路

设计思路主要分为三大步骤：通过 GPT 确认设计需求，用 Runway 生成动图视频，最后再统一导入到剪映等工具进行剪辑。

12.2 ChatGPT 生成脚本

① 通过 ChatGPT 确认需求，以 4.0 为例，如图 12-1 所示，左上角可以切换模式。

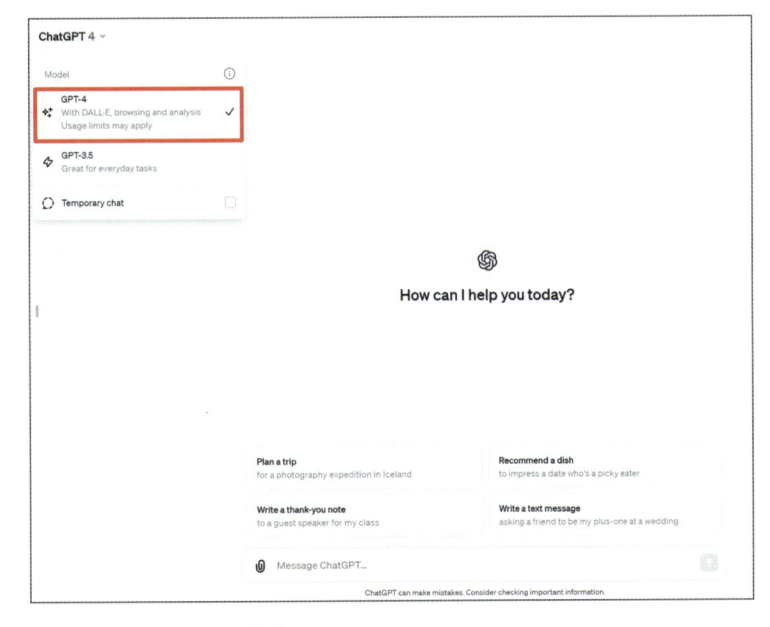

图 12-1 ChatGPT 工作台

② 输入栏直接发送设计需求，如图 12-2 所示。

图 12-2 输入设计需求

③ 发送内容后，对话框会显示提示词，如图12-3所示。

④ 发送内容范本，修改内容的格式，如图12-4所示。

prompt

图片1：城市天际线

画面描述：镜头快速推进，穿越一座现代化的城市天际线，在夕阳的余晖中，高楼映衬着橘红色的天空。

英文描述：The camera quickly moves through a modern city skyline bathed in the glow of a setting sun, high-rises against an orange sky.

图片2：豪华客厅

画面描述：一个装饰豪华的客厅，一个男性模特（中性美感，西装革履）从门口走进来，手中拿着香水瓶。

英文描述：Cut to a luxuriously decorated living room, a male model（androgynous beauty，dressed in a suit）enters，holding a perfume bottle.

图片3：香水特写

画面描述：镜头拉近香水瓶，显示其独特设计和品牌标志。香水瓶放在一块黑色大理石桌上，背景是模糊的室内

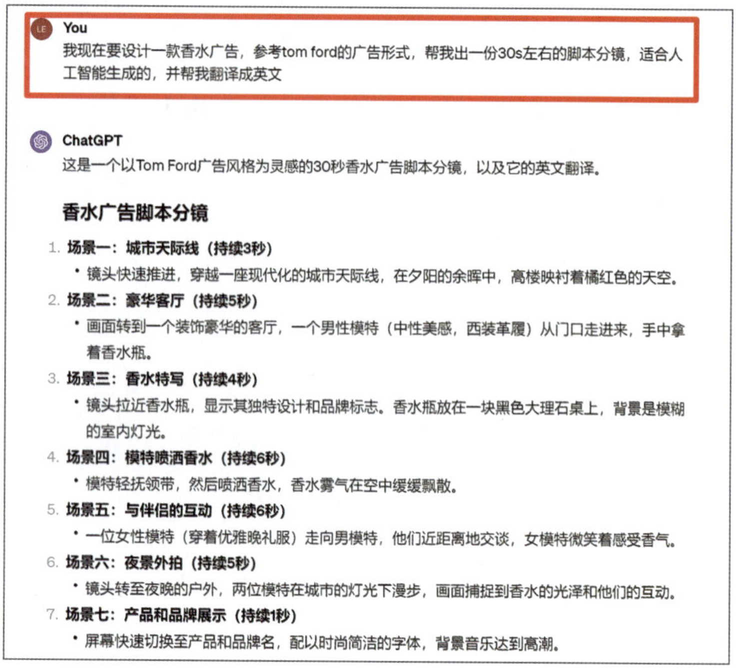

图 12-3　生成结果

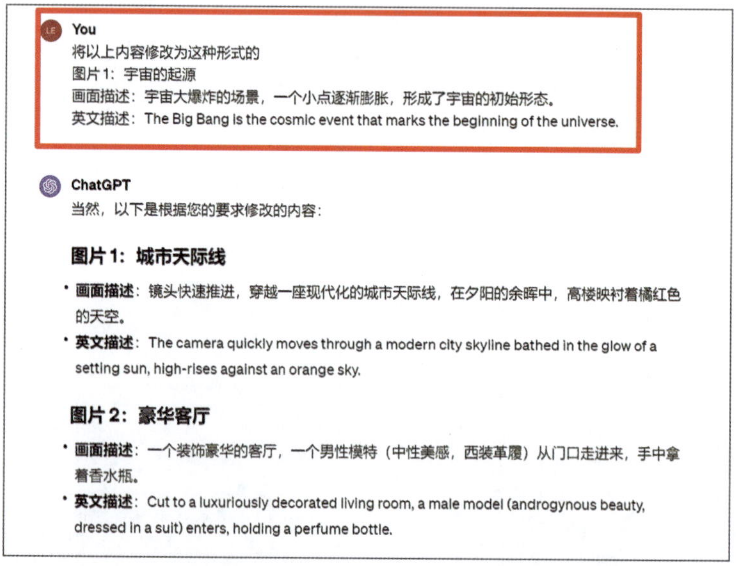

图 12-4　修改内容的格式

灯光。

英文描述：The camera zooms in on the perfume bottle，showcasing its unique design and branding. The bottle is placed on a black marble table，with blurred indoor lighting in the background.

图片 4：模特喷洒香水

画面描述：模特轻拂领带，然后喷洒香水，香水雾气在空中缓缓飘散。

英文描述：The model caresses his tie，then sprays the perfume，with the mist gently floating in the air.

图片 5：与伴侣的互动

画面描述：一位女模特（穿着优雅晚礼服）走向男模特，他们近距离地交谈，女模特微笑着感受香气。

英文描述：A female model（wearing an elegant evening gown）approaches the male model.They converse closely，with the female model smiling as she senses the fragrance.

图片 6：夜景外拍

画面描述：镜头转至夜晚的户外，两位模特在城市的灯光下漫步，画面捕捉到香水的光泽和他们的互动。

英文描述：The shot moves to an outdoor night scene，where the two models walk under city lights，capturing the sheen of the perfume and their interaction.

图片 7：产品和品牌展示

画面描述：屏幕快速切换至产品和品牌名，配以时尚简洁的字体，背景音乐达到高潮。

英文描述：The screen quickly shifts to the product and brand name，displayed in a stylish，minimalist font，climaxing with the background music.

12.3 Runway 文字生成视频

① 如图 12-5 所示，单击 "Text/Image to Video" 文字生成视频。

图 12-5　选择文字生成视频模式

② 输入文字，如图 12-6 所示。

③ 可以选择画面风格，之后单击右下角生成按钮，如图 12-7 所示。

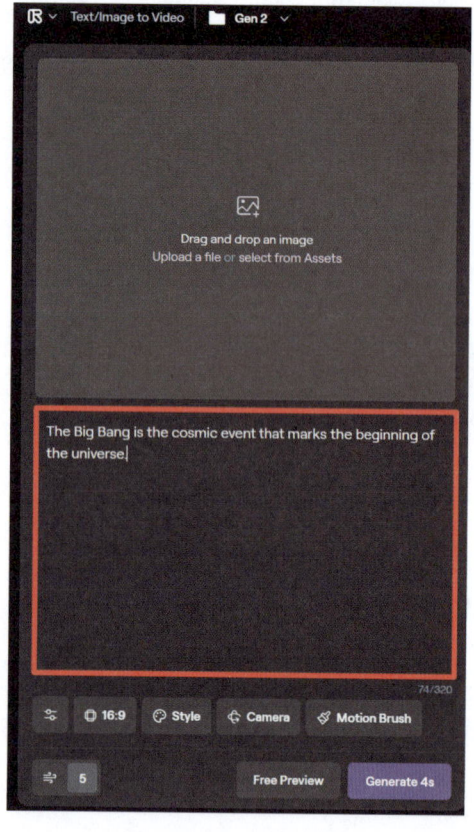

图 12-6　输入文字

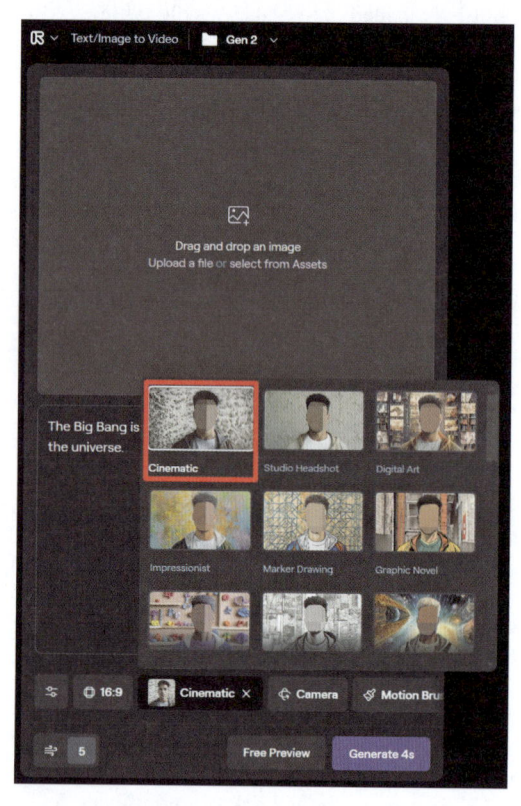

图 12-7　选择风格

④ Camera 可以选择画面速度，如图 12-8、图 12-9 所示。

图 12-8　设置相机运动

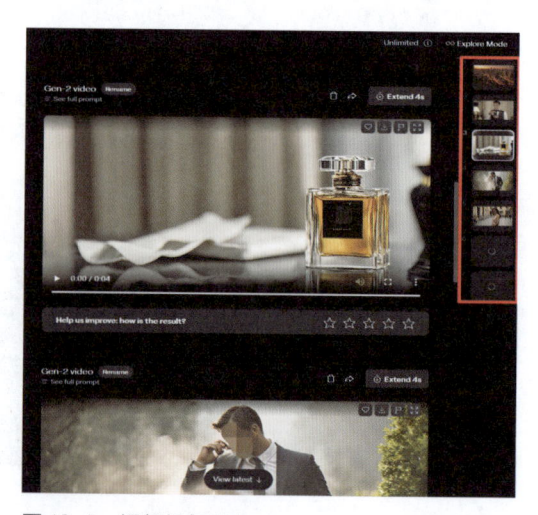

图 12-9　视频任务列表

⑤ 回到个人首页可以看到左侧导航栏，"All Assets"中可查看所有项目，如图12-10所示。

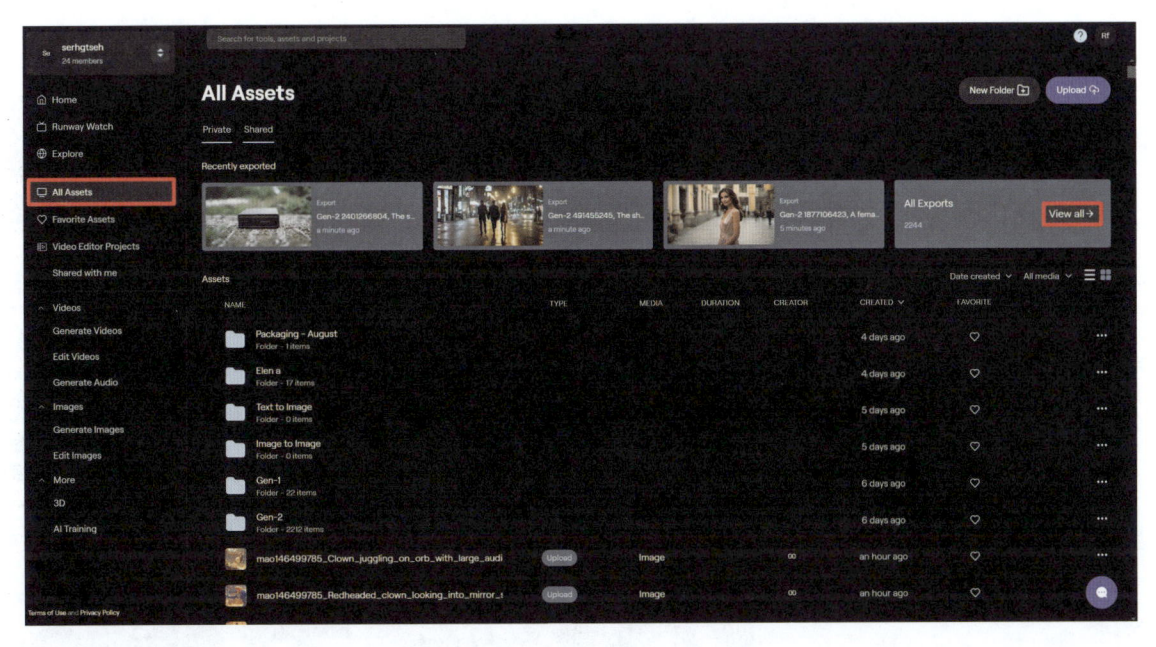

图12-10 全部资产

⑥ 可以批量选择后单击右键批量下载，如图12-11所示。

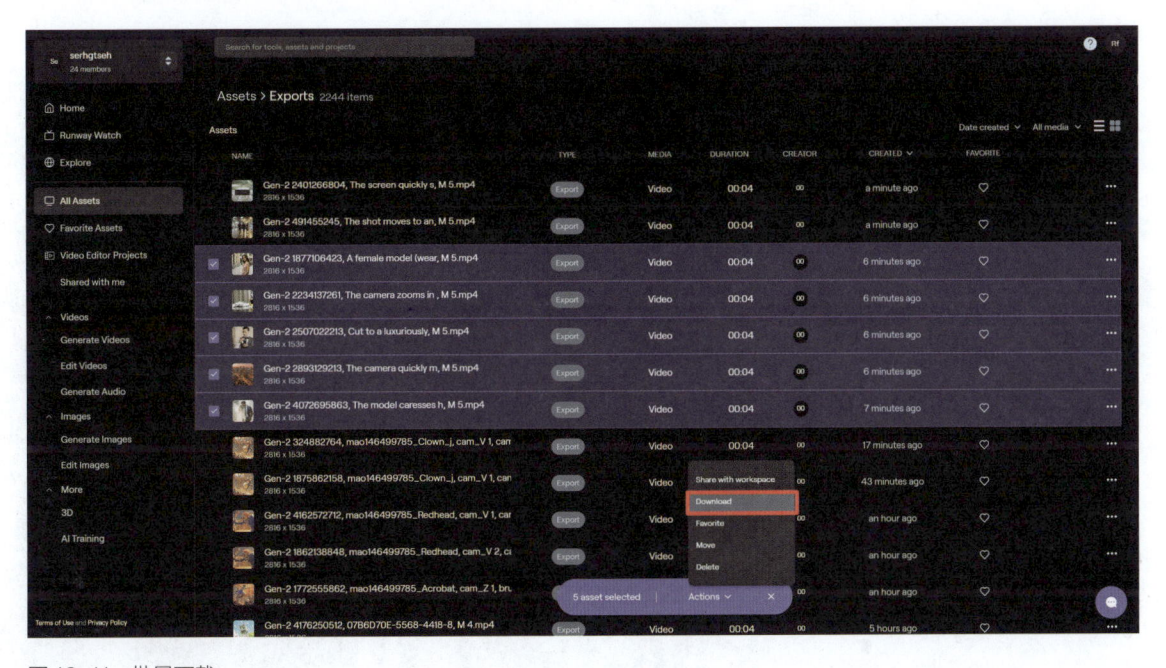

图12-11 批量下载

思路拓展

Runway 可同时进行多任务操作。需要查看全部视频的可以回到个人首页查看。

12.4 剪映剪辑视频

① 如图 12-12 所示，导航栏选择"剪同款"，之后单击右上角"一键成片"。

② 如图 12-13 所示，选择好素材，单击右下角"下一步"。

图 12-12　一键成片

图 12-13　选择视频素材

③ 如图 12-14 所示，选中自己喜欢的模板参考，再单击右上角"导出"。

④ 导出完成，如图 12-15 所示。

⑤ 效果图展示，如图 12-16～图 12-18 所示。

图 12-14　选择模板

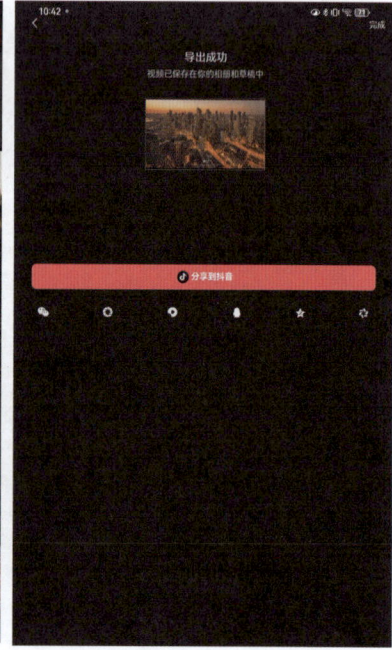

图 12-15　导出

图 12-16 视频画面（1）

图 12-17 视频画面（2）

图 12-18 视频画面（3）

149

第 3 篇

强化拔高篇

扫码获取本书配套资源

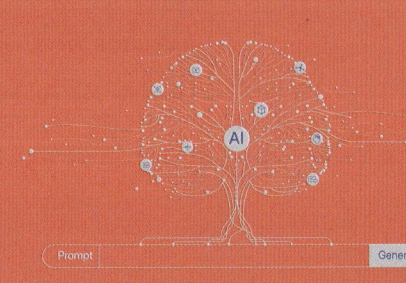

第 13 章　科幻短片：次元漫步预告片

13.1　Gemini AI 制作脚本

第一步，熟知我们的主题。我们要制作的视频为科幻主题的预告片，因此需要一个进行视频创作的科幻主题预告片脚本。视频脚本的制作可以利用文本 AI——Gemini AI 进行生成，其官网如图 13-1 所示。

首先打开 Gemini AI 主页面，单击对话框，确定视频长度为 40s，输入脚本的初步设定，撰写脚本的想法为"Take on the role of a video producer and write a 40-second script for a Hollywood-style sci-fi movie trailer"，翻译成中文的内容是"扮演视频制作人，为好莱坞风格的科幻电影预告片撰写 40 秒的脚本"，最后把想法输入对话框内，单击回车键发送，最后得到的结果如图 13-2～图 13-5 所示。

思路拓展

在使用 Gemini AI 生成脚本时，若是对生成的脚本草稿不满意，点开 Gemini AI 回答右上方 显示草稿 按钮，可以查看与此答案不同的其他草稿

图 13-1　Gemini AI 官网

图 13-2　输入脚本的初步设定

图 13-3　英文脚本提示词

NARRATOR: Deep in the cosmos, a mystery beckons... Vesta.

[Epic shot of galaxies and planets]

NARRATOR: Alex, a fearless explorer, seeks to unlock the planet's secrets.

[Alex in action, wielding advanced space gear]

NARRATOR: Armed with cutting-edge tech, he pilots his ship towards the unknown.

[The ship violently enters an energy field, sparks flying]

图 13-4　生成内容（1）

152

版本，不满意或者想重新生成可单击右侧的 ↻ 重新生成按钮。回答的最下端 ✎ 修改回答按钮，也可以提供不同的修改风格：简短一点、详尽一点、简单一点、轻松一点。读者可根据需求修改。

13.2 Midjourney 生成图像

① 得到 Gemini AI 生成的结果后，利用生成的脚本结果选取分镜头一进行复制，作为提示词进行分镜头一的图片生成，随后打开 Midjourney 的主页面，选取左边的服务器，单击对话框，输入 /imagine prompt 把复制好的脚本分镜头一，粘贴到对话框内，单击发送键（发送指令）生成图片，如图 13-6 所示。

② 发送命令后，等待若干分钟，即可得到 4 张根据命令生成的图片，我们选择一张符合脚本描述的图片，单击第一排 U 放大按钮，选取合适的照片放大查看细节，效果满意即可单击图片，然后单击鼠标右键进行保存，如图 13-7～图 13-9 所示。

NARRATOR: But an unforeseen force throws him into an interdimensional abyss!

[Glimpses of fantastical creatures and strange energies]

NARRATOR: Here, Alex faces unimaginable dangers and challenges that test his very limits.

[Fast-paced montage: exhilarating battles, mind-bending chases, and explosive escapes]

NARRATOR: Engage in thrilling battles, chase speeds defying imagination, and explore the vastness of another dimension.

[Alex stands at the edge of the interdimensional space, gazing into the unknown with unwavering determination]

NARRATOR: Will Alex uncover the truth? Or will he be lost forever?

[Title card: "VESTA" fades in with a bold, futuristic font]

[Release date and studio logo appear below]

[Music fades out]

图 13-5　生成内容（2）

图 13-6　在 Midjourney 中输入提示词

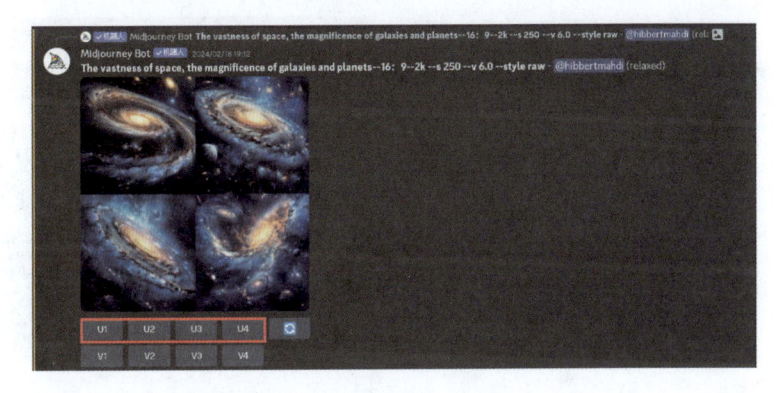

图 13-7　增强画质（分镜头一）

思路拓展

在生成分镜头图片时，为了使图片更符合横屏播放的比例16：9，可以在放大图片后，选择左右扩展的选项，把图片扩展成符合横屏播放的比例。

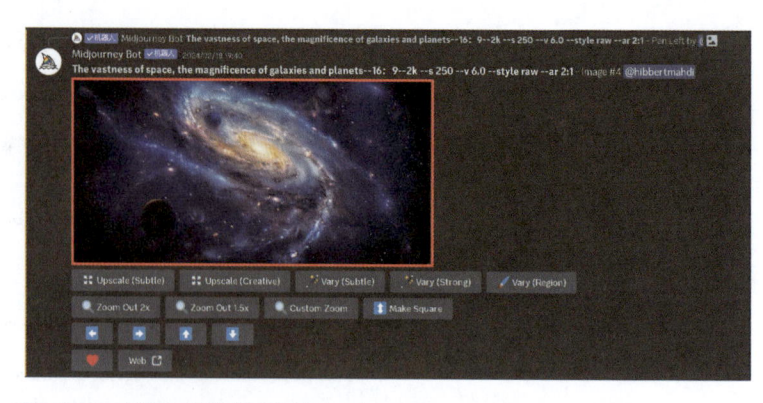

图13-8 增强画质完毕（分镜头一）

③ 选取保存好第一个分镜头的图片后，根据生成的脚本内容，选取分镜头二的内容作为提示词生成第二个分镜头图片，第二个分镜头的内容是"A man walks into a spaceship with advanced space exploration gear in hand"，它的中文意思是"一名男子手持先进的太空探索设备走进飞船"。把该内容复制粘贴到对话框内，单击发送键，发送命令生成图片，等待若干分钟后即可得到根据关键词生成的图片，如图13-10所示。

图13-9 下载图片（分镜头一）

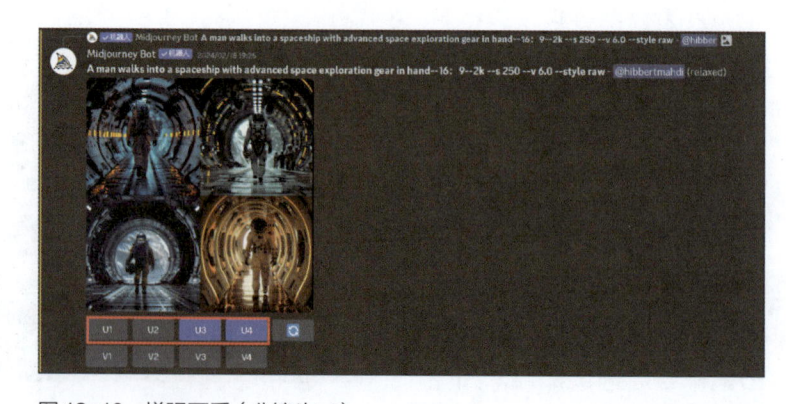

图13-10 增强画质（分镜头二）

④ 选择合适的图片单独放大查看细节，人物、图片没有出现异常后，即可单击鼠标右键保存，后续的分镜头生成和保存的步骤依照以上步骤进行，如图 13-11、图 13-12 所示。

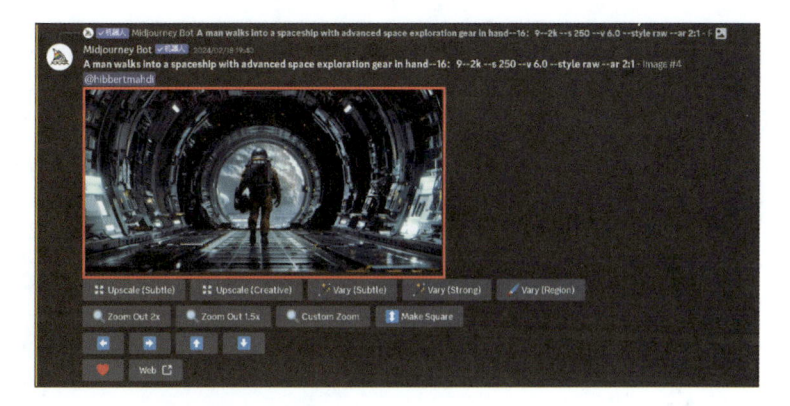

图 13-11 增强画质完毕（分镜头二）

图 13-12 下载图片（分镜头二）

⑤ 第三个分镜头需要表现主人公驾驶飞船穿越次元时遇到危险，它的内容是"The ship is sucked into an energy field, with lightning and energy fluctuations intertwined"。它的中文意思是"飞船被吸入一个能量场，闪电和能量波动交织在一起"。以此作为关键词输入对话框中，生成第三个分镜头的图片，等待若干分钟 Midjourney 即会生成 4 张图片，如图 13-13 所示。

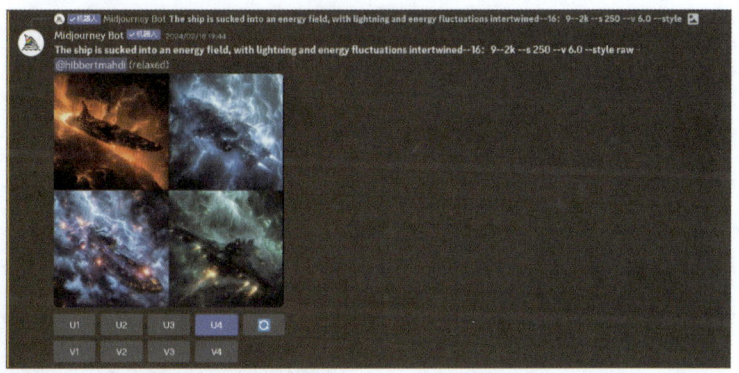

图 13-13 增强画质（分镜头三）

⑥ 在 4 张图片中选取符合脚本描述的图片，根据图片的序号单击第一排放大按钮 U，单独查看图片效果，效果满意即可单击图片，同时按鼠标右键保存图片，如图 13-14、图 13-15 所示。

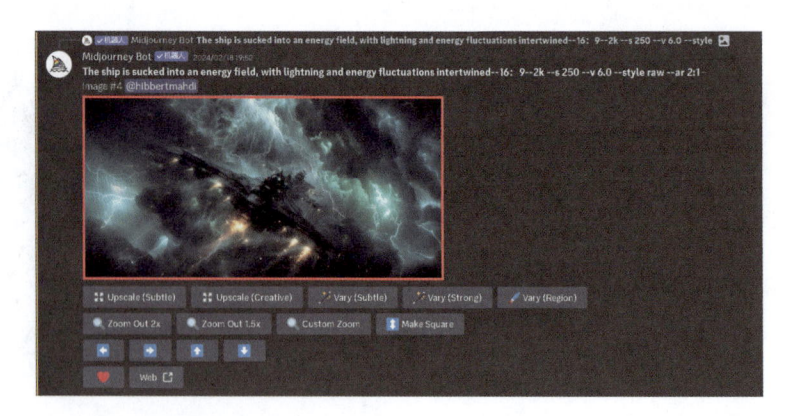

图 13-14 增强画质完毕（分镜头三）

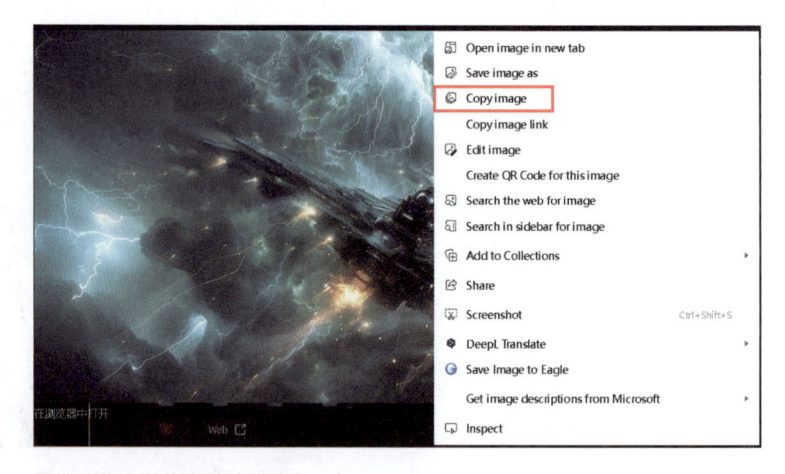

图 13-15 下载图片（分镜头三）

⑦ 后续根据脚本内容生成的图片，依照此步骤一一进行保存，最终得到如图 13-16～图 13-22 所示的图片。

图 13-16 画面（1）

图13-17 画面（2）

图13-18 画面（3）

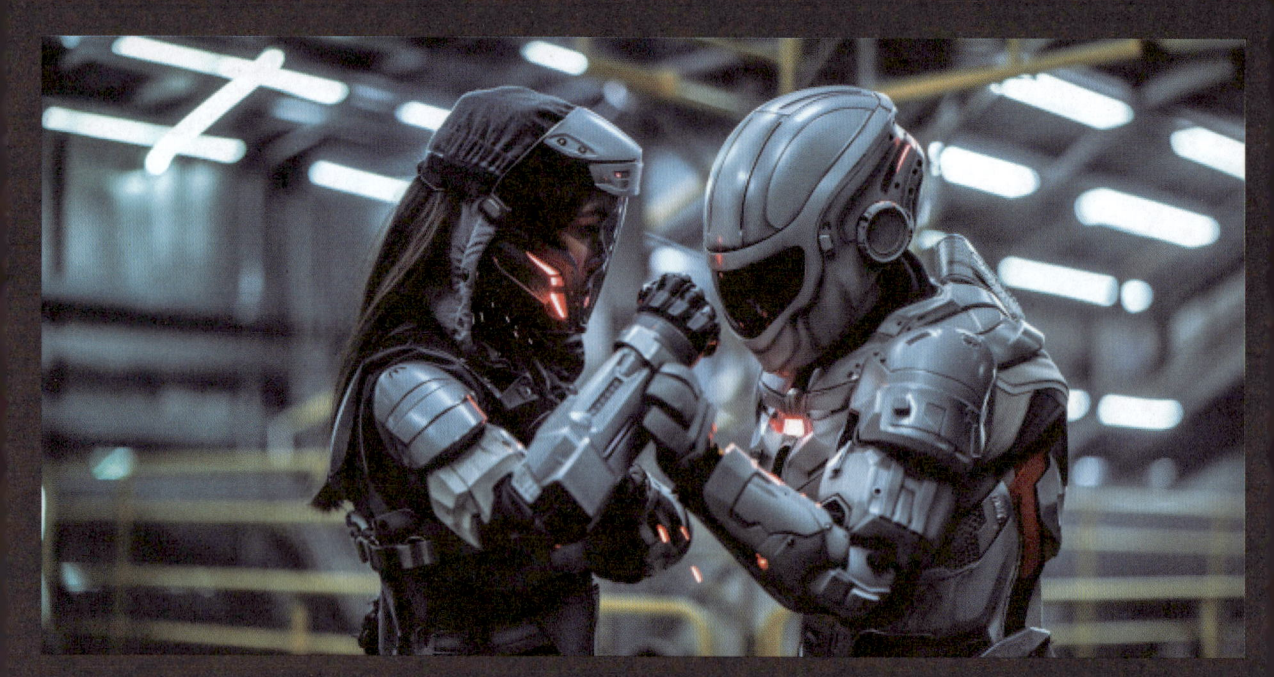

图13-19 画面(4)

图13-20 画面(5)

图13-21 画面（6）

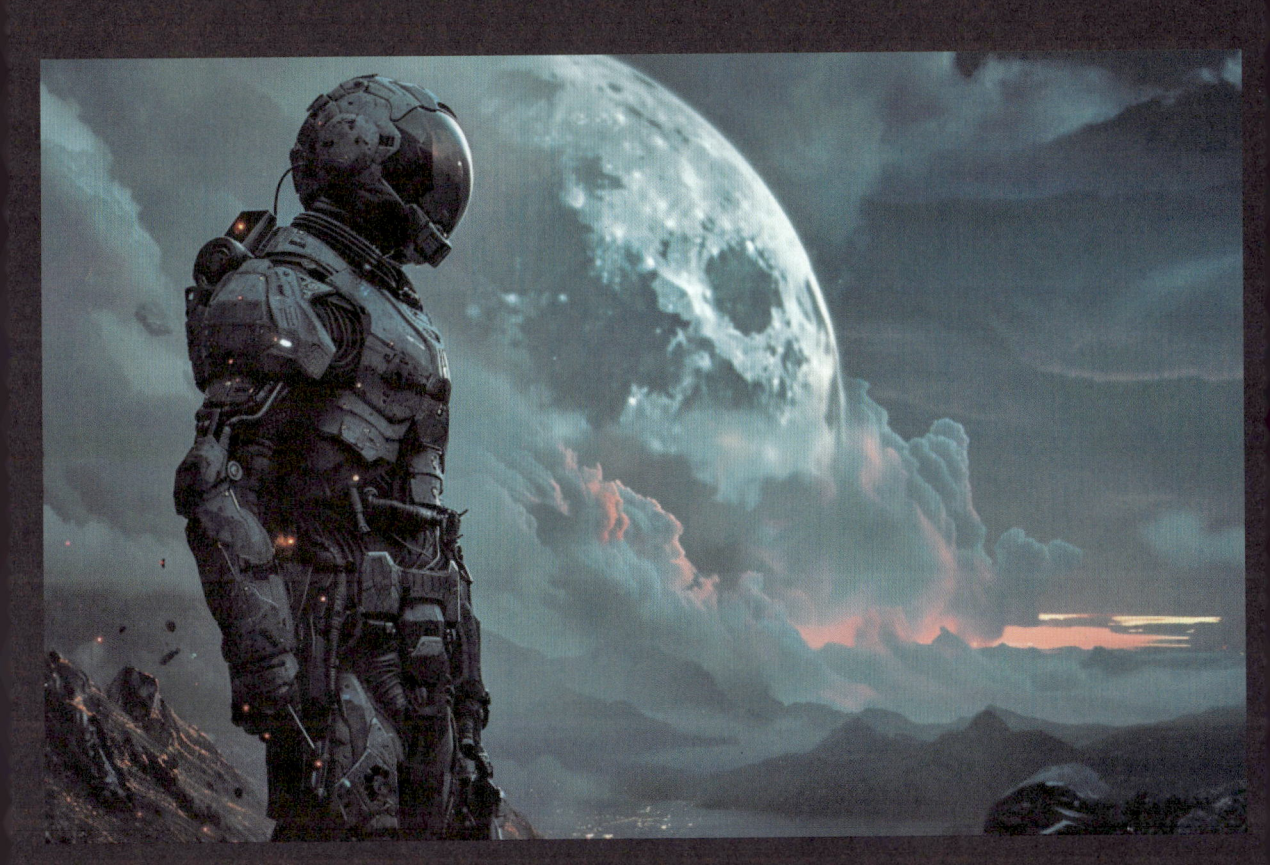

图13-22 画面（7）

思路拓展

由于 Midjoumey 每次生成的图片都是随机的，因此想要视频画面连贯，我们可以通过图生图的模式进行图片的生成，使画面保持一定的连贯性。具体的操作方法是：复制图片到对话框内并上传，等待若干分钟后，上传成功，单击图片，单击进入浏览器中浏览，随后复制图片地址粘贴到对话框，在输入关键词后单击发送就可以以图生图了。

13.3　Topaz Photo AI 提升图像画质

① 脚本图片生成完毕后，我们打开图片增强软件 Topaz Photo AI，随后把生成好的图片拖进软件主页面中，等待若干分钟，软件会自动增强图片画质，如图 13-23、图 13-24 所示。

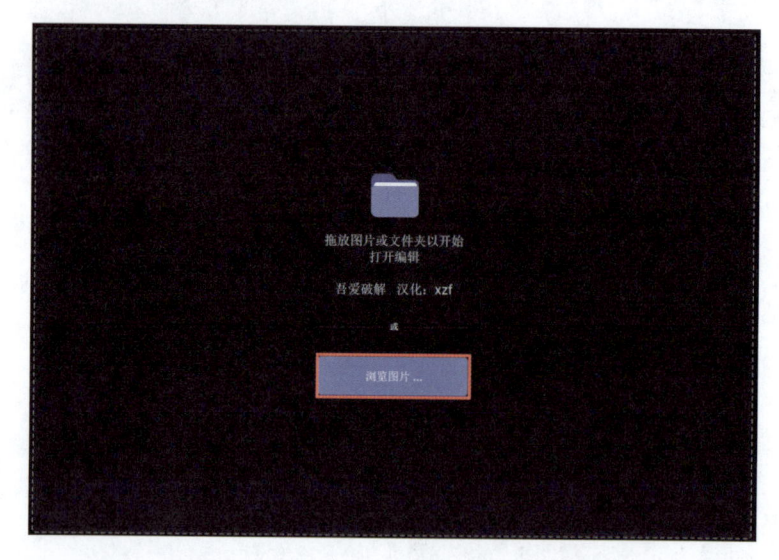

图 13-23　导入图片

图 13-24　升级画质

② 等待片刻，图片增强完毕后，滑动鼠标滚轮放大查看放大前后的区别，可以看到右边增强后会明显比左边清晰许多，接下来对比图片是否有增强后删减重要细节等情况发生，若是没有，则单击右下角保存即可，如图13-25、图13-26所示。

③ 单击保存按钮跳转到下载界面后，在界面的右边，我们可以修改保存位置，方便后续生成视频等操作，保存好第一张图片后，单击右下角的关闭窗口按钮退出，如图13-27、图13-28所示。

④ 接下来进行后续图片的增强，与刚才操作一致，我们把第二张图片拖进主页面中，等软件增强完图片后，单击右下角保存，后续图片依照此步骤进行，最后得到增强图片，如图13-29所示。

图 13-25　细节对比

图 13-26　导出图片

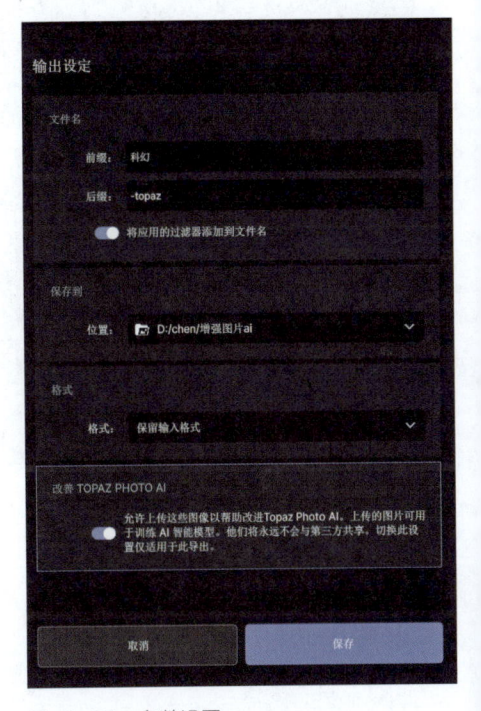

图 13-27　参数设置

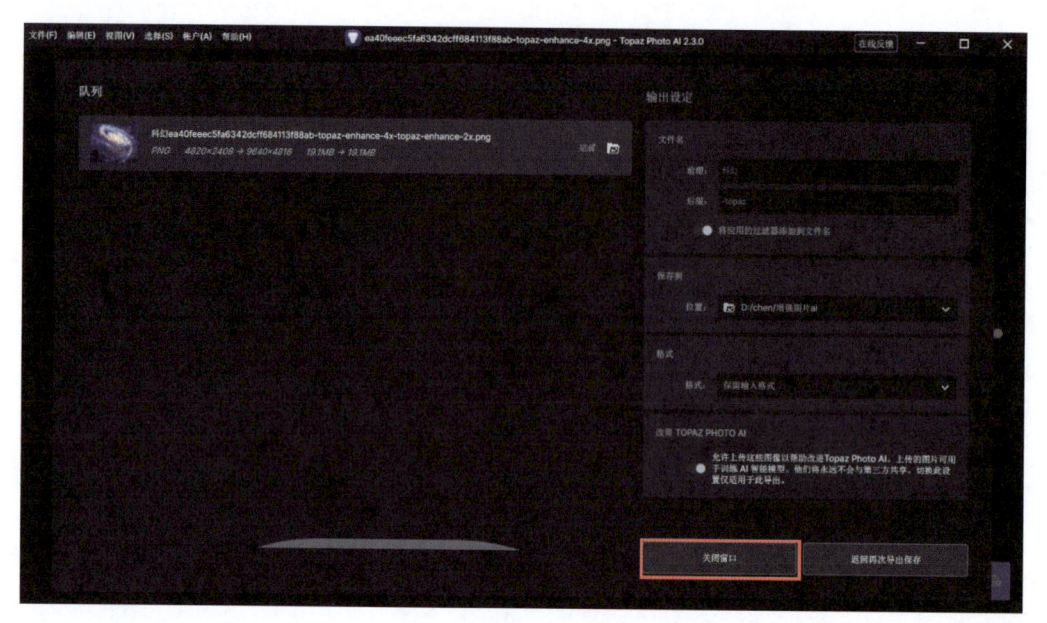

图 13-28　关闭窗口

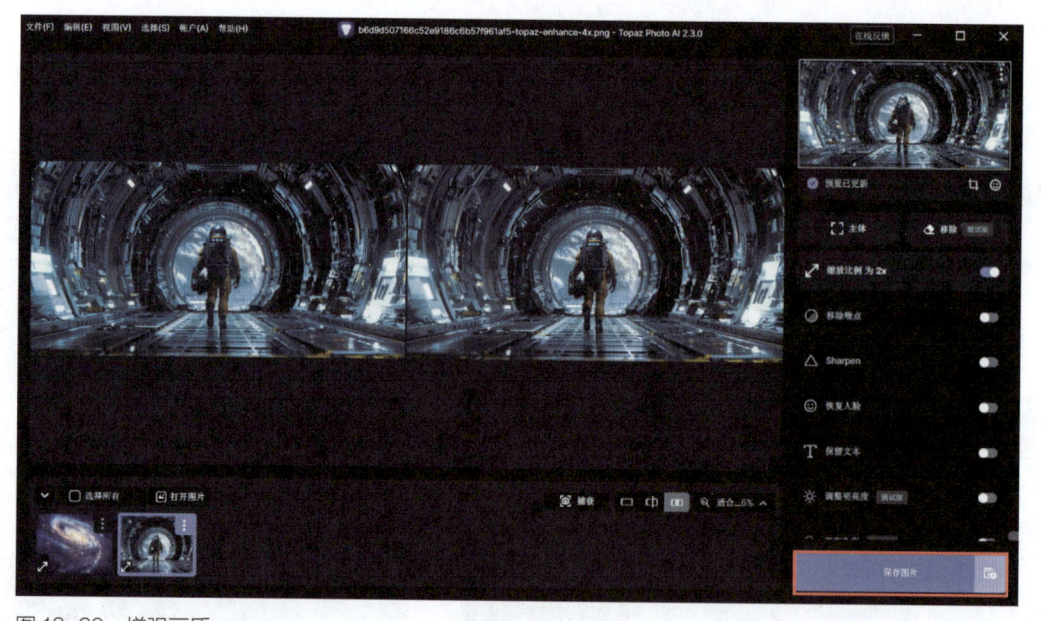

图 13-29　增强画质

思路拓展

在使用 Topaz Photo AI 时需要注意的是，软件增强图片是根据图片的初始分辨率进行增强的，增强后图片的分辨率为软件推荐的最适合的分辨率，若是强行拉高分辨率增强画质，会降低图片的质量，磨削图片的细节。

13.4 Runway 生成视频

① 这一步我们用增强的图片生成视频，打开 Runway 的主页面，单击"Start with Image"，进入图片生成视频模式，如图 13-30 所示。

② 随后单击虚线框导入增强好的图片或者拖动图片到虚线框内，单击"Generate 4s"，生成视频，如图 13-31、图 13-32 所示。

③ 等待若干分钟，视频加载完毕后，单击播放查看效果，效果满意即可单击右上角的下载按钮，下载导出的视频，如图 13-33 所示。

思路拓展

查看视频效果不满意时，可以进行第二次设置，在虚线框下，找到"Camera Motion"（运动相机）按钮，单击即可开始利用不同的工具组对镜头不同方向的运镜参数进行调整。

④ 接下来进行第二个分镜头视频生成，第二个分镜头需要表现一个星球在画面中缓缓转动，因此视频画面不需要有过强的运动，我们可以在页面左下角找到"General

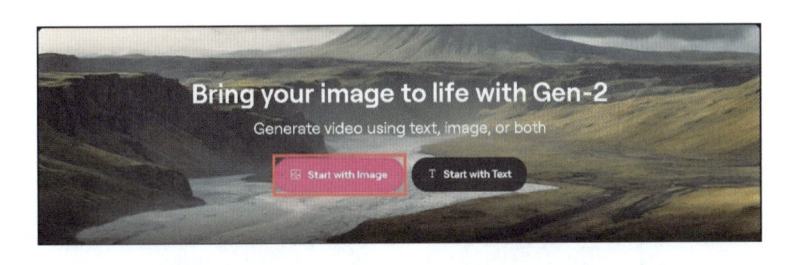

图 13-30　Runway 主页面

图 13-31　图片生成视频模式

图 13-32　上传图片

图 13-33　下载视频

Motion"按钮，调整数值到 3，这样可以减少视频生成画面的运动强度，随后单击"Generate 4s"，生成视频，如图 13-34 所示。

⑤ 等待若干分钟，视频加载完毕后，单击播放按钮查看视频生成效果，若达到脚本需求，则可以单击视频的右上角下载按钮进行下载，如图 13-35 所示。

图 13-34　整体运动模式　　　图 13-35　下载视频

⑥ 到第三个分镜头时，我们把 General Motion 数值稍微调高到 6 或者 7，由于脚本第三个分镜头内容是"The ship violently enters an energy field，sparks flying"，翻译成中文的意思是"飞船猛烈地撞向一个能量场，火花四溅"，所以生成的视频画面的运动数值可以调高一点，比较符合脚本需求，数值调整完毕后，单击"Generate 4s"，生成第三个分镜头，等待片刻，视频加载完成，单击播放查看视频效果，如图 13-36 所示。

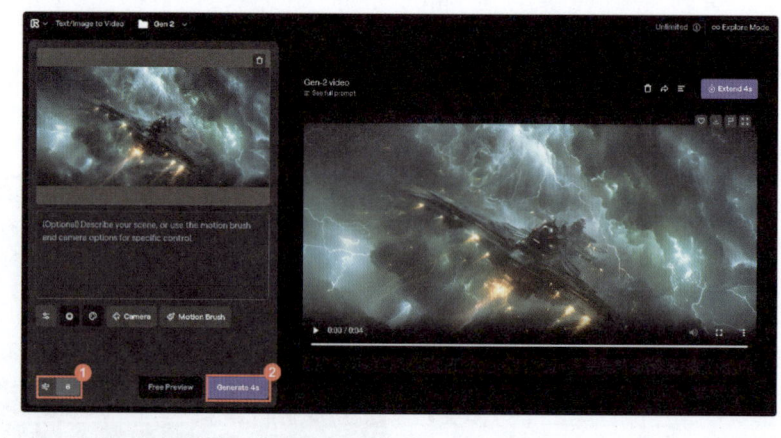

图 13-36　全局运动

⑦ 若视频生成没有出现失误，我们可以选择单击"Extend 4s"（扩展 4 秒）按钮将视频扩展到 8 秒，随后单击播放查看效果，效果满意即可单击右上角下载按钮保存，如图 13-37 所示。后续的视频生成依照 4 秒视频生成的步骤进行。

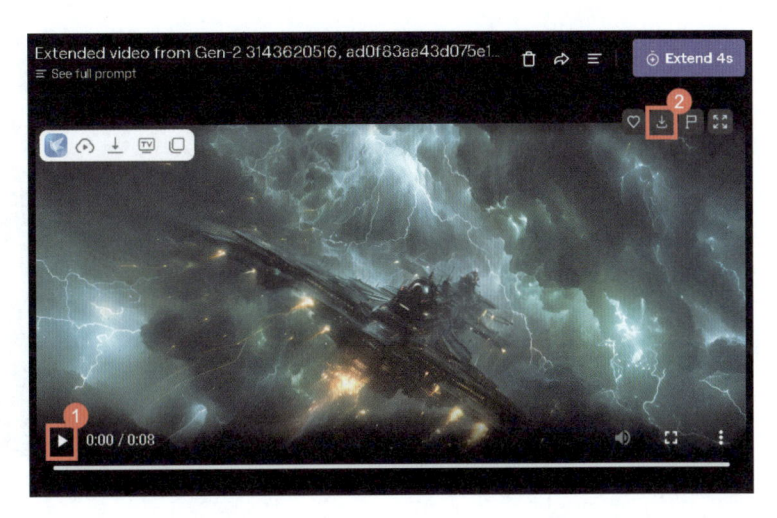

图 13-37　下载视频

13.5　Topaz Video AI 提升视频画质

所有分镜头的视频都用 Runway 生成完毕后，我们会使用 Topaz Video AI 增强视频的画质。

① 首先打开 Topaz Video AI 的主页面，单击"浏览"按钮，导入生成的视频，如图 13-38 所示。

② 等待若干分钟，视频导入完毕后，在主页面右侧的右下角找到"增强 AI"，单击添加增强 AI 模型，如图 13-39 所示。

③ 接下来单击窗口 2 下面的"Preview（5s）"按钮，应用增强 AI 模型，等待若干分钟后即

图 13-38　导入视频

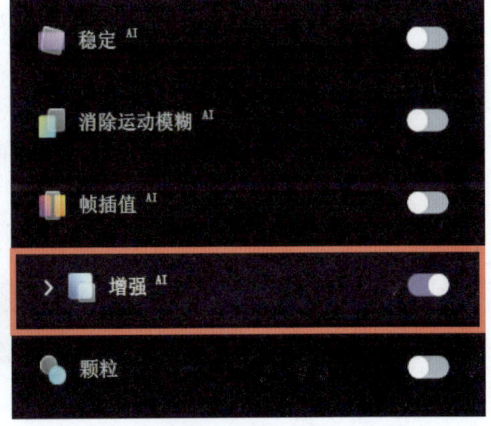

图 13-39　增强 AI 模式

可查看增强后的效果，后续视频增强依照以上步骤一一进行，查看效果满意后即可进行后续剪辑的步骤，如图13-40所示。

思路拓展

在 Topaz Video AI 的增强 AI 中有很多针对不同视频内容的 AI 模型，在增强不同视频画面时，可根据需要更改 AI 模型。

图13-40　导出结果

13.6　剪映剪辑视频

这一步进行最后的视频剪辑，我们选择使用剪映 App 进行剪辑。

① 首先，打开剪映 App 单击"开始创作"按钮等待片刻就会进入视频剪辑页面，随后开始准备视频剪辑，如图 13-41 所示。

② 在进入剪辑页面后，我们可以单击页面左侧的导入按钮，导入增强后的视频，将视频全部导入完成后，便可把视频按脚本顺序拖入时间轴中，如图 13-42、图 13-43 所示。

③ 先生成视频的背景音乐。在剪辑页面的左上角选择"音频"选项，根据视频的类型，在搜索框输入主题类型的关键词：预告片。在下方音乐中选择符合时长要求的背景音乐，单击加号添加，如图 13-44 所示。

图13-41　"开始创作"按钮

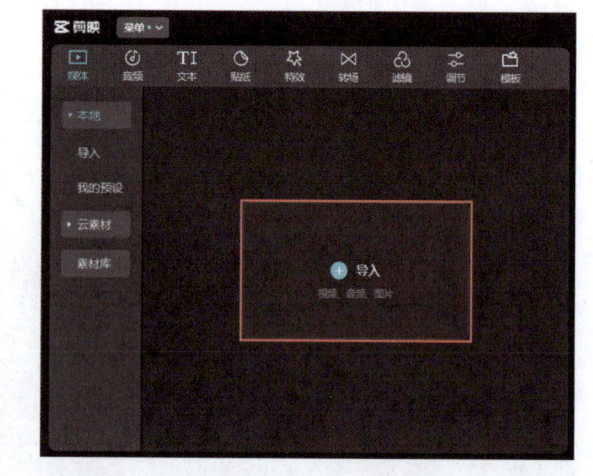

图13-42　导入素材

图 13-43　素材放入时间轴　　　　　　　　　　图 13-44　音频面板

④ 为了让视频更像预告片，单击下方添加的背景音乐，在时间轴的上方选择 AI 踩点，选择"踩节拍 1"，稍等片刻，踩点加载完毕，即可根据踩点点位进行卡点转场，如图 13-45 所示。

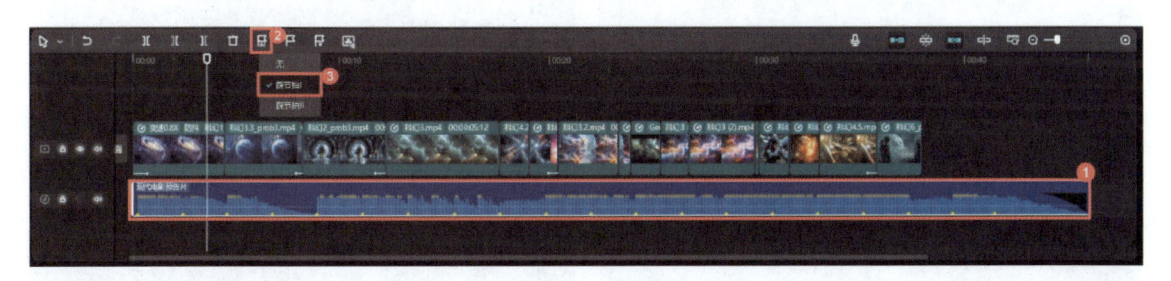

图 13-45　添加背景音乐

思路拓展

需要注意的是，AI 踩点有时会出现没有踩到准确位置或者少踩点的情况，这时就需要手动添加或者选择其他选项。同时，踩点的精确性至关重要，需要仔细听音乐中的每一个节拍，确保视频切换或重要画面出现的时刻与音乐的节拍精确对齐。这可能需要多次尝试和调整，以达到最佳效果。

⑤ 接下来进行字幕的添加。在添加字幕前，可以在一些剧情的转场前添加一些黑场，随后单击这些黑场，在剪辑页面的左上角选择"文本"选项，单击"添加字幕"，如图 13-46 所示。

⑥ 随后单击添加的字幕，在页面的右上角开始字幕的编辑，选择

图 13-46　添加文字

脚本旁白进行精简缩短，随后复制粘贴到文本框内，编辑好后，单击播放查看效果，效果满意，后续字幕即可依照此步骤一一进行添加，如图13-47所示。

⑦ 案例视频最终效果图如图13-48～图13-51所示。

图 13-47　修改字体样式

图 13-48　视频画面（1）

图 13-49　视频画面（2）

图 13-50　视频画面（3）

图 13-51　视频画面（4）

第 14 章　儿童动态绘本：猴子捞月

14.1　文心一言设计创意脚本

首先，我们会用到文心一言这个工具来对我们的《猴子捞月》儿童动态绘本案例的脚本进行生成。在文心一言的主界面单击对话框，与文心一言对话进行视频脚本的生成，然后单击鼠标右键对生成的脚本进行复制，根据需要可以进行多次提问，视频内容的部分可用来生成 AI 绘图，配音 / 文字描述和背景音乐 / 效果部分可被应用于后续的剪辑中，如图 14-1～图 14-3 所示。

图 14-1　文心一言工作台

图 14-2　提出需求

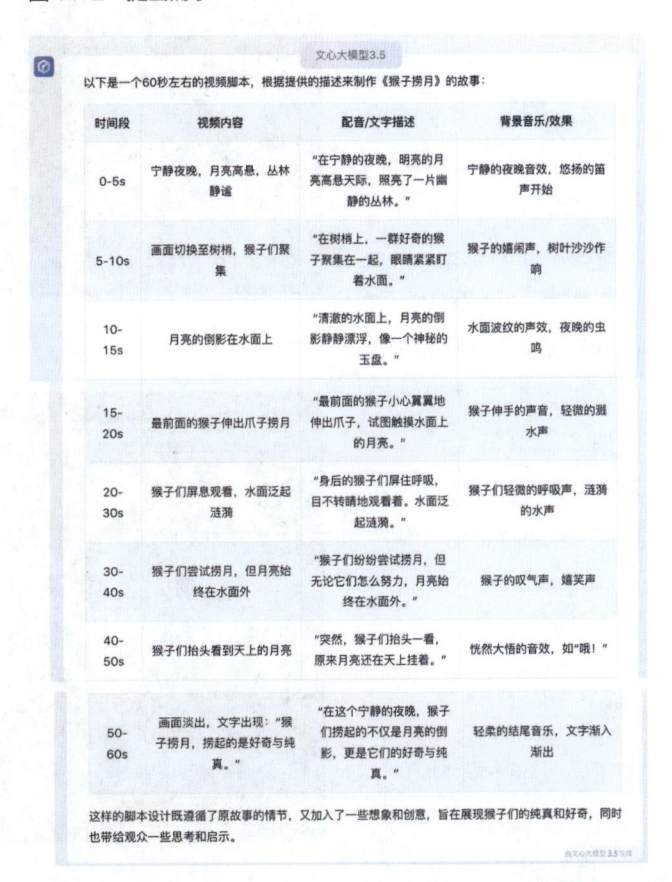

图 14-3　生成结果

14.2 ChatGPT 提取绘本画面提示词

进入 DeepL 进行翻译，鼠标右键单击选择的视频内容脚本进行复制，粘贴在 DeepL 的对话框中进行翻译（中文翻译成英文），然后框选翻译好的分镜头或分场景进行复制，如图 14-4 所示。

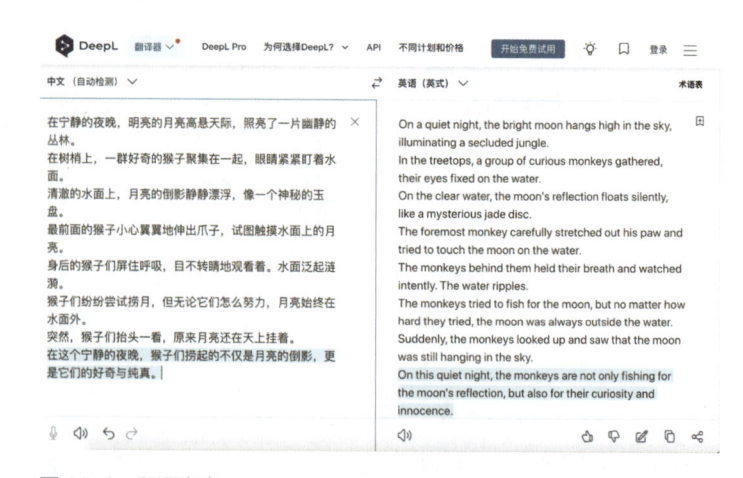

图 14-4　翻译脚本

14.3 Midjourney 设定风格和模式

接下来，打开 Midjourney 主页面，单击主页面左侧的服务器，选择"midjourney bot"或者"nijijourney bot"风格，单击对话框，在对话框输入"/imagine prompt"后，把复制的翻译好的分镜头或分场景脚本（最好是可以代表整个故事最全面的场景脚本）作为提示词粘贴到对话框内，也可以根据画面在脚本的基础上添加一些限定词汇，单击键盘的回车键（发送指令）进行生成，多次尝试，选择适合的绘画风格，这里分别尝试"midjourney bot"和"nijijourney bot"风格，如图 14-5、图 14-6 所示。

思路拓展

注意，第一次登录 Midjourney 没有专属服务器的读者，需要单击左下角■按钮，创建一个

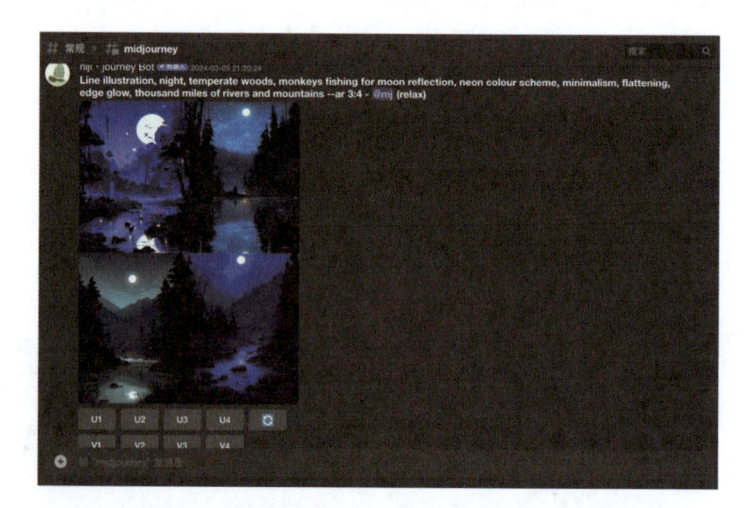

图 14-5　使用 nijijourney 风格

图 14-6　生成备选方案

专属自己的服务器和输入邀请链接添加绘画机器人，才能输入指令开始绘画。

绘画机器人会根据提示词生成 4 张图，选择符合脚本描述的绘图，单击 U 进行放大或者 V 进行修改，按钮 🔄 为重新生成，选择合适的图单击 U 进行放大，随后单击图片，按鼠标右键进行复制或保存，如图 14-7 所示。

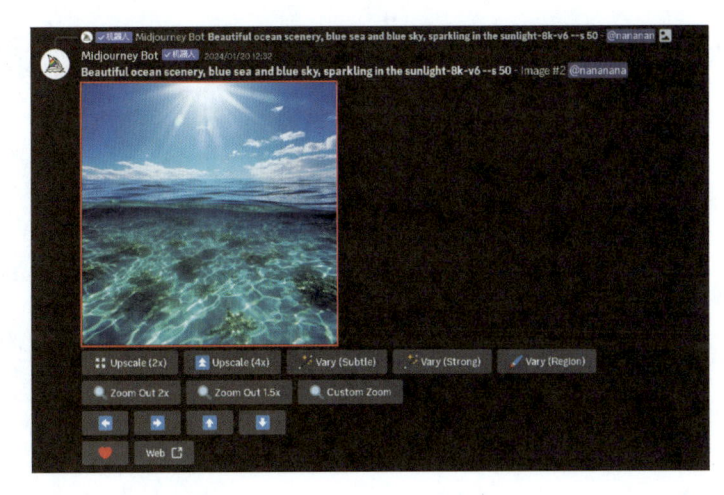

图 14-7　升级画质

思路拓展

在对生成的图片进行保存时可以采取多种形式，如复制图片链接进行下载、直接保存或者复制，不同的形式可能会产生不一样的图片效果。

14.4　Midjourney 生成绘本图与优化提示词

根据第一张图的风格生成剩余的分镜头（同一风格），这里使用垫图功能做示例整体概说。选择挑选好的一张图作为母图，在浏览器打开图片并复制图片地址，把图片地址输入到 Midjourney 下属的 imagine 对话框内，空一格，再把翻译好的分镜头脚本复制粘贴到 Midjourney 的对话框内，最后添加控制画风、画面效果、场景和人物/动物的关键词，例如在这里的关键词是"线条插画，夜间，温带树林，猴子们，月亮倒影，霓虹配色，极简主义，扁平化，边缘发光，千里江山图（使用 deepl 翻译为：line illustration, night, temperate woods, monkeys, moon reflection, neon colour scheme, minimalism, flattening, edge glow, thousand miles of rivers and mountains）"。单击键盘的回车键发送，绘画机器人生成图片后，选择符合案例视频所需的图片保存，作为我们的分镜头。如果未得到符合要求的图片，可以单击重新生成按钮多次尝试，选择适合分镜头脚本主题的画面，如图 14-8 所示。

思路拓展

根据脚本生成同风格不同主题或内容的图片时，我们可以截取一部分提示词或增加提示词进行生成，截取一部分固定提示词进行生成时，可以让绘画机器人更加明确地生成图片，而增加提示词生成不同内容或主题的图片可以增加视频的丰富度，形成连贯的故事。

① 下面进行第一个分镜头的生成。使用垫图功能，选择挑选好的母图，在浏览器打开图片并复制图片地址，把图片地址粘贴到 Midjourney 下属的 imagine 对话框内，空一格，再把翻译好的第一个分镜头脚本"在宁静的夜晚，明亮的月亮高悬天际，照亮了一片幽静的丛林。"（使用 deepl 翻译为"On a quiet night, the bright moon hangs high in the sky, illuminating a secluded jungle."）复制粘贴到 Midjourney 的对话框内，最后添加控制画风、画面效果、场景和人物/动物的关键词，例如在这里的关键词是"线条插画，夜间，温带树林，月亮倒影，霓虹配色，极简主义，扁平化，边缘发光，千里江山图"（使用

图 14-8 提示词

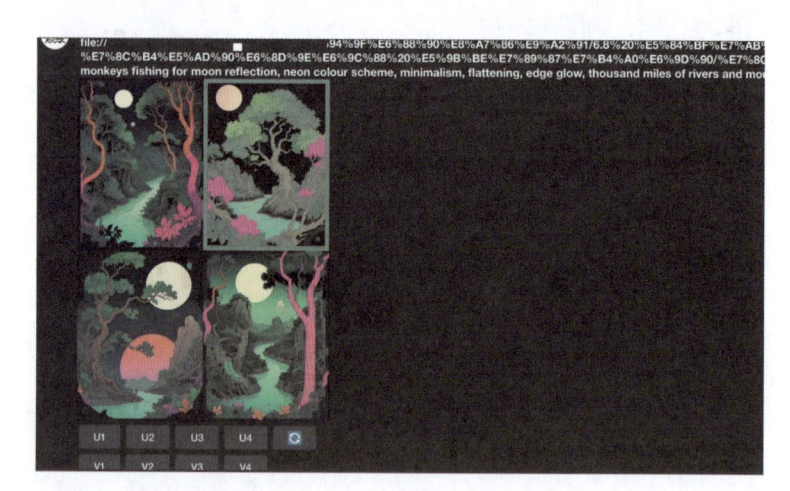

图 14-9 选择备选方案

deepl 翻译为"line illustration, night, temperate woods, moon reflection, neon colour scheme, minimalism, flattening, edge glow, thousand miles of rivers and mountains"）。单击键盘的回车键发送，绘画机器人生成图片后，选择符合案例视频所需的图片保存，作为我们的分镜头。如果未得到符合要求的图片，可以单击重新生成按钮多次尝试，选择适合分镜头脚本主题的画面，如图 14-9 所示。

② 生成第二个分镜头画面。使用垫图功能，选择挑选好的母图，在浏览器打开图片地址，把图片地址粘贴到 Midjourney 下属的 imagine 对话框内，空一格，再把翻译好的分镜头脚本"在树梢上，一群好奇的猴子聚集在一起，眼睛紧紧盯着水面。"（使用 deepl 翻译为"In the treetops, a group of curious monkeys gathered, their eyes fixed on the water."）复制粘贴到 Midjourney 的对话框内，最后添加控制画风、画面效果、场景和人物/动物的关键词，例如在这里的关键词是"线条插画，夜间，温带树林，猴子们，月亮倒影，霓虹配色，极简主义，扁平化，边缘发光，千里江山图"（使用 deepl 翻译为"line illustration, night, temperate woods, monkeys, moon reflection, neon colour scheme, minimalism, flattening, edge glow, thousand miles of rivers and mountains"）。单击键盘的回车键发送，绘画机器人生成图片后，选择符合案例视频所需的图片保存，作为我们的分镜头。如果未得到符合要求的图片，可以单击重新生成按钮多次尝试，选择适合分镜头脚本主题的画面，如图14-10所示。

③ 生成第三个分镜头画面。使用垫图功能，选择挑选好的母图，在浏览器打开图片并复制图片地址，把图片地址粘贴到Midjourney下属的imagine对话框内，空一格，再把翻译好的分镜头脚本"清澈的水面上，月亮的倒影静静漂浮，像一个神秘的玉盘。"（使用deepl翻译为"On the clear water, the moon's reflection floats silently, like a mysterious jade disc."）复制粘贴到Midjourney的对话框内，最后添加控制画风、画面效果、场景和人物／动物的关键词，例如在这里的关键词是"线条插画，夜间，温带树林，猴子们，月亮倒影，霓虹配色，极简主义，扁平化，边缘发光，千里江山图"（使用deepl翻译为"line illustration, night, temperate woods, monkeys, moon reflection, neon colour scheme, minimalism, flattening, edge glow, thousand miles of rivers and mountains"）。单击键盘的回车键发送，绘画机器人生成图片后，选择符合案例视频所需的图片保存，作为我们的分镜头。如果未得到符合要求的图片，可以单击重新生成按钮多次尝试，选择适合分镜头脚本主题的画面，如图14-11所示。

④ 生成第四个分镜头画面。使用垫图功能，选择挑选好的母图，在浏览器打开图片并复制图片地址，把图片地址粘贴到Midjourney下属的imagine对话框内，空一格，再把翻译好的分镜头脚本"最前面的猴子小心翼翼地伸出爪子，试图触摸水面上的月

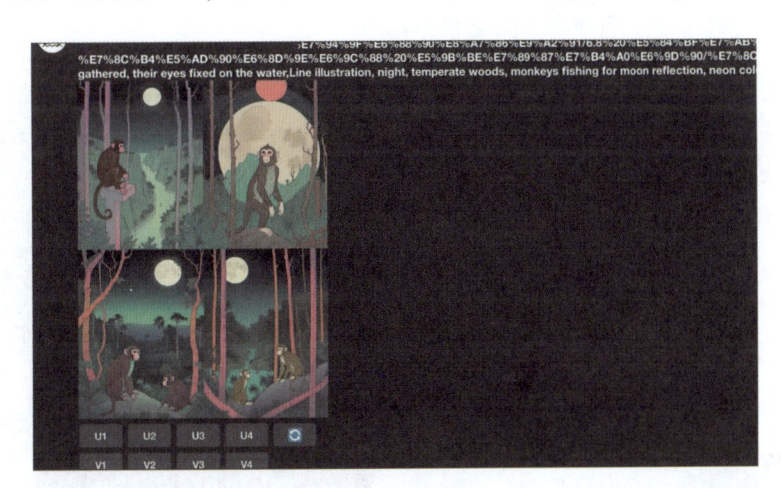

图14-10 第二个分镜头画面

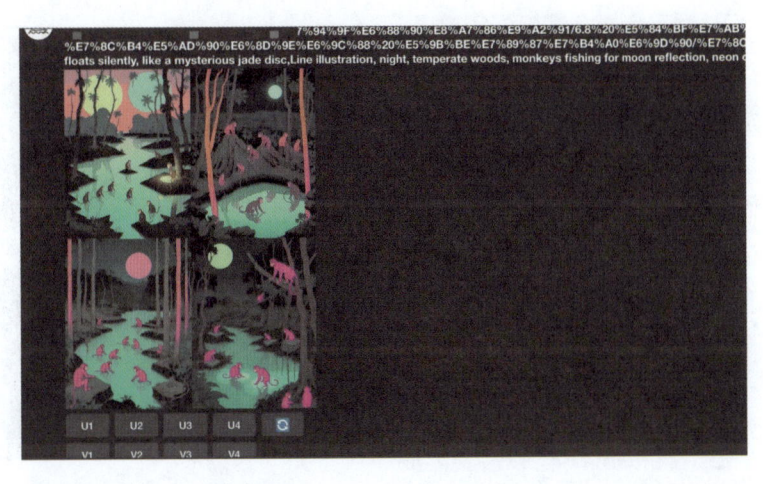

图14-11 第三个分镜头画面

亮。"（使用 deepl 翻译为"The foremost monkey carefully stretched out his paw and tried to touch the moon on the water."）复制粘贴到 Midjourney 的对话框内，最后添加控制画风、画面效果、场景和人物/动物的关键词，例如在这里的关键词是"线条插画，夜间，温带树林，猴子们，月亮倒影，霓虹配色，极简主义，扁平化，边缘发光，千里江山图"（使用 deepl 翻译为"line illustration, night, temperate woods, monkeys, moon reflection, neon colour scheme, minimalism, flattening, edge glow, thousand miles of rivers and mountains"）。单击键盘的回车键发送，绘画机器人生成图片后，选择符合案例视频所需的图片保存，作为我们的分镜头。如果未得到符合要求的图片，可以单击重新生成按钮多次尝试，选择适合分镜头脚本主题的画面，如图 14-12 所示。

⑤ 生成第五个分镜头画面。使用垫图功能，选择挑选好的母图，在浏览器打开图片并复制图片地址，把图片地址输入到 Midjourney 下属的 imagine 对话框内，空一格，再把翻译好的分镜头脚本"身后的猴子们屏住呼吸，目不转睛地观看着。水面泛起涟漪。"（使用 deepl 翻译为"The monkeys behind them held their breath and watched intently.The water ripples."）复制粘贴到 Midjourney 的对话框内，最后添加控制画风、画面效果、场景和人物/动物的关键词，例如在这里的关键词是"线条插画，夜间，温带树林，猴子们，月亮倒影，霓虹配色，极简主义，扁平化，边缘发光，千里江山图"（使用 deepl 翻译为"line illustration, night, temperate woods, monkeys, moon reflection, neon colour scheme, minimalism, flattening, edge glow, thousand miles of rivers and mountains"）。单击键盘的回车键发送，绘

图 14-12　第四个分镜头画面

图 14-13　第五个分镜头画面

画机器人生成图片后，选择符合案例视频所需的图片保存，作为我们的分镜头。如果未得到符合要求的图片，可以单击重新生成按钮多次尝试，选择适合分镜头脚本主题的画面，如图14-13所示。

⑥ 生成第六个分镜头画面。使用垫图功能，选择挑选好的母图，在浏览器打开图片并复制图片地址，把图片地址粘贴到Midjourney下属的imagine对话框内，空一格，再把翻译好的分镜头脚本"猴子们纷纷尝试捞月，但无论它们怎么努力，月亮始终在水面外。"（使用deepl翻译为"The monkeys tried to fish for the moon, but no matter how hard they tried, the moon was always outside the water."）复制粘贴到Midjourney的对话框内，最后添加控制画风、画面效果、场景和人物/动物的关键词，例如在这里的关键词是"线条插画，夜间，温带树林，猴子们，月亮倒影，霓虹配色，极简主义，扁平化，边缘发光，千里江山图"（使用deepl翻译为"line illustration, night, temperate woods, monkeys, moon reflection, neon colour scheme, minimalism, flattening, edge glow, thousand miles of rivers and mountains"）。单击键盘的回车键发送，绘画机器人生成图片后，选择符合案例视频所需的图片保存，作为我们的分镜头。如果未得到符合要求的图片，可以单击重新生成按钮多次尝试，选择适合分镜头脚本主题的画面，如图14-14所示。

⑦ 生成第七个分镜头画面。使用垫图功能，选择挑选好的母图，在浏览器打开图片并复制图片地址，把图片地址粘贴到Midjourney下属的imagine对话框内，空一格，再把翻译好的分镜头脚本"突然，猴子们抬头一看，原来月亮还在天上挂着。"（使用deepl翻译为"Suddenly, the monkeys looked up and saw that the moon was still hanging in the sky."）复制粘贴到Midjourney的对话框内，最后添加控制画风、画面效果、场景和人物/动物的关键词，例如在这里的关键词是"线条插画，夜间，温带树林，猴子们，月亮倒影，霓虹配色，极简主义，扁平化，边缘发光，千里江山图"（使用deepl翻译为"line illustration, night, temperate woods, monkeys, moon reflection, neon colour scheme, minimalism, flattening, edge glow, thousand miles of rivers and mountains"）。单击键盘的回车键发送，绘画机器人生成图片后，选择符合案例视频所需的图片保存，作为我们的分镜头。如果未得到符合要求的图片，可以单击重新生成按钮多次尝试，选择适合分

图14-14　第六个分镜头画面

镜头脚本主题的画面，如图14-15所示。

⑧ 生成第八个分镜头画面。使用垫图功能，选择挑选好的母图，在浏览器打开图片并复制图片地址，把图片地址粘贴到 Midjourney 下属的 imagine 对话框内，空一格，再把翻译好的分镜头脚本"在这个宁静的夜晚，猴子们捞起的不仅是月亮的倒影，更是它们的好奇与纯真。"（使用 deepl 翻译为 "On this quiet night，the monkeys are not only fishing for the moon's reflection，but also for their curiosity and innocence."）复制粘贴到 Midjourney 的对话框内，最后添加控制画风、画面效果、场景和人物/动物的关键词，例如在这里的关键词是"线条插画，夜间，温带树林，猴子们，月亮倒影，

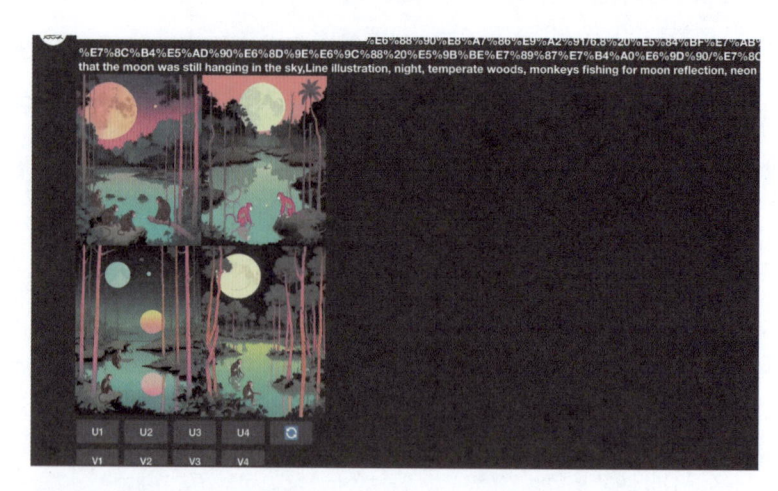

图 14-15　第七个分镜头画面

图 14-16　第八个分镜头画面

霓虹配色，极简主义，扁平化，边缘发光，千里江山图"（使用 deepl 翻译为 "line illustration，night，temperate woods，monkeys，moon reflection，neon colour scheme，minimalism，flattening，edge glow，thousand miles of rivers and mountains"）。单击键盘的回车键发送，绘画机器人生成图片后，选择符合案例视频所需的图片保存，作为我们的分镜头。如果未得到符合要求的图片，可以单击重新生成按钮多次尝试，选择适合分镜头脚本主题的画面，如图 14-16 所示。

14.5　Runway 制作画面动态效果

接下来进行案例视频生成，首先我们打开视频生成网站 Runway 的首页，单击"Start with Image"进入图片生成视频模式，如图 14-17、图 14-18 所示。

第 14 章 儿童动态绘本：猴子捞月

鼠标单击 🖼 上传图片，把利用 Midjourney 生成的分镜头图片，按分镜顺序一一上传，图片上传加载完毕后，可以按需进行参数调整。可以调整镜头转向，选择输出的视频尺寸；也可以使用 Motion Brush 功能，用不同颜色的笔刷进行画面的动态调整。参数调整完毕后单击按钮"Generate 4s"，进行视频生成，视频加载完成后，单击视频画面右上角的下载按钮，导出视频，后续图片同样按照以上步骤进行生成，如图 14-19～图 14-22 所示。

思路拓展

第一次生成视频，视频效果没达到预期时，可以单击按钮"Generate 4s"，重新生成，视频生成完毕后，可以单击按钮"Extend4s"进行拓展（4s），如需个性化调整可以单击左下角调整按钮进行个性化调整。

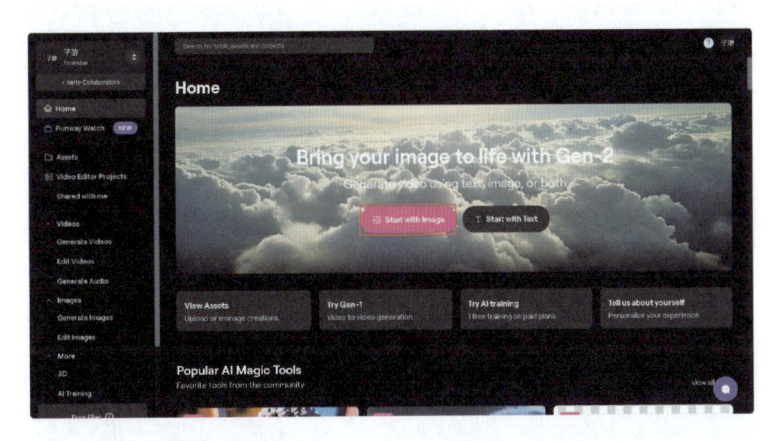

图 14-17　Runway 官网

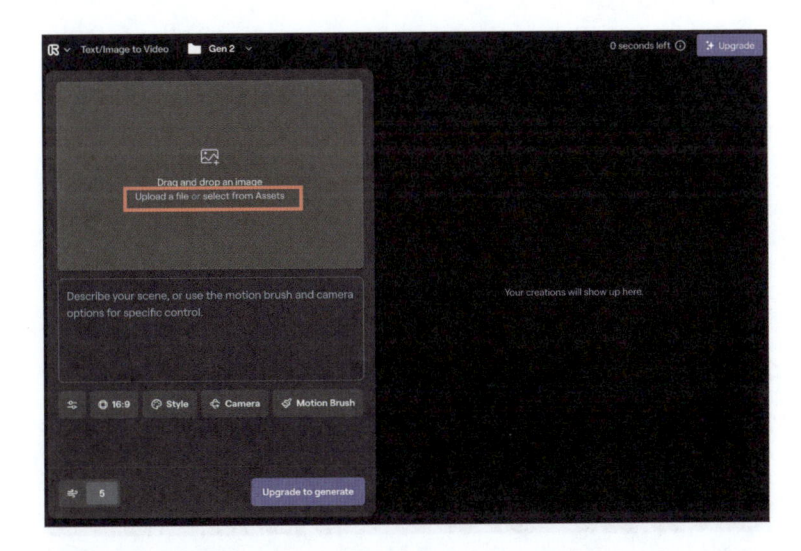

图 14-18　工作台

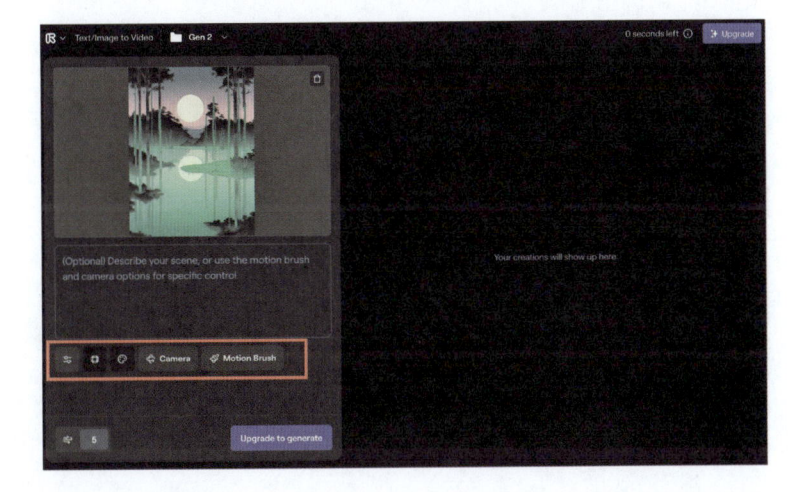

图 14-19　工具栏

图 14-20　相机参数

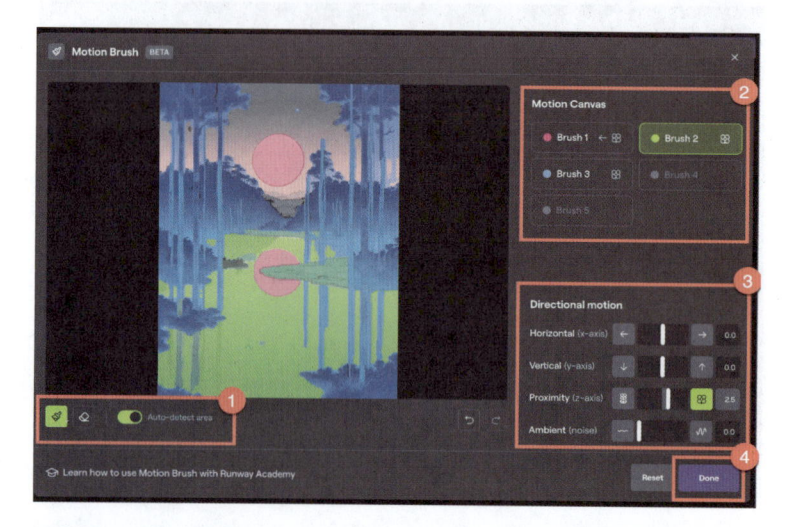

图 14-21　运动笔刷

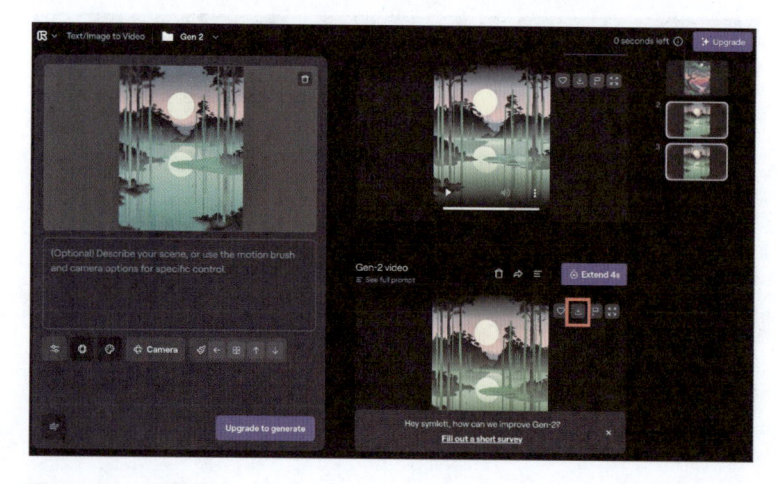

图 14-22　下载视频

14.6　剪映生成旁白与剪辑视频

这一步开始对生成好的案例视频进行剪辑，我们选择用剪映 App 来完成后期的剪辑。

① 首先我们打开剪映 App，单击主页面的"开始创作"按钮进入视频剪辑页面（图 14-23）。进入剪辑页面后，可以单击左侧的导入按钮导入案例视频进行剪辑，如图 14-24 所示。

② 按案例视频脚本分镜头顺序把导入好的视频素材依次拖入时间轴中，添加视频封面，接下来单击分镜头画面对视频素材进行调整，如图 14-25、图 14-26 所示。

③ 单击要调整的案例视频，在剪辑页面的右上角可以对视频的画面和播放倍速等内容进行调整，最终将案例视频效果调整为视频画面比例 3：4，视频播放倍速 0.9，如图 14-27、图 14-28 所示。

图 14-23　创建工程

图 14-24　导入素材按钮

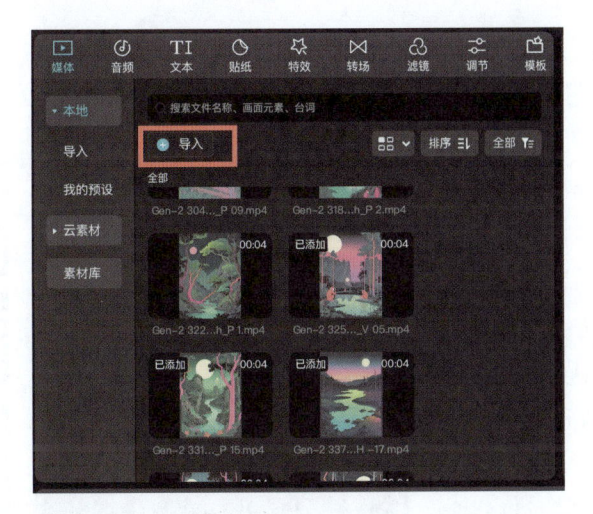

图 14-25　导入的视频素材

图 14-26　放置在时间轴上

图 14-27　画面选项卡　　　　　　　　　图 14-28　变速选项卡

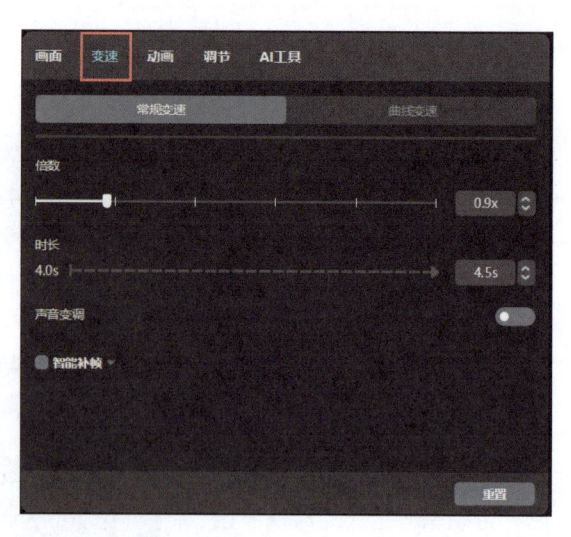

思路拓展

在剪辑案例视频时，我们可以尝试不同的视频播放速度以及字幕朗读的速度。生成的视频播放较快时，我们可以下调视频播放的速度，以得到更好的观感。字幕也同理，同时也可以尝试其他不同的参数。

④ 画面内容调整完毕后，开始对调整好的视频添加字幕与旁白。同样在左上角，单击"文本"，单击案例视频添加字幕，最后再单击字幕进行编辑，并在右上角的文本界面进行字体文本编辑，把案例视频的脚本依照对应的分镜头画面复制粘贴到文本框中。此处可以适当调整字体、字号等样式，调整字体在画面中的位置，使之在画面中清晰美观、字号大小合适，编辑完成后单击"保存预设"，如图14-29、图14-30 所示。

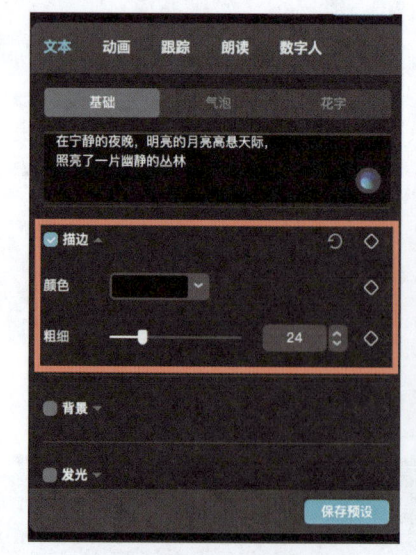

图 14-29　文本描边　　　　　　　　　图 14-30　文本内容

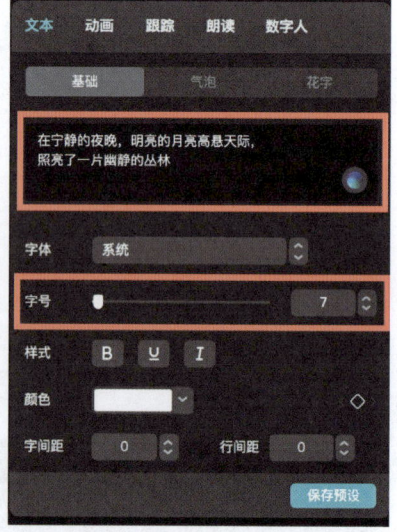

⑤ 调整字幕完毕后，开始对调整好的字幕添加人声朗读，在剪辑页面的右上角单击"朗读"，根据案例主题类型选择合适的朗读音色。本案例主题为儿童动态绘本，所以选择"少儿故事"的音色，并勾选"朗读跟随文本更新"，之后单击"开始朗读"，如图 14-31 所示。根据画面和剧情合理调整不同段落字幕和朗读的分布，注意停顿，使视频朗读更加流畅。

14.7 剪映添加背景音乐

制作完字幕和旁白后，添加背景音乐。在界面左上角单击"音频"，选择适合主题的音乐素材。将背景音乐拖到视频下方，根据视频长度截取或调整音乐。对视频开头和结尾的音乐进行渐入和渐出处理。完成后，单击播放按钮预览视频的最终效果，满意即可单击右上角的导出按钮，导出视频。该过程如图 14-32 ~ 图 14-34 所示。

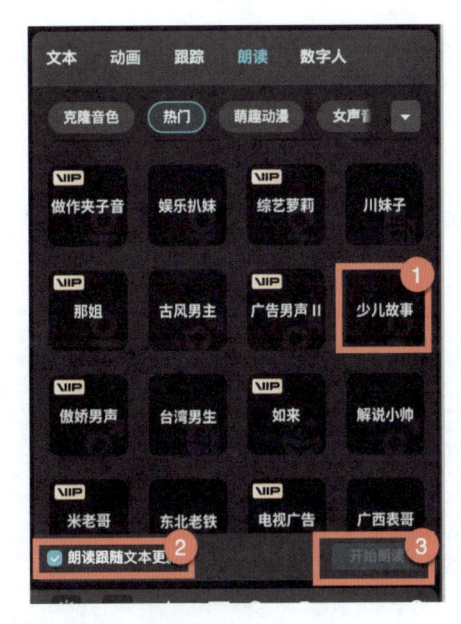

图 14-31 朗读选项卡

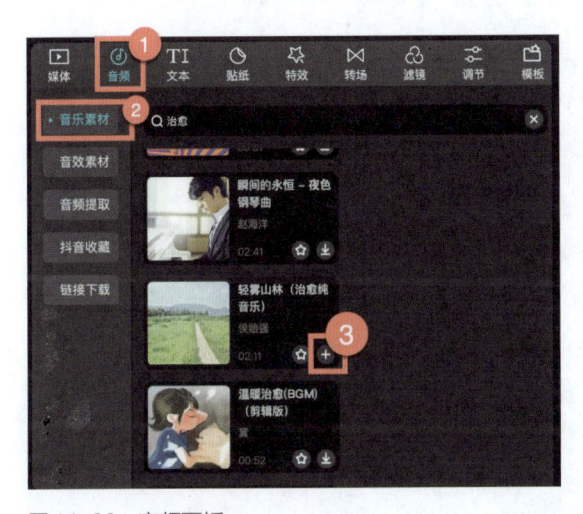

图 14-32 音频面板

图 14-33 音频设置

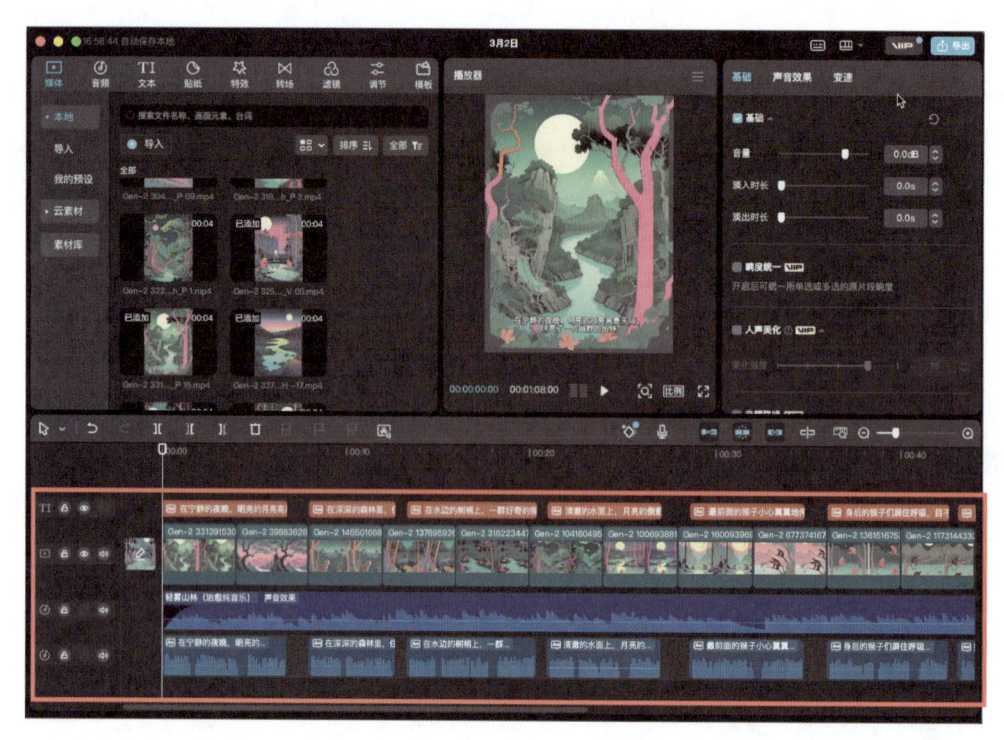

图 14-34 时间轴素材

案例视频的最终效果如图 14-35～图 14-40 所示。

图 14-35 最终画面效果（1）

图 14-36 最终画面效果（2）

第 14 章 儿童动态绘本：猴子捞月

图 14-37 最终画面效果（3）

图 14-38 最终画面效果（4）

图 14-39 最终画面效果（5）

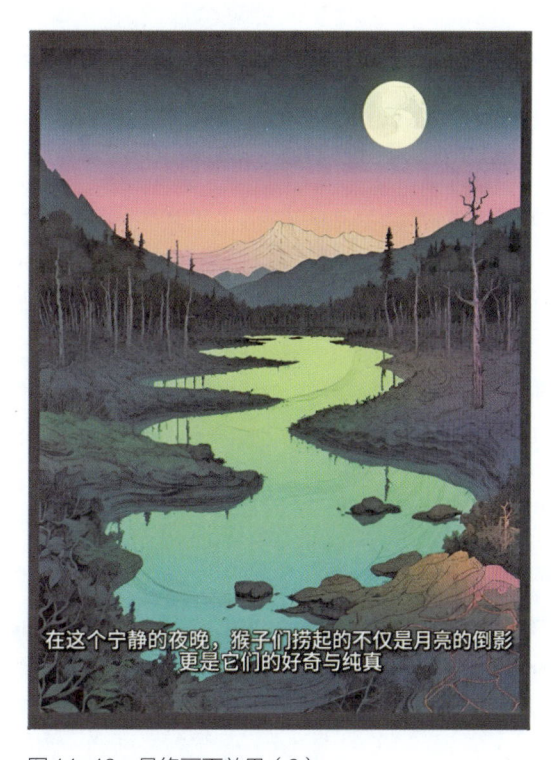

图 14-40 最终画面效果（6）

183

第 15 章　卡通动画：仙侠片

15.1　Gemini AI 制作脚本

在学习本章内容时，首先明确我们的主题：我们要制作的视频是以卡通动画的形式来展示，主题内容是仙侠片。现在开始制作该仙侠片的脚本。本章视频脚本的制作还是利用文本 AI——Gemini AI 进行生成，其官网如图 15-1 所示。

图 15-1　Gemini AI 官网

思路拓展

制作脚本时，可以用多个不同文本 AI 辅助生成脚本的一些初始信息或场景设定，让它们为你提供相关的对话、对白或场景描述。不同的文本 AI 生成的信息不同，这有助于加快创作过程并提供多样化的脚本选项，以及在进行视频脚本的思考时构建故事线的发展、角色不同成长方向等可能。

首先打开 Gemini AI 主页面单击对话框，确定视频长度为 60s，输入脚本的初步设定。撰写脚本的想法为"You are asked to play the role of a videoproducer and write a script for a one-minute-ong Chinese mmortalCultiyation trailer"，翻译成中文的内容是"请你扮演一个视频制作者，撰写一个视频长度为 1 分钟的中国修仙预告片脚本"，把想法输入对话框内，单击回车键发送，最后得到的脚本结果如图 15-2～图 15-7 所示。

第 15 章 卡通动画：仙侠片

图 15-2 输入指令

> **Trailer Script: Top of the Adversary: A Chapter in Immortal Cultivation (Refined Version)**
>
> **Scene 1:** (FADE IN)
>
> **INT. MODEST DWELLING - NIGHT**
>
> A flickering candle casts dancing shadows on the worn walls. Yun Che (16), a determined young man with a hint of defiance in his eyes, meticulously traces symbols in an ancient tome. Rain drums a melancholic rhythm against the window.
>
> **(NARRATOR)**
>
> In the boundless realm of Xianxia, where legends rise from adversity, a young man named Yun Che faces a destiny marked by hardship. Abandoned by his family, he finds solace only in forbidden knowledge.
>
> **A rumble of thunder echoes Yun Che's inner turmoil. He clenches his jaw, a spark of resolve flickering in his gaze.**
>
> **(NARRATOR - CONT'D)**
>
> But fate, as it often does, holds a hidden card to play.

图 15-3 生成内容（1）

185

Scene 2: (FADE TO BLACK)

EXT. ANCIENT FOREST - DAY

Sunlight filters through the emerald canopy, dappling the moss-covered ground. Yun Che pushes through the dense foliage, his brow furrowed with exhaustion. He seeks not just knowledge, but a purpose beyond his ostracized existence.

The chirping of unseen insects and the rustling of leaves create a sense of vibrant wilderness.

Suddenly, Yun Che stumbles upon a monolithic structure, weathered yet imposing. Its surface is etched with intricate glyphs that emanate an ethereal blue light, hinting at a forgotten power.

(NARRATOR - CONT'D)

Deep within the heart of the ancient forest, destiny awaits in the form of a forgotten relic, a silent guardian of secrets long slumbering.

Drawn by an unseen force, Yun Che reaches out and touches the glyphs.

图 15-4　生成内容（2）

(SPECIAL EFFECT) The glyphs flare to life, bathing Yun Che in an otherworldly blue light! The monument groans and slowly reveals a hidden passage.

Scene 3: (FADE TO BLACK)

INT. CAVE - DAY

Emerging from the passage, Yun Che finds himself in a cavern resonating with an aura of forgotten magic. A venerable figure with a flowing white beard, Master Li (70s), sits on a stone dais, his eyes seemingly holding the wisdom of ages.

(NARRATOR - CONT'D)

A hidden door creaks open, revealing a power long dormant. With it comes a pivotal encounter that will irrevocably alter the course of Yun Che's life.

Master Li's gaze pierces Yun Che, who stands transfixed, his mind reeling from the revelation and the immense power radiating from the old master.

MASTER LI (Deep, resonant voice)

图 15-5　生成内容（3）

You possess a latent power, young one. A power with the potential to reshape the very foundations of the Xianxia realm. However, such power comes at a significant cost. Are you prepared to bear that burden?

Scene 4: (MONTAGE)

Yun Che's relentless pursuit of power:

- Sweat beads on Yun Che's brow as he attempts to control his newfound energy. Wisps of golden light swirl around him, signifying the struggle to harness this immense force.
- Yun Che endures the taunts of other disciples, their disdain fueling his determination. Despite their mockery, he perseveres, honing his skills with unwavering focus.
- A single scene replaces both desert and mountain. Yun Che scales a treacherous mountain path, the scorching sun beating down mercilessly. He pushes through the biting wind and treacherous ice, his tenacity evident in every step.
- Yun Che stands amidst the ruins of an ancient temple, the fragment of a legendary sword clutched tightly in his hand. Its surface pulses with an ethereal energy, a symbol of the power he yearns to wield.

图 15-6　生成内容（4）

(NARRATOR - CONT'D)

The path to greatness is a solitary one, paved with trials and unwavering dedication. Yun Che endures grueling training, overcomes adversity, and pushes his physical and mental limits to their breaking point. With every hurdle conquered, his power grows, and his spirit becomes an unyielding force.

Scene 5: (FADE TO BLACK)

EXT. BATTLEFIELD - DAY

A young man, no longer the boy from the storm, stands resolute amidst a battlefield littered with fallen warriors. Yun Che, now a formidable cultivator, unleashes a devastating attack fueled by years of honing his power. His eyes blaze with determination, a testament to his unyielding spirit.

(NARRATOR - CONT'D)

From ostracized youth to formidable warrior, Yun Che's journey has only just begun. Will he rise to claim his destiny, or will the burden of power consume him?

(FADE TO BLACK)

图 15-7　生成内容（5）

15.2　Gemini AI 生成提示词

得到 Gemini AI 生成的初步脚本结果后，我们还可以利用 AI 替我们生成适用于生成图片的提示词。在 AI 生成完脚本后输入"Change script compose to Midjourney prompt word"，随后单击发送按钮，等待片刻即可得到以下结果，如图 15-8～图 15-10 所示。

> **H**　Change script compose to Midjourney prompt word

图 15-8　输入需求

> Here are some Midjourney prompt words based on the refined script for "Top of the Adversity: A Chapter in Immortal Cultivation":
>
> **Scene 1:**
>
> - A young Asian man with a determined expression hunches over an ancient tome lit by a flickering candle in a worn wooden dwelling. Rain streaks down the window.
>
> **Scene 2:**
>
> - A lone figure pushing through a dense, sun-dappled forest filled with moss-covered rocks and vibrant foliage. In the distance, a weathered, monolithic structure with glowing blue glyphs.
>
> **Scene 3:**
>
> - A vast cavern bathed in an ethereal blue light. A young Asian man stands in awe before a venerable figure with a flowing white beard, seated on a stone dais.

图 15-9　生成内容（1）

> **Scene 4 (Montage):**
>
> - A young Asian man meditating, surrounded by swirling golden energy.
> - A young Asian man training with a sword, sweat dripping from his brow, while other elaborately dressed figures mock him.
> - A young Asian man climbing a treacherous mountain path amidst a scorching desert with a relentless sun beating down.
> - A young Asian man standing amidst ancient ruins, holding a fragment of a legendary sword that pulsates with an ethereal light.
>
> **Scene 5:**
>
> - A young Asian man, now a battle-hardened warrior, unleashing a powerful energy attack on a battlefield littered with fallen warriors.

图 15-10　生成内容（2）

15.3 Midjourney 生成图像

① 得到 Gemini AI 生成的脚本结果后，选择 Scene 1 的脚本，随后打开 Midjourney 的主页面，选取左边的服务器，单击对话框输入"/imagine prompt"，选择 Gemini 生成的一个脚本，粘贴到对话框内，单击发送键发送指令生成图片，如图 15-11 所示。

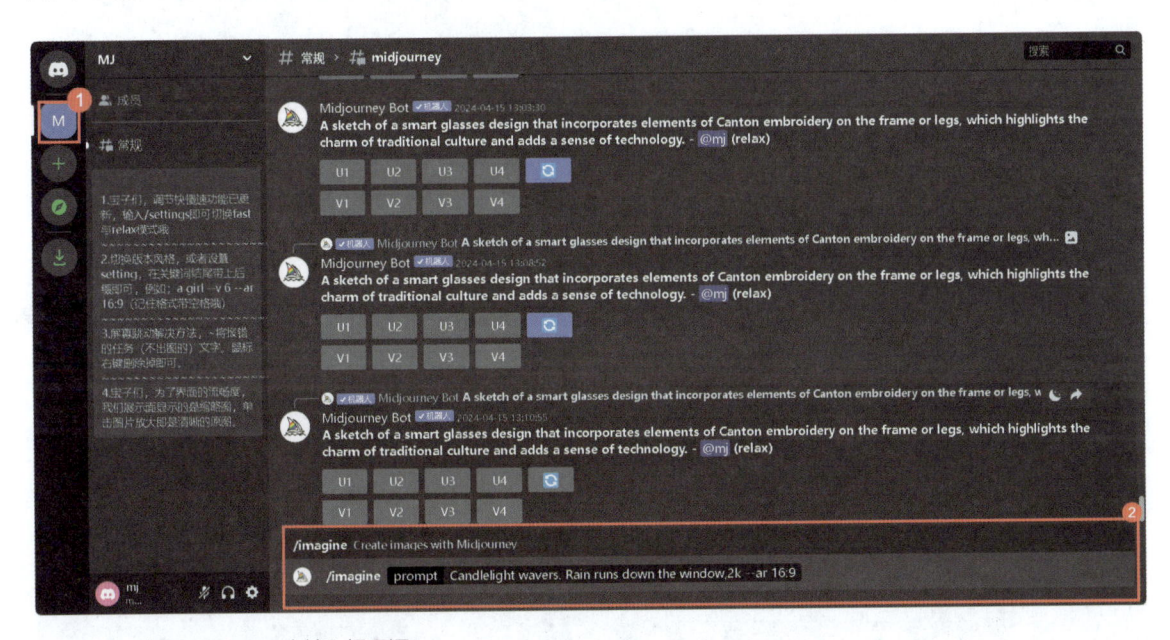

图 15-11 在 Midjourney 中输入提示词

② 发送命令后，等待若干分钟，即可得到 4 张根据关键词生成的图片，查看哪一张照片更符合脚本的描述，按第一排 U 放大按钮，选取合适的照片放大查看细节，效果满意即可单击图片，然后单击鼠标右键进行保存，如图 15-12～图 15-14 所示。

图 15-12 升级画质

图 15-13 画质升级完成

图 15-14 下载图片

③ 保存好第一个分镜头的图片后，开始制作视频分镜头二。分镜头二是视频主人公的特写，原文第二个分镜头的内容是"Yun Che（16）He is a strong-willed young man with a hint of fiery resentment in his eyes.He meticulously traces symbols on an old leather-bound book."，它的中文意思是"云澈（16岁）他是一个意志坚定的年轻人，眼神中透着一丝炽热的怨恨。他在一本古老的皮面书籍上一丝不苟地描画着符号。"，从原文内容中选取关键词复制粘贴到对话框内，单击发送键，发送命令生成图片，等待若干分钟后即可得到根据场景关键词生成的图片，如图 15-15、图 15-16 所示。

图 15-15 输入提示词

图 15-16 生成的图片

④ 选择符合脚本分镜头二描述的图片单独放大查看细节，查看图片没有出现异常后，可单击鼠标右键保存，也可单击下排 V 字按钮，继续衍生图片，如图 15-17、图 15-18 所示。

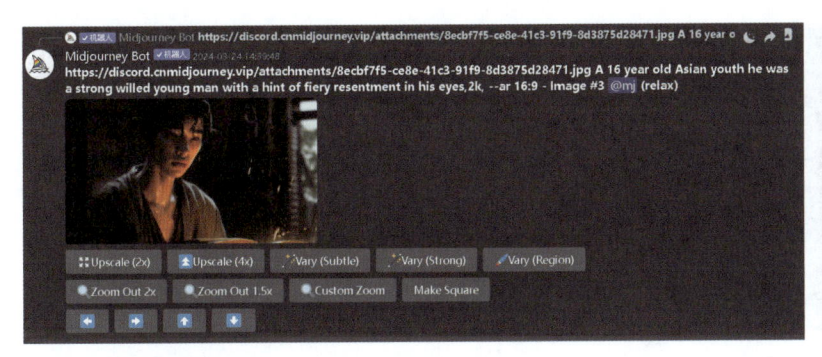

图 15-17　画质升级完成

图 15-18　下载图片

⑤ 接下来开始制作第二个场景第一个分镜头，原文的内容是"Sunlight dappled through the emerald green canopy onto the pristine, moss-covered ground."它的中文意思是"阳光透过翠绿的树冠，斑驳地洒落在原始、长满青苔的地面上。"把关键词复制粘贴到对话框中，单击发送键，等待若干分钟，Midjourney 即会生成 4 张图片，如图 15-19 所示。

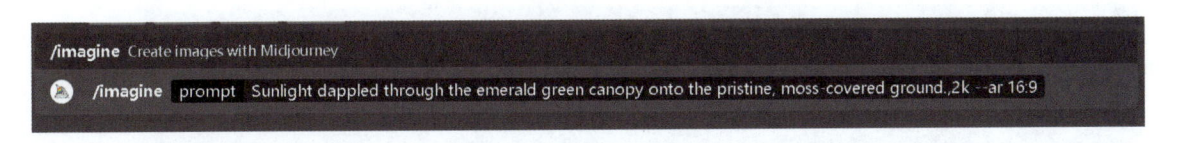

图 15-19　输入提示词

⑥ 在 4 张图片中选取符合场景二第一个分镜头描述的图片，根据图片所在的序号单击第一排放大按钮 U，单独查看图片效果，效果满意即可单击图片，再按鼠标右键保存图片，如图 15-20～图 15-22 所示。

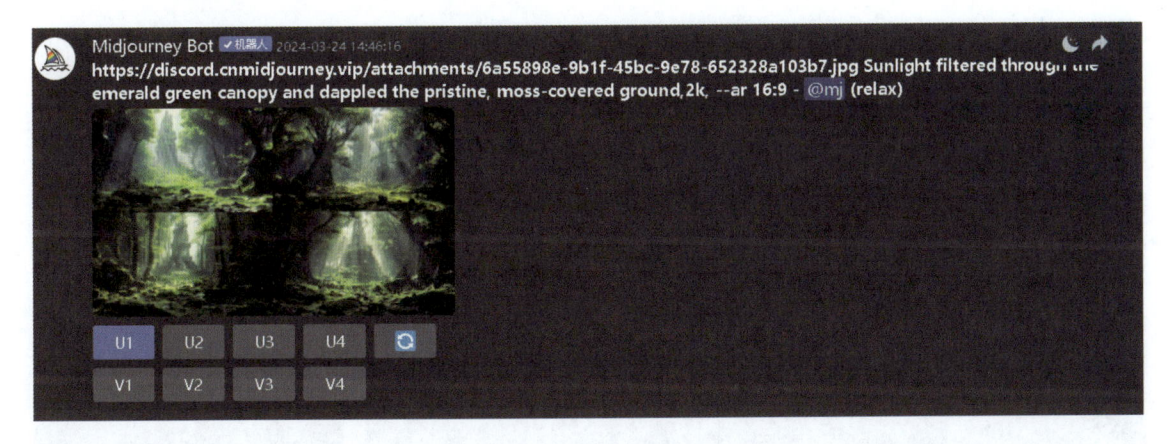

图 15-20　升级画质

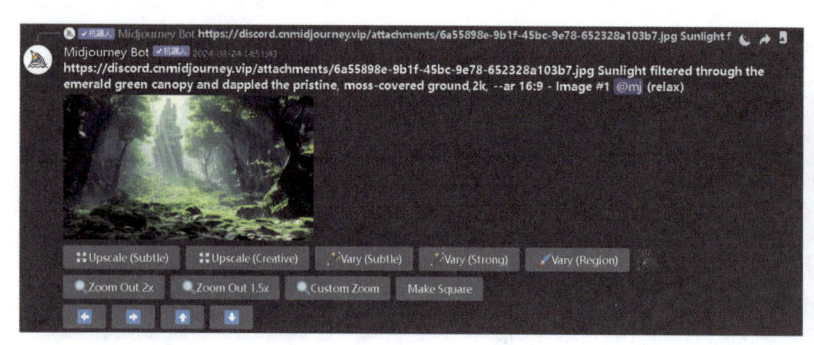

图 15-21　升级完成

图 15-22　下载图片

⑦ 接下来继续制作场景二的第二个分镜头，第二个分镜头的内容为"A weathered and imposing megalithic building, partially obscured by foliage."它的中文意思是"一座饱经风霜、气势恢宏的巨石建筑，部分被树叶遮挡。"把原文内容的关键词复制粘贴到 Midjourney 的对话框内，单击发送键等待若干分钟后，得到根据内容生成的第二个分镜头的图片，如图 15-23 所示。

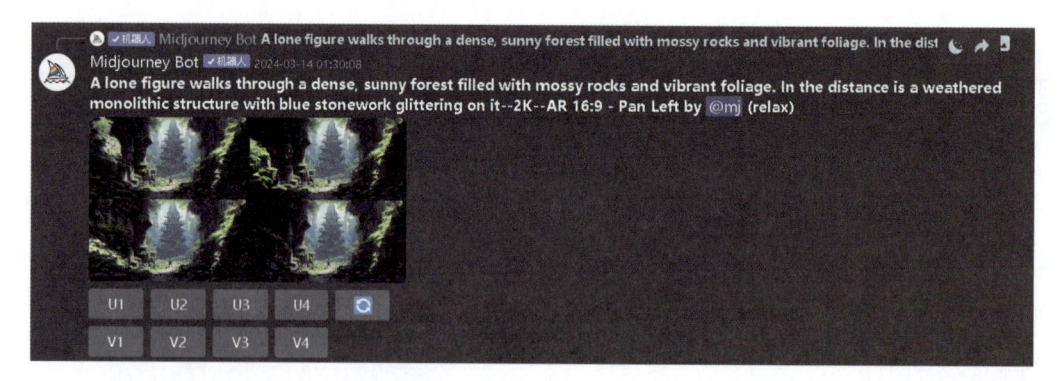

图 15-23　第二个分镜头

⑧ 在生成的图片中，选取符合第二个分镜头描述的图片，单击放大按钮 U，放大查看图片效果，效果满意且没有出现异常即可单击图片，再单击鼠标右键保存图片，如图 15-24、图 15-25 所示。

图 15-24　升级完成画质

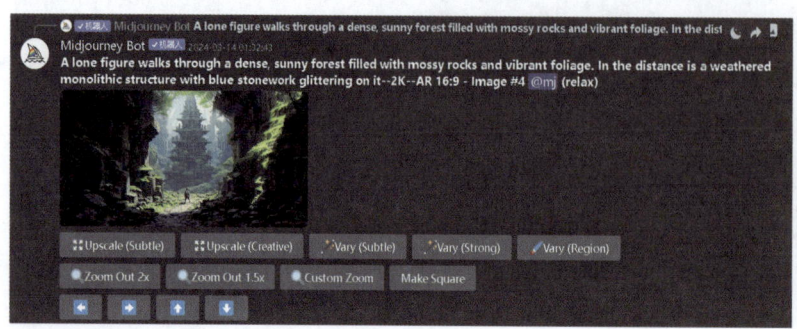

图 15-25　下载图片

图 15-26　上传图片

⑨ 现在根据原文内容制作场景二的最后一个分镜头，它的内容是"The surface of the building is engraved with intricate glowing runes that emit an ethereal blue light."它的中文意思是"建筑物表面刻着复杂的发光符文，散发着空灵的蓝光。"根据原文内容，我们所需要的是一个建筑物特写的镜头，为了更快地得到我们所需的图片，可以双击对话框的加号，再单击上传文件把第二个分镜头的图片上传，如图 15-26、图 15-27 所示。

图 15-27　上传文件

⑩ 等待若干分钟，图片上传完毕后，单击图片进行放大，随后单击图片下面的"复制原图地址"，将原图地址粘贴到 Midjourney 的对话框内，然后再把原文的内容粘贴到地址的后面，单击发送键，进行图生图，如图 15-28、图 15-29 所示。

图 15-28　上传图片

图 15-29　下载图片

⑪ 等待若干分钟后，我们即可得到利用图生图生成的图片。查看生成的图片，根据原文内容，我们所需的图片是一张建筑物特写的图片，选择符合原文描述的图片，单击放大按钮 U 放大查看细节，若符合原文内容即可单击图片，再单击鼠标右键进行保存，如图 15-30～图 15-32 所示。

⑫ 保存好图片后场景二的所有分镜头制作完成，后续场景分镜头图片的生成与保存根据以上步骤进行，最终得到如图 15-33～图 15-45 所示的图片。

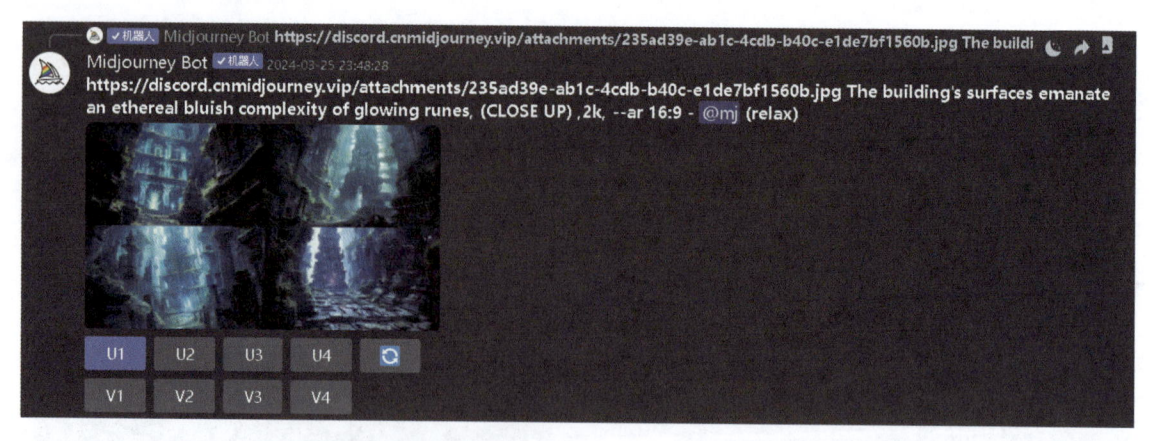

图 15-30 放大图片

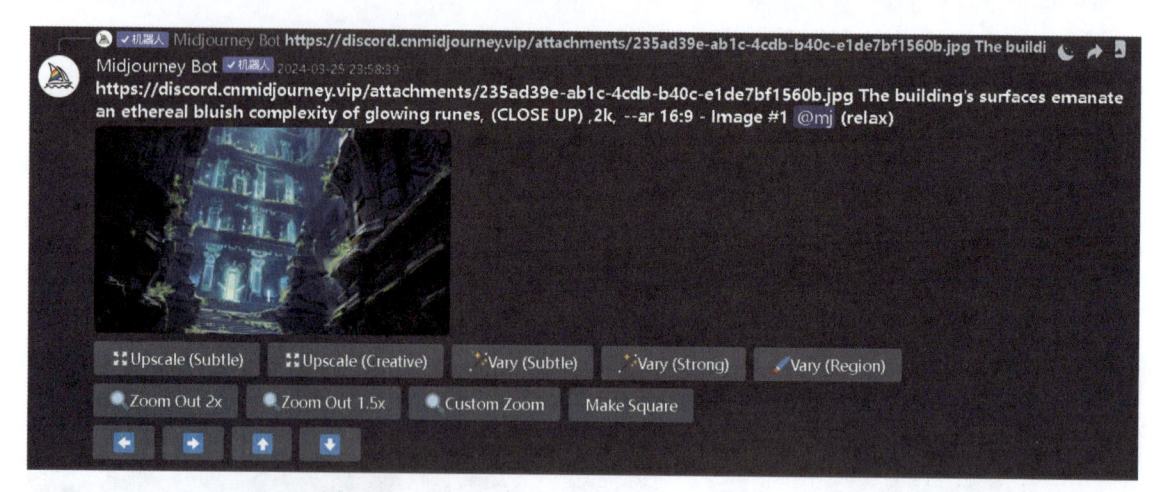

图 15-31 升级成功

图 15-32 下载图片

图 15-33　图片效果（1）

图 15-34　图片效果（2）

图 15-35　图片效果（3）

图 15-36　图片效果（4）

图 15-37　图片效果（5）

图 15-38　图片效果（6）

图 15-39　图片效果（7）

图 15-40　图片效果（8）

图 15-41　图片效果（9）

图 15-42　图片效果（10）

图 15-43　图片效果（11）

图15-44 图片效果(12)

15.4 Topaz Photo AI 提升图像画质

脚本图片生成完毕后，进行图片画质修复和图片增强。

① 首先打开图片增强软件 Topaz Photo AI，随后把生成好的图片拖进软件主页面中或者单击主页的"浏览图片"按钮进行图片增强，如图 15-46 所示。

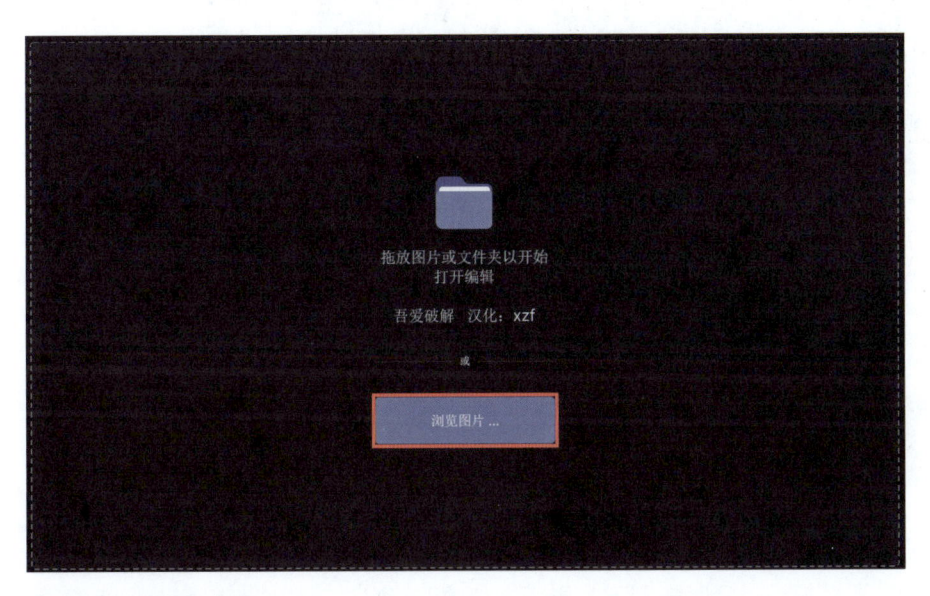

图 15-46　加载图片

② 把图片加载进软件后，等待若干分钟，软件会自动增强图片和修复图片画质，如图 15-47 所示。

图 15-47　调整参数

③ 图片增强完毕后，查看增强前后的对比，右边的是增强后的，左边为原图，可以看到右边增强后会明显比左边清晰许多，我们可以滑动鼠标滚轮放大查看图片主要内容和细节有无出现异常或者图片细节删减的情况，若是没有，则单击右下角"保存图片"即可，如图 15-48 所示。

图 15-48　升级画质

④ 单击"保存图片"按钮后，会跳转到下载界面，在界面的右边，我们可以修改保存位置，把增强的图片保存进一个专属的文件夹里面，方便后续生成视频等操作，保存好第一张图片后，单击右下角的"关闭窗口"按钮退出，如图 15-49、图 15-50 所示。

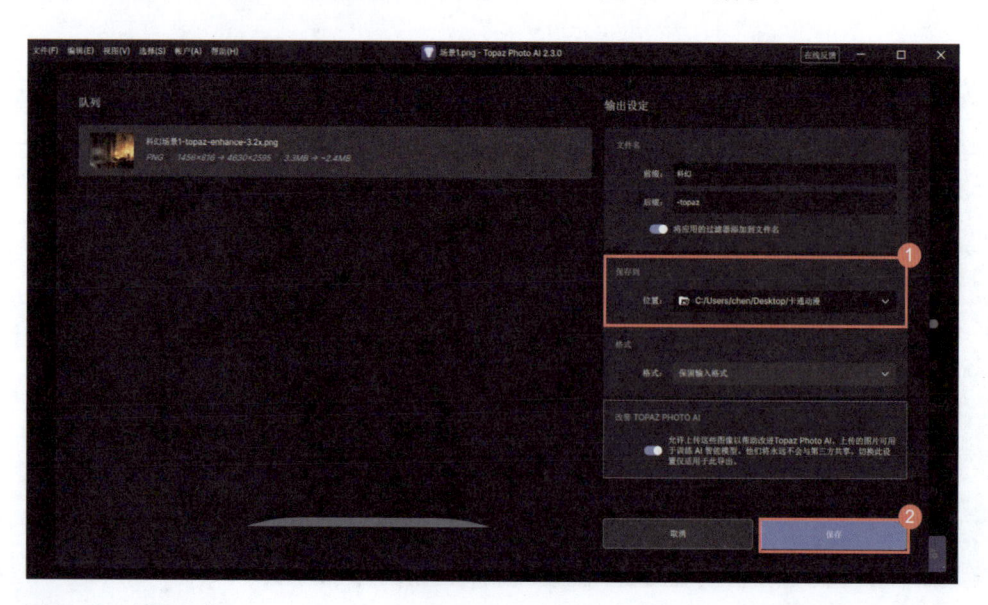

图 15-49　设置参数

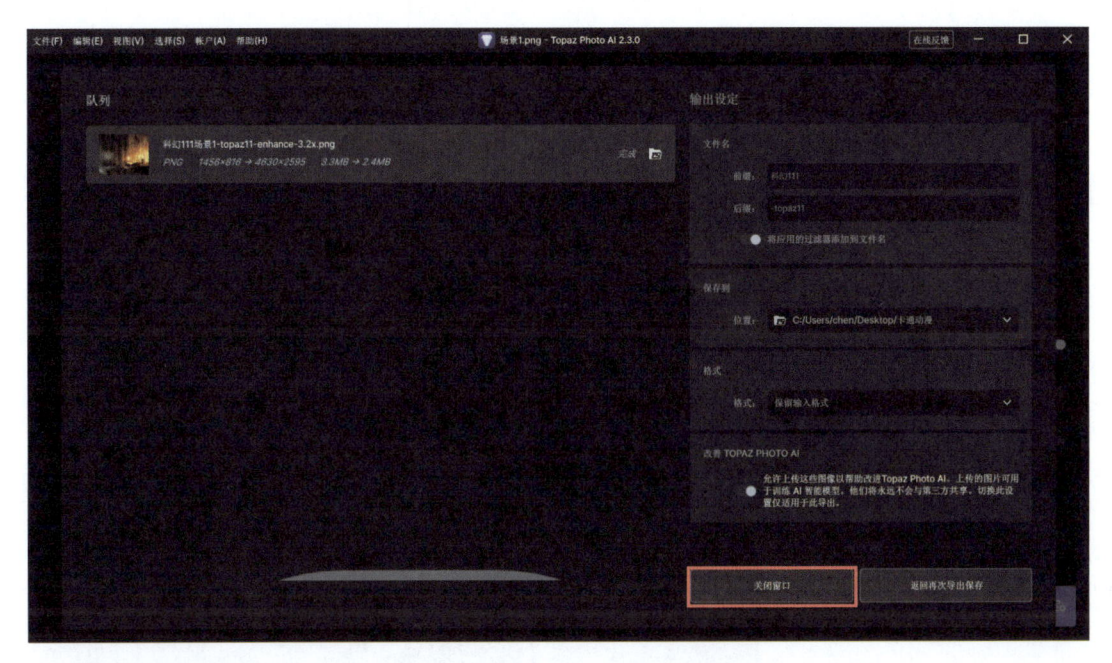

图 15-50 完成

⑤ 接下来进行场景一的第二个分镜头图片的增强，与刚才操作一致，我们把第二张图片拖进主页面中，等软件增强完图片后，单击右下角"保存图片"，后续图片依照此步骤进行图片的增强与修复，如图 15-51 所示。

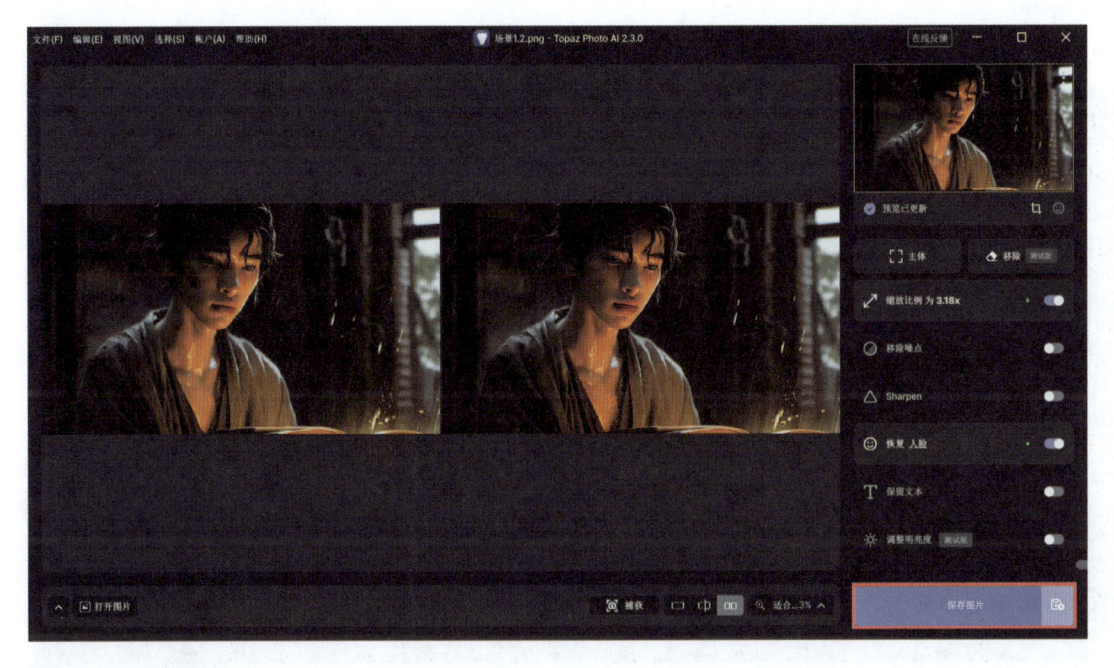

图 15-51 保存图片

思路拓展

Topaz Photo AI 在增强图片时是根据图片的初始分辨率进行增强的,所以我们可以在 Midjourney 生成图片的时候添加命令生成 Midjourney 可容许的最高分辨率,保存图片时也尽量保存图片的原图,这样进行增强图片时,图片的分辨率会更高。增强图片后的分辨率为软件推荐的最适合的分辨率,若是强行拉高分辨率增强画质,会降低图片的质量,磨削图片的细节。

15.5 Runway 生成视频

利用增强后的图片生成视频。

① 首先,打开 Runway 的主页面,单击 "Try from Gen-2" 进入图片生成视频模式,如图 15-52 所示。

图 15-52 使用 Gen-2 模型

② 随后单击虚线框或者拖动增强好的图片到虚线框内,等待若干分钟,图片加载完毕后,开始准备生成视频,如图 15-53、图 15-54 所示。

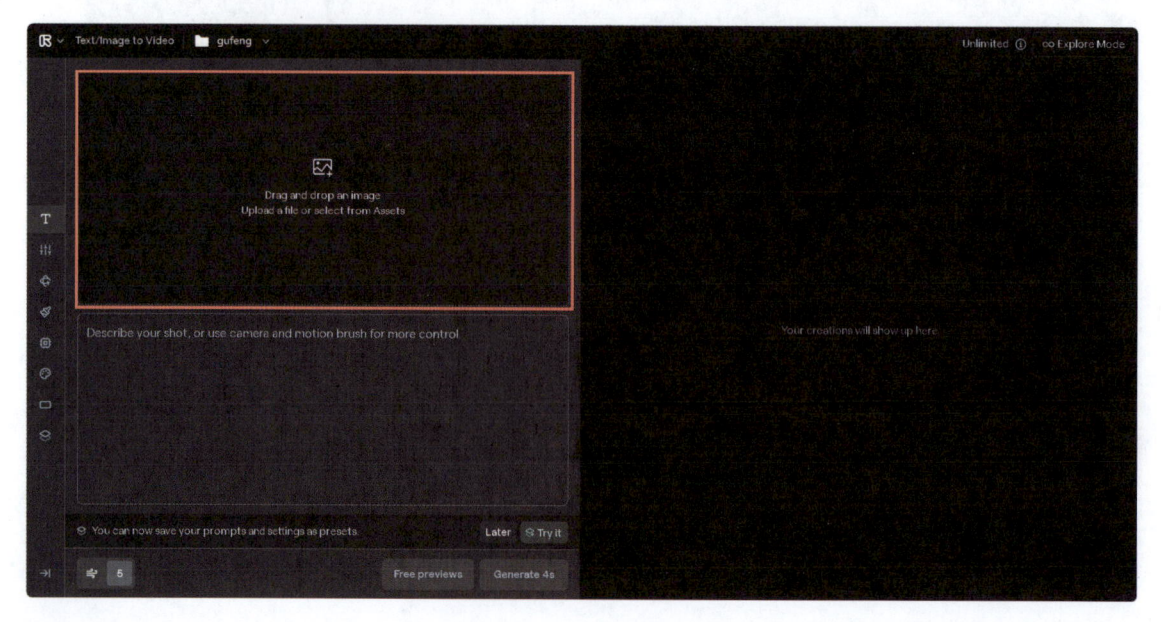

图 15-53 上传图片

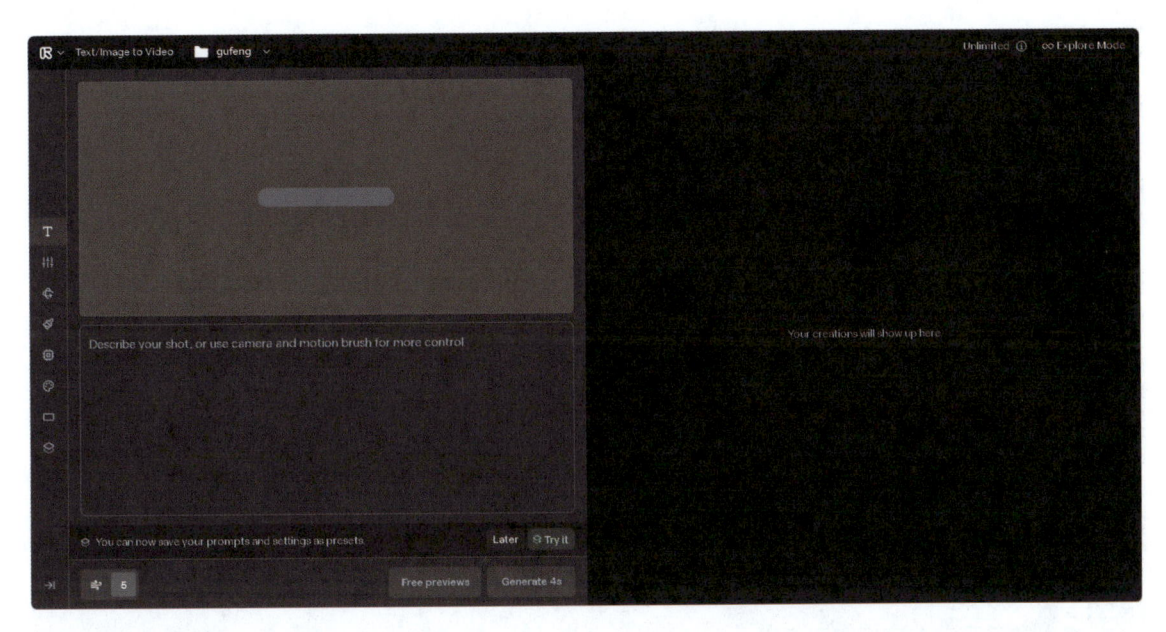

图 15-54　等待上传

③ 为了更快地得到符合脚本的视频，我们可以根据脚本描述分镜头内容，设置运动画笔。根据场景一第一个分镜头的描述，我们需要使图片里面的蜡烛上面的火焰跳动，在页面的左边找到运动画笔（Motion Brush）按钮并单击开始进行设置，如图 15-55 所示。

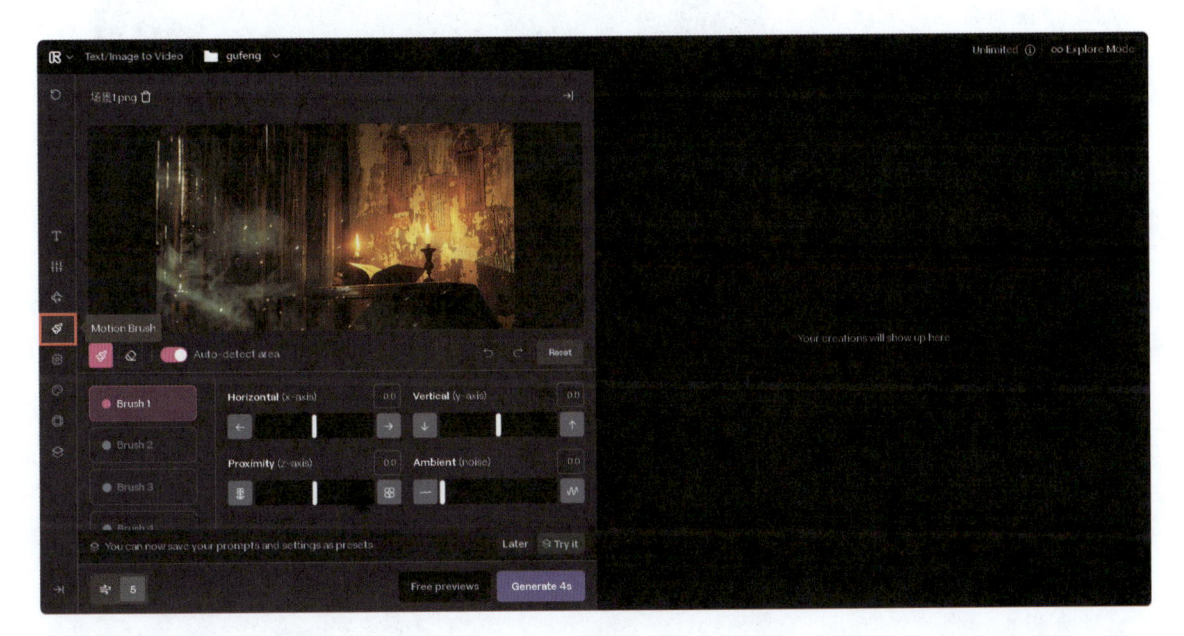

图 15-55　运动画笔

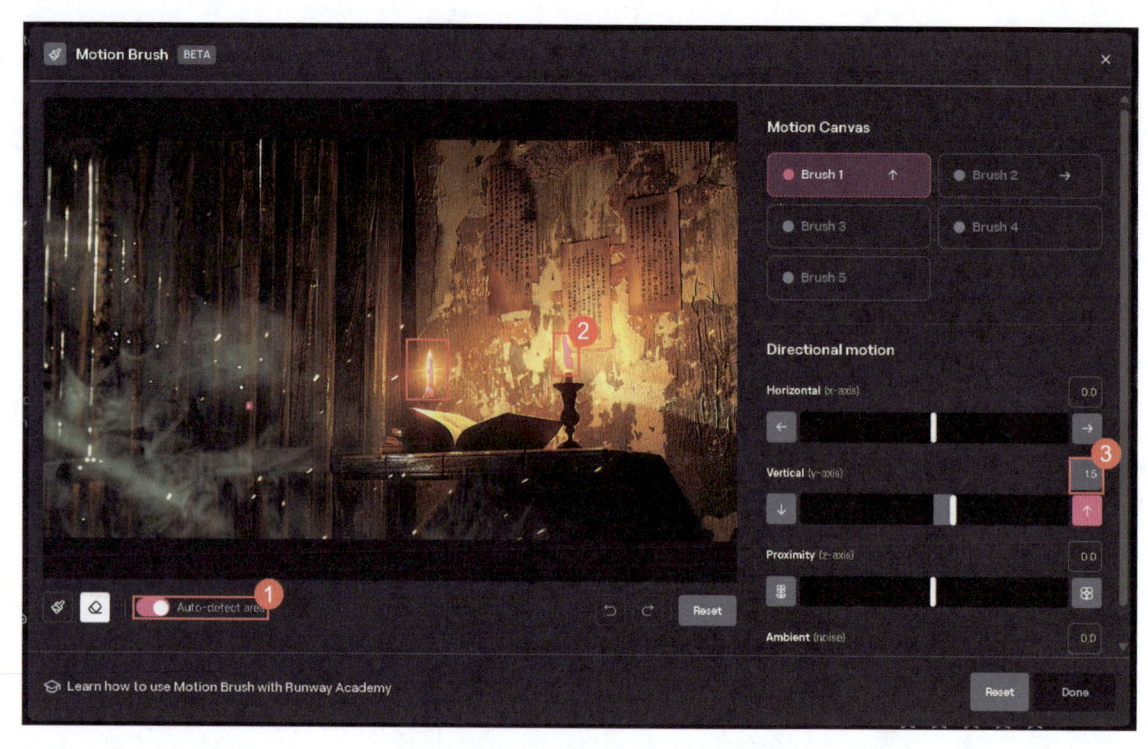

图 15-56　调节笔刷参数

④ 随后在图片下方找到"Auto-detect area"（自动检测区域）按钮打开，接下来选取画面中蜡烛上面的火焰，设置一个 Vertical 向上 1.5 的数值，设置完毕后单击"Generate 4s"，开始生成视频，如图 15-56、图 15-57 所示。

⑤ 等待若干分钟，视频生成完毕后，我们可以单击视频的播放按钮查看视频效果，若设置了运动画笔的地方垂直上升，不符合画面需求，我们可以根据视频播放效果进行数

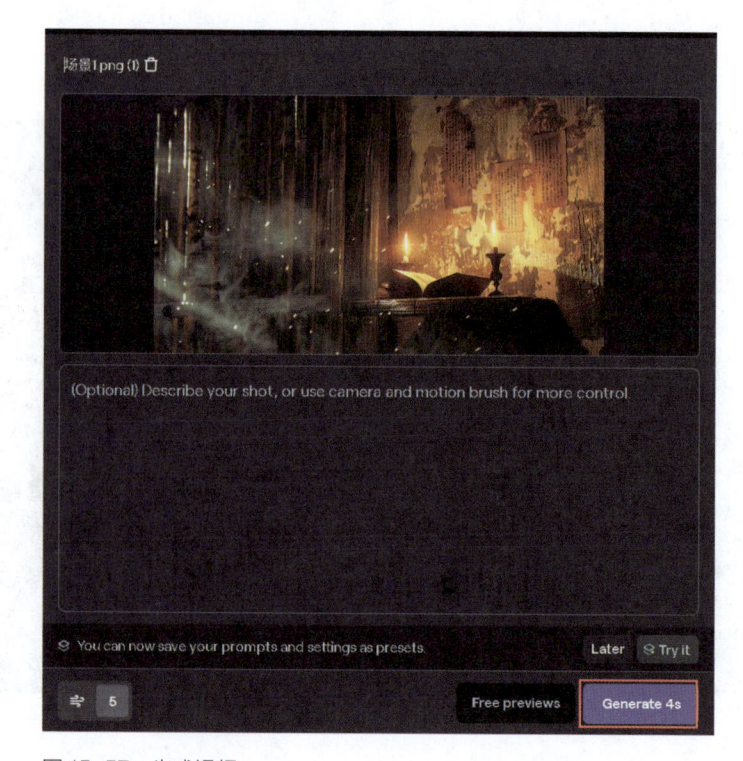

图 15-57　生成视频

值高低和强度的调整，调整完毕后继续生成直到得到符合需求的视频效果，即可单击右上角的下载按钮导出视频，如图15-58所示。

思路拓展

运动画笔一共有 5 个笔刷，我们可以用它们来对画面中需要运动的地方进行精准的设置，并对运动的方向和运动轨迹进行微调，以获得更精细的效果。

⑥ 在页面的左上角找到一个垃圾桶的按钮，把已经生成完毕的图片删除（图15-59），单击虚线框把第二个分镜头的图片导入后，接下来开始第二个分镜头视频生成。第二个分镜头是人物的特写，因此不需要有过多的其他变化。为了加快得到符合脚本描述的视频，可以给视频增加一个运动的镜头，在页面的左边找到"Camera Settings"按钮并单击，如图 15-60 所示，随后找到"Zoom"调整数值到 -1.0，给视频增加一个缓慢往后的一个镜头，随后单击"Generate 4s"，生成视频，如图 15-61 所示。

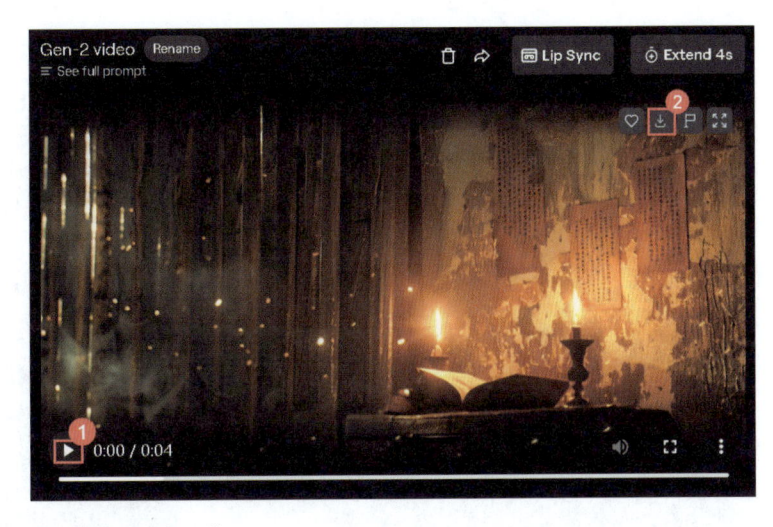

图 15-58　视频预览

图 15-59　删除图片

图 15-60　调节相机参数　　　　　　　　　　　图 15-61　生成视频

⑦ 等待若干分钟视频加载完毕后，单击播放按钮查看视频生成效果，根据视频效果进行数值的强度调整，调整完毕后，再单击 Generate 4s 生成视频，直到视频效果符合脚本需求，此时可以单击视频右上角的下载按钮进行下载，如图 15-62 所示。

⑧ 现在开始制作场景二的第一个分镜头。与上述步骤一致，把生成完毕的图片删除后单击虚线框，把场景二的第一个分镜头的图片导入后，开始生成场景二的第一个镜头，如图 15-63、图 15-64 所示。

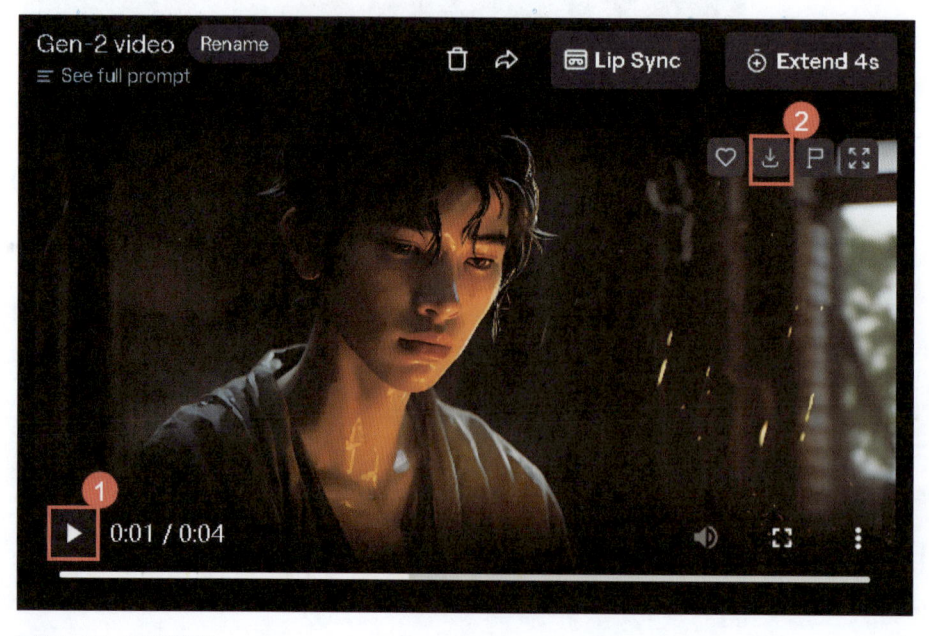

图 15-62　下载视频

图 15-63　删除生成完毕的图片

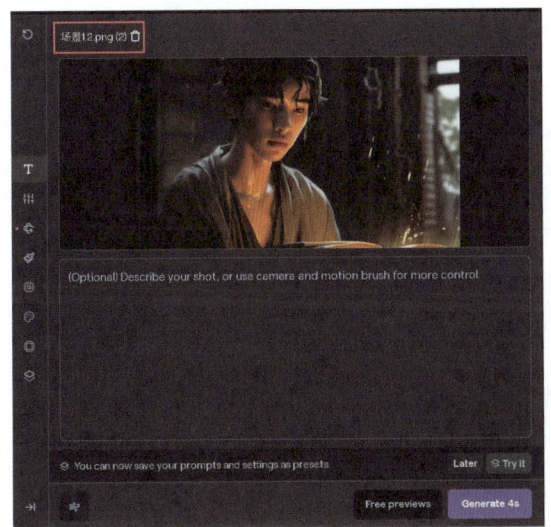

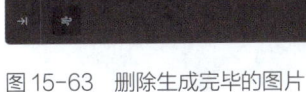

图 15-64　上传图片到 Runway

⑨ 单击"Generate 4s",等待片刻,视频加载完成,单击播放查看视频效果,若视频生成没有出现失误,并且符合脚本需求,即可单击右上角的下载按钮保存,如图 15-65 所示。

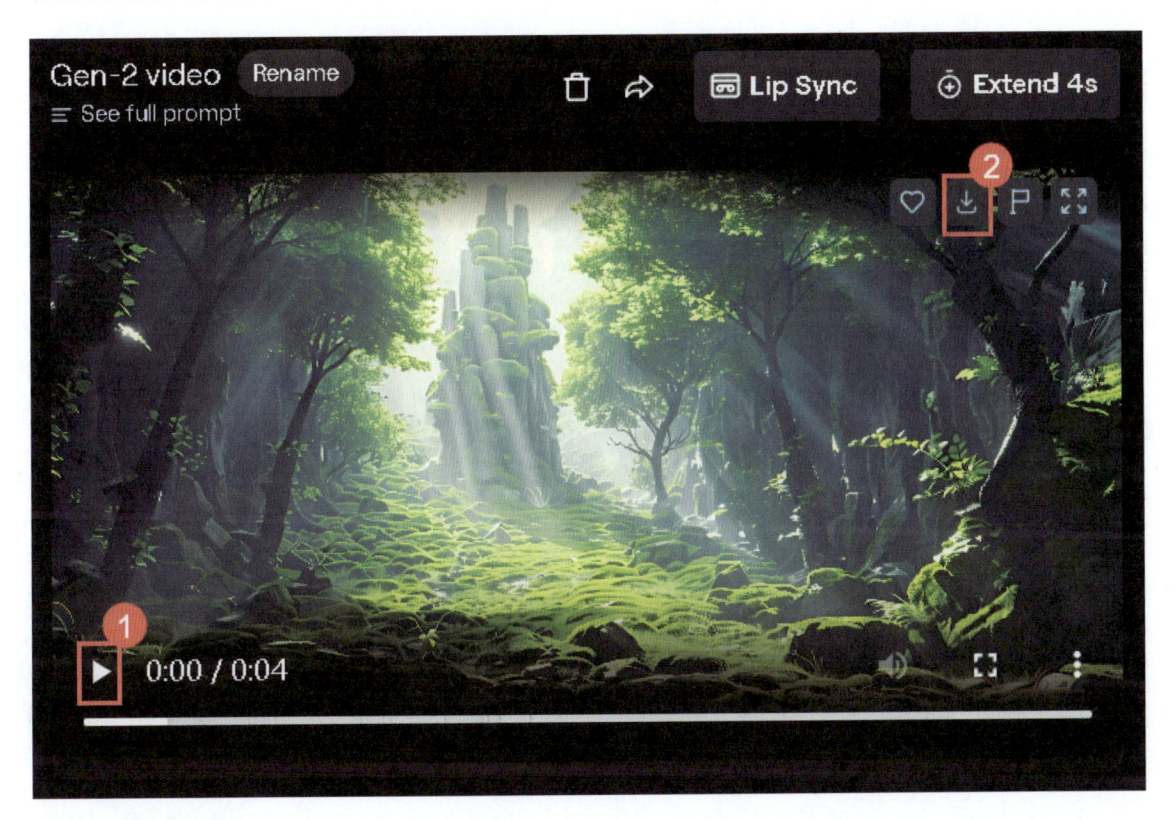

图 15-65　下载视频

⑩ 这一步生成场景二的第二个镜头，这个镜头与场景一的第二个镜头一样，我们在页面的左边找到"Camera Settings"按钮，找到"Zoom"并调整数值到 –1.0，给视频增加一个缓慢往后的镜头，增加视频的层次感，随后即可单击"Generate 4s"，生成视频，如图15-66所示。

⑪ 等待片刻，视频加载完毕后，单击播放按钮查看视频效果，视频效果符合脚本时，即可单击视频右上角的下载按钮，保存视频，如图15-67所示。

图15-66 相机参数

图15-67 下载视频

⑫ 接下来进行场景二的最后一个分镜头的视频生成，在页面的左上角把生成完毕的图片删除后，单击虚线框把场景二最后一个分镜头导入后，根据脚本描述"建筑物的表面刻着复杂的发光符文，散发着空灵的蓝光"，我们需要给画面的符文增加一个向上的运动，此处不需要画面运动强度过高，因此设置数值为 0.1 即可，随后可单击"Generate 4s"，生成视频，如图 15-68 所示。

⑬ 等待片刻，视频加载完成后，与上述步骤一致，查看视频效果是否符合脚本需求，视频效果符合脚本需求时，即可在视频的右上角单击下载按钮，下载视频到专属的文件夹里面，后续视频的生成与保存依照以上步骤一一进行，如图 15-69 所示。

图 15-68 运动笔刷参数

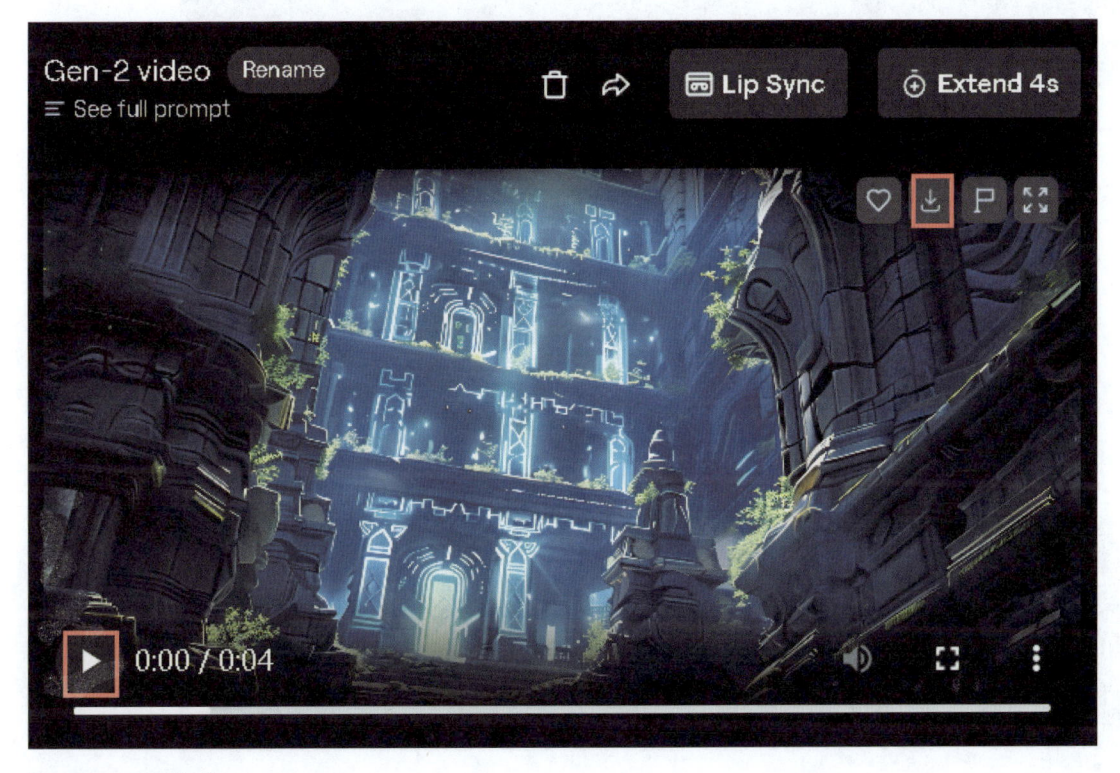

图 15-69 下载视频

15.6　Topaz Video AI 提升视频画质

所有场景分镜头的视频都用 Runway 生成完毕后，接下来会使用 Topaz Video AI 增强生成的分镜头视频的画质。

① 首先打开 Topaz Video AI 的主页面，单击"浏览"按钮，选择保存视频的专属文件夹，导入生成的视频，如图 15-70、图 15-71 所示。

图 15-70　Topaz Video 界面

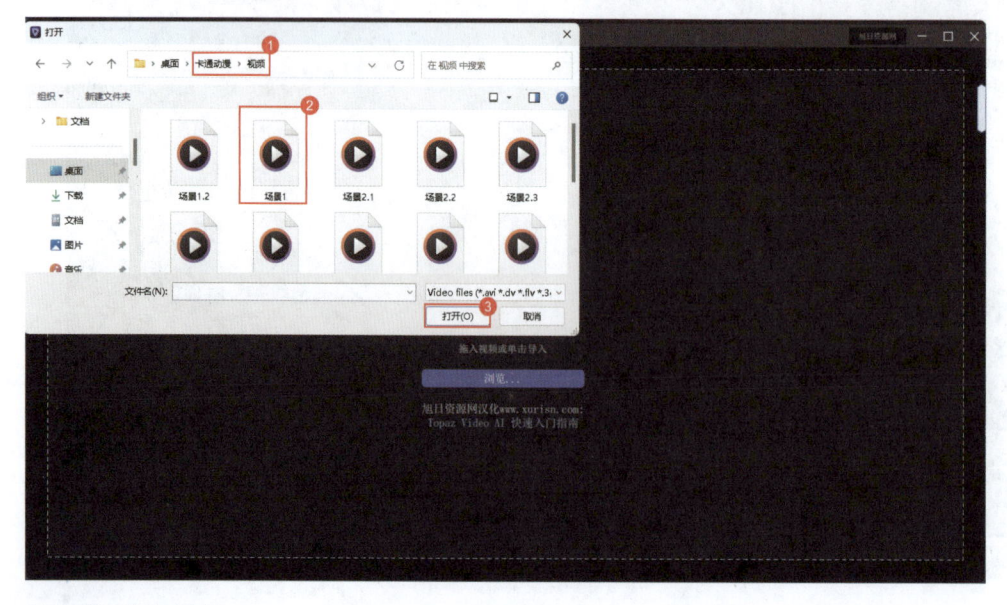

图 15-71　添加视频

② 等待若干分钟，视频导入完毕后，在主页面右侧的右上角找到"Preset"，单击展开选项，系统配有多种预设，根据需求我们选择"提升到4K"的选项把视频画面增强即可，如图15-72、图15-73所示。

③ 随后单击窗口2下面的"Preview（5s）"按钮，等待若干分钟后即可查看增强后的效果，视频增强完毕后，在页面的右下角单击"导出为"进行保存，如图15-74、图15-75所示。

图15-72 调整参数

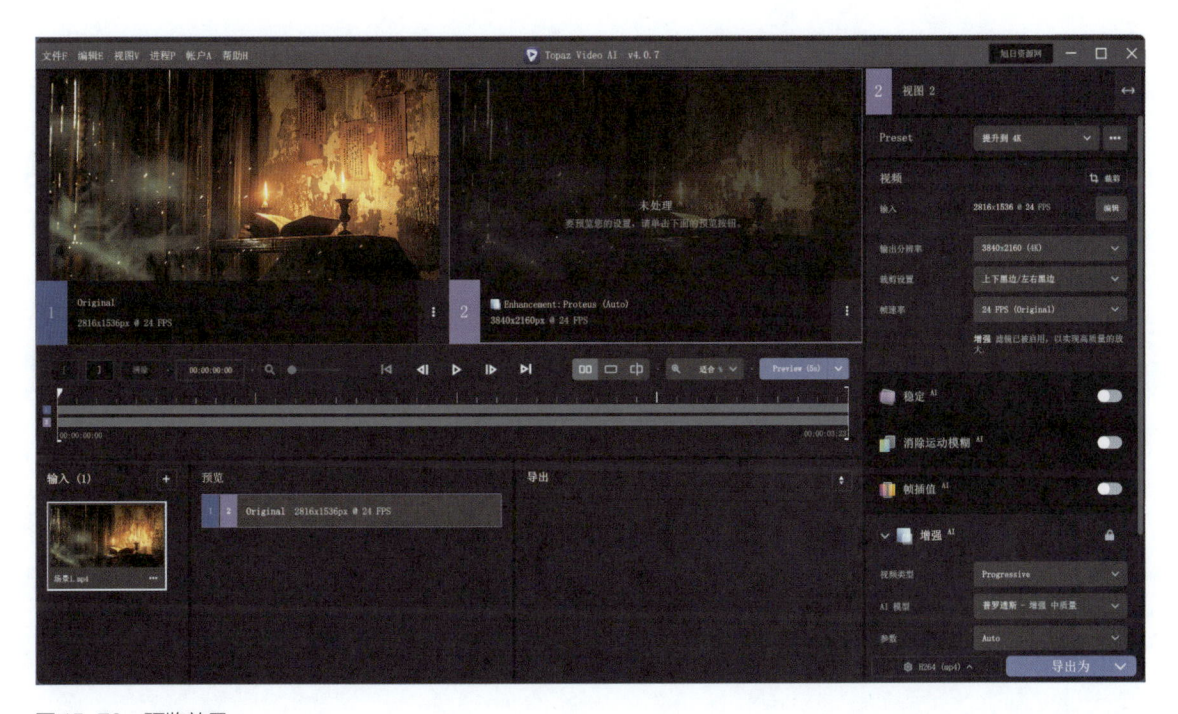

图15-73 预览效果

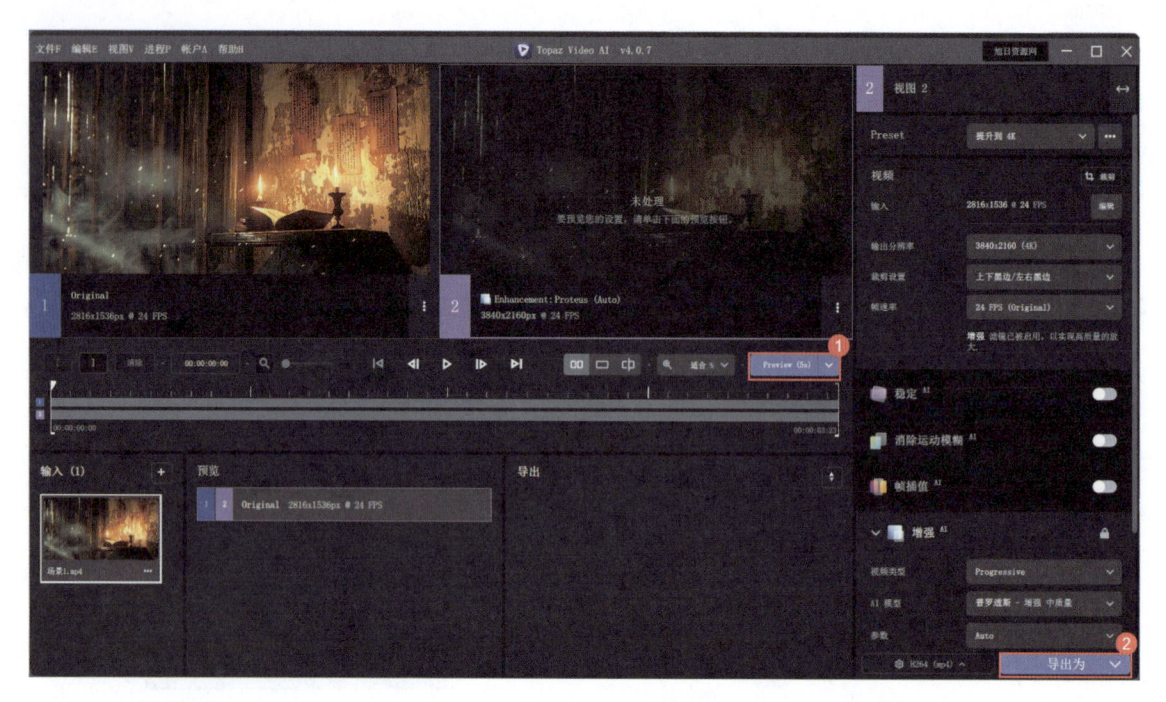

图 15-74 导出视频

图 15-75 画质升级完成

④ 保存完毕后，在页面的左下角，单击输出窗口的加号，进行第二个视频的增强。第二个视频为主人公的特写，这时我们可以选择右下角的增强 AI 模型里面的人脸增强 AI 进行增强，或者与上述步骤一样使用预设把画质提至 4K，如图 15-76、图 15-77 所示。

图 15-76 导出面板设置

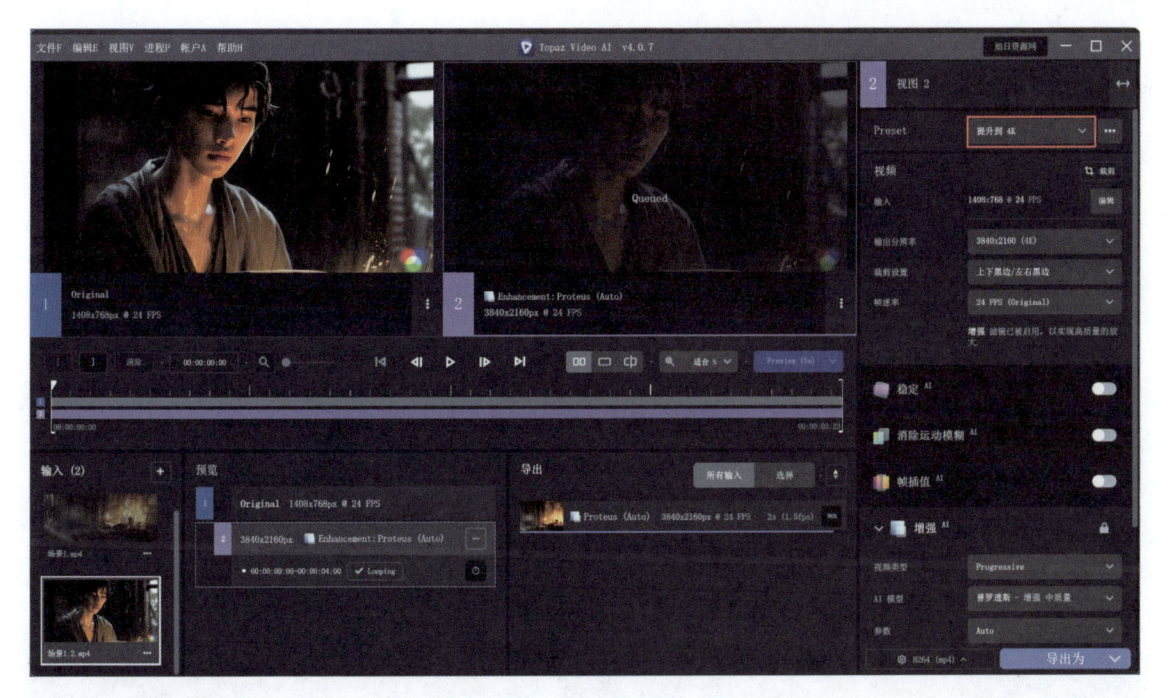

图 15-77 调节画质

⑤ 选定选项后，在视频画面的窗口 2 下面找到"Preview（5s）"按钮并单击，等待模型加载完毕后，即可查看视频增强的效果，如图 15-78 所示。

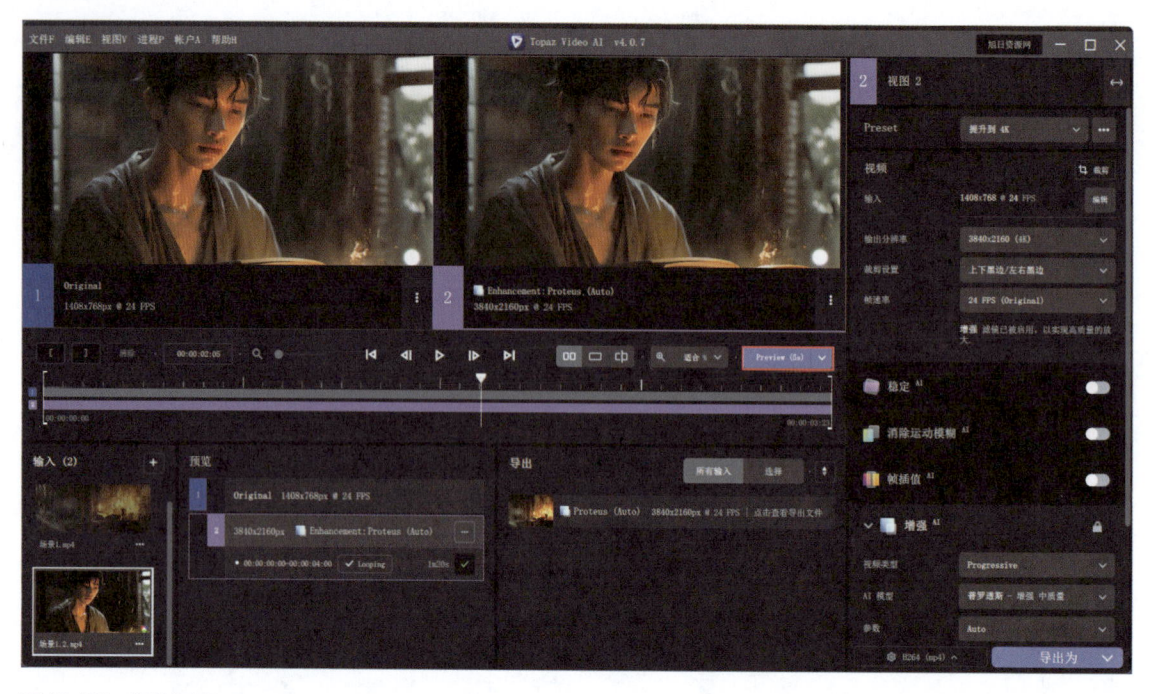

图 15-78　预览画面

⑥ 查看效果，若无异常，即可单击右下角的"导出为"，保存到建好的专属文件夹里面，后续视频的增强保存与上述步骤一致，如图 15-79 所示。

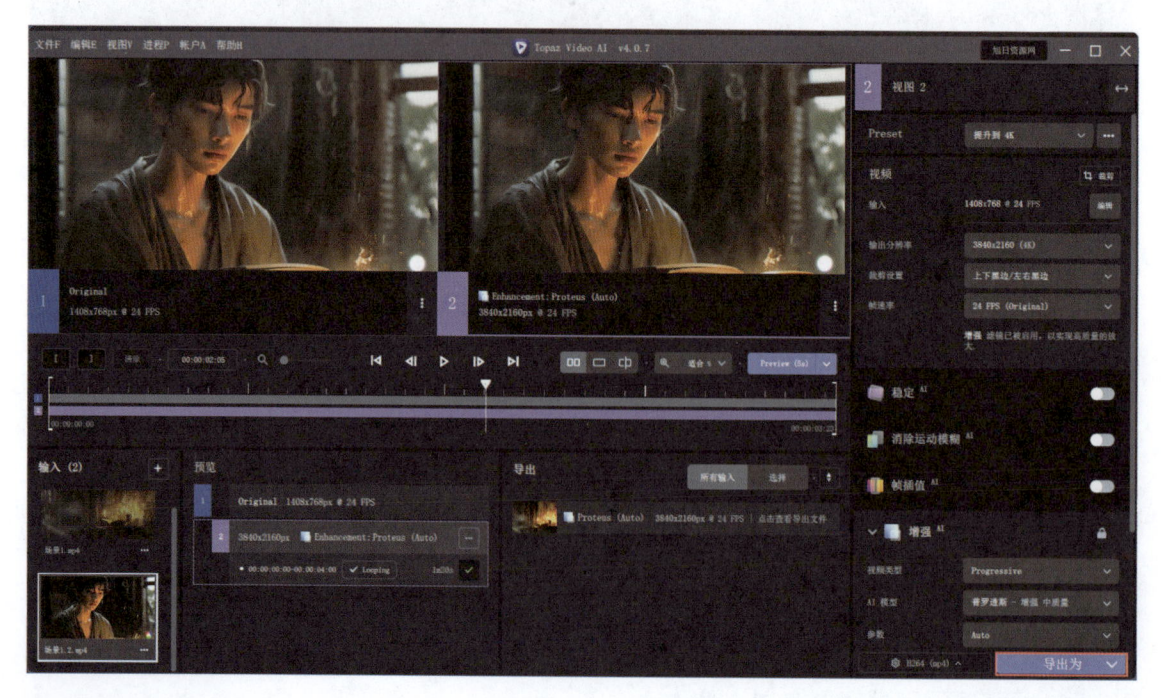

图 15-79　导出画质

思路拓展

在开始使用 Topaz Video AI 的增强 AI 之前,要选择满足需求的模型。例如,如果要提高视频分辨率,则应使用"视频增强 AI"模型;如果要修复视频中的噪声和瑕疵,则应使用"视频去噪 AI"模型。另外,每个模型都提供了一系列预设,可以帮助用户快速开始使用。这些预设针对常见的使用情况进行了优化,但也可以根据自己的需求进行调整。

15.7 剪映剪辑视频

视频增强完毕后,进行最后的视频剪辑,我们选择使用剪映 App 进行剪辑。

① 首先,打开剪映 App,单击"开始创作"按钮,等待片刻就会进入视频剪辑页面,随后开始剪辑视频,如图 15-80 所示。

图 15-80 导入素材

② 在进入剪辑页面后,我们可以单击页面左侧的"导入"按钮,选择我们保存视频文件的专属文件夹,将视频全部框选进行导入,如图 15-81~图 15-83 所示。

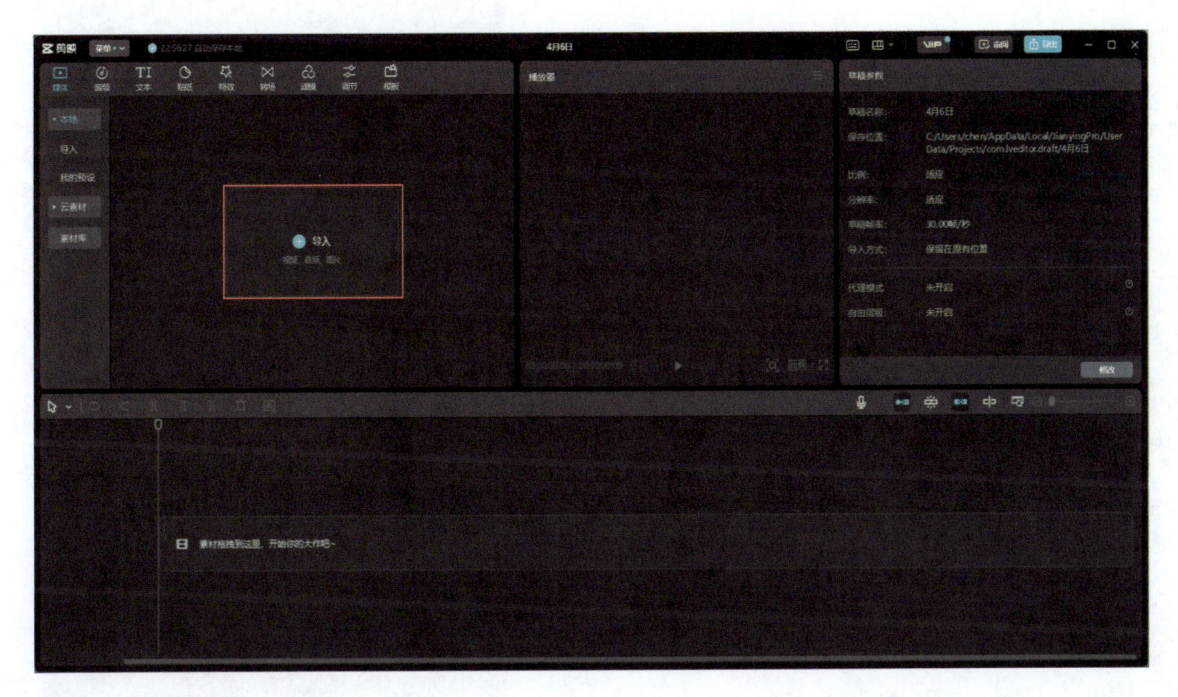

图 15-81 剪映主页面

图 15-82 选择文件夹

图 15-83 选择目标视频

③ 等待片刻，将视频全部导入完成后，便可把视频按脚本的场景分镜头顺序一一拖入时间轴中，如图15-84所示。

图15-84 将素材拖拽到时间轴上

④ 把所有视频拖入时间轴后，我们先生成视频的背景音乐。在剪辑页面的左上角选择"音频"选项，根据视频的类型，在搜索框输入我们主题类型的关键词"修仙"，在下方音乐中选择合适时长的背景音乐，单击加号添加，如图15-85所示。

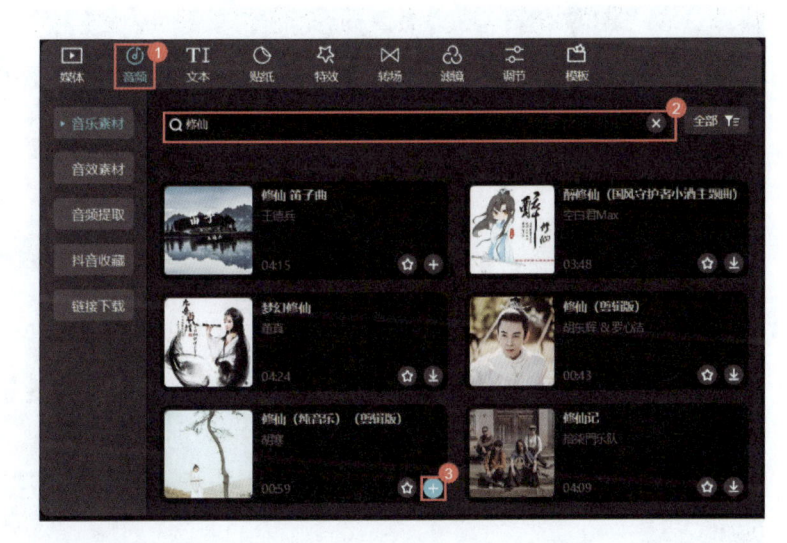

图15-85 添加音乐

第15章　卡通动画：仙侠片

>> **219**

⑤ 随后，单击下方添加的背景音乐，在时间轴的上方选择 AI 踩点，选择"踩节拍 1"，稍等片刻 AI 踩点加载完成，即可根据踩点点位进行卡点转场，如图 15-86 所示。

图 15-86　使用 AI 踩点

⑥ 接下来进行字幕的添加。按脚本顺序选择时间轴中要添加字幕的视频，在剪辑页面的左上角选择"文本"选项，单击添加字幕，如图 15-87 所示。

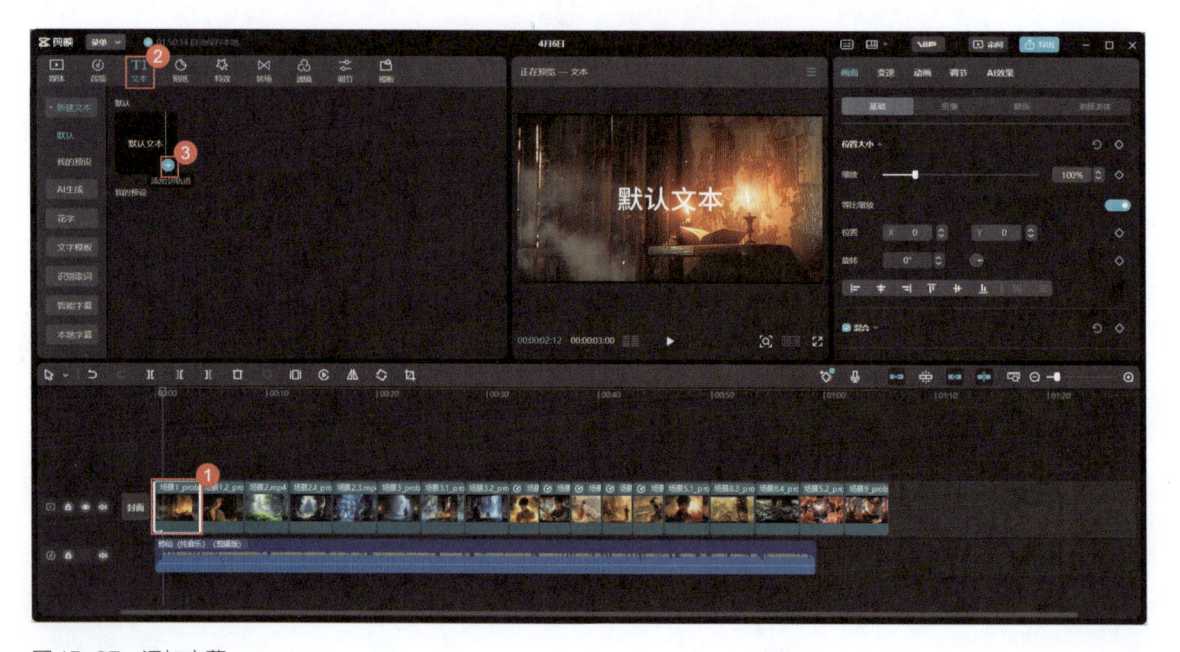

图 15-87　添加字幕

⑦ 在页面的右上角进行字幕的编辑，根据场景顺序选择脚本旁白进行复制，随后粘贴到文本框内，编辑好后，在窗口的右上角，单击"朗读"按钮，选择一个合适的朗读音色，进行字幕的朗读，如图15-88、图15-89所示。

图15-88 修改文字内容

⑧ 随后单击播放按钮查看视频效果，若效果满意，后续步骤即可依照此步骤一一进行，如图15-90所示。

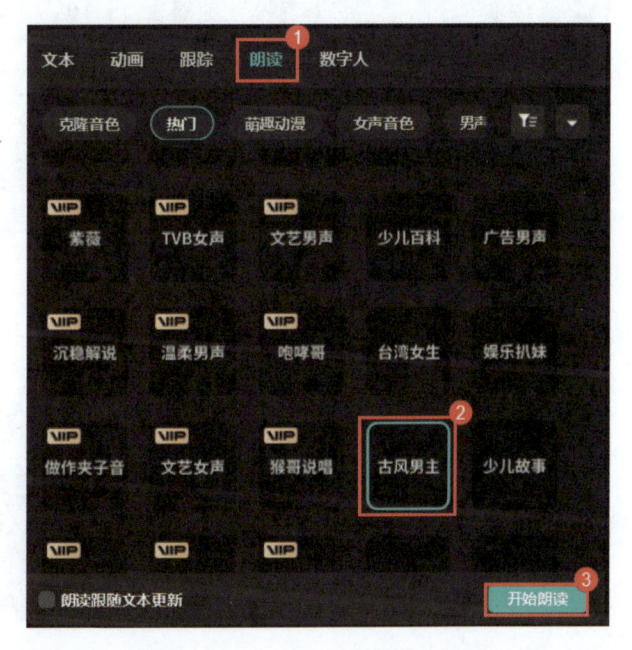

图15-89 朗读

图 15-90　预览整体效果

⑨ 案例视频最终效果图如图 15-91～图 15-96 所示。

图 15-91　最终画面效果（1）

图 15-92　最终画面效果（2）

图 15-93　最终画面效果（3）

图 15-94 最终画面效果（4）

图 15-95 最终画面效果（5）

图 15-96 最终画面效果（6）

第 16 章　珠宝商业广告

16.1　Microsoft Copilot 制作脚本

首先，需要准备一份关于珠宝商业广告视频故事板的思路和脚本。在这里笔者采用 Microsoft Copilot（人工智能驱动的聊天助手）进行描述、整理和提取。

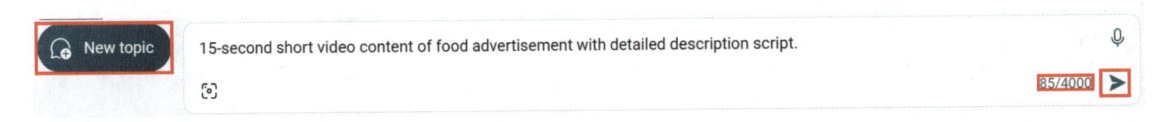

① 选择 COPILOT 对话方式后，单击聊天框进行文字输入（文字内容不能超过 4000 字），输入文字后单击 ▶ 即可发送、单击 New topic 可以添加新话题，如图 16-1 所示。

图 16-1　在对话框中输入需求

② 聊天框输入文字后，单击 可以添加图像或链接，辅助 Microsoft Copilot 进行文字分析，上传方式有粘贴图片或链接、从设备上传、打开摄像头拍一张照片，如图 16-2 所示。

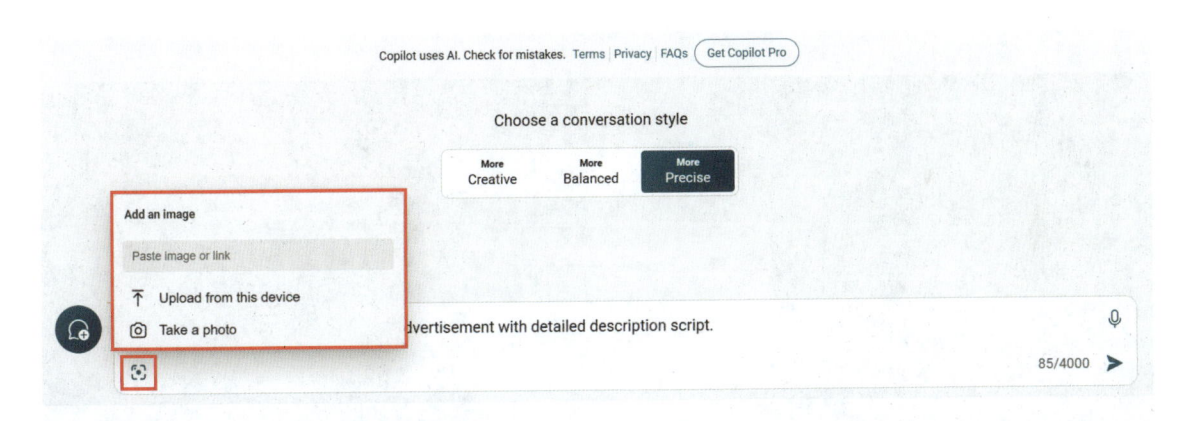

图 16-2　上传图片

16.2　Midjourney 生成图像

在拥有视频脚本后，这里采用 Midjourney 根据分镜头或分场景脚本生成照片。

① 登录 Discord 界面，在左侧单击 ，在"创建您的服务器"中单击"亲自创建"，选择"仅供我和我的朋友使用"，单击"创建"通过验证进入界面，如图 16-3~图 16-6 所示。

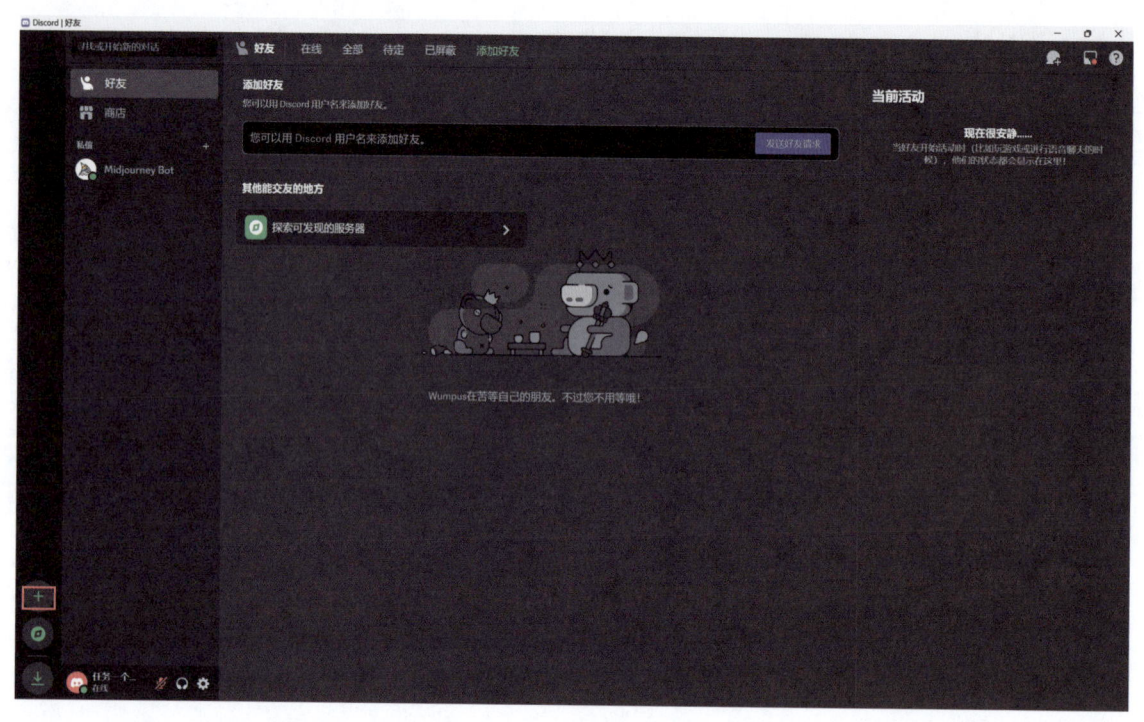

图 16-3　Discord 界面

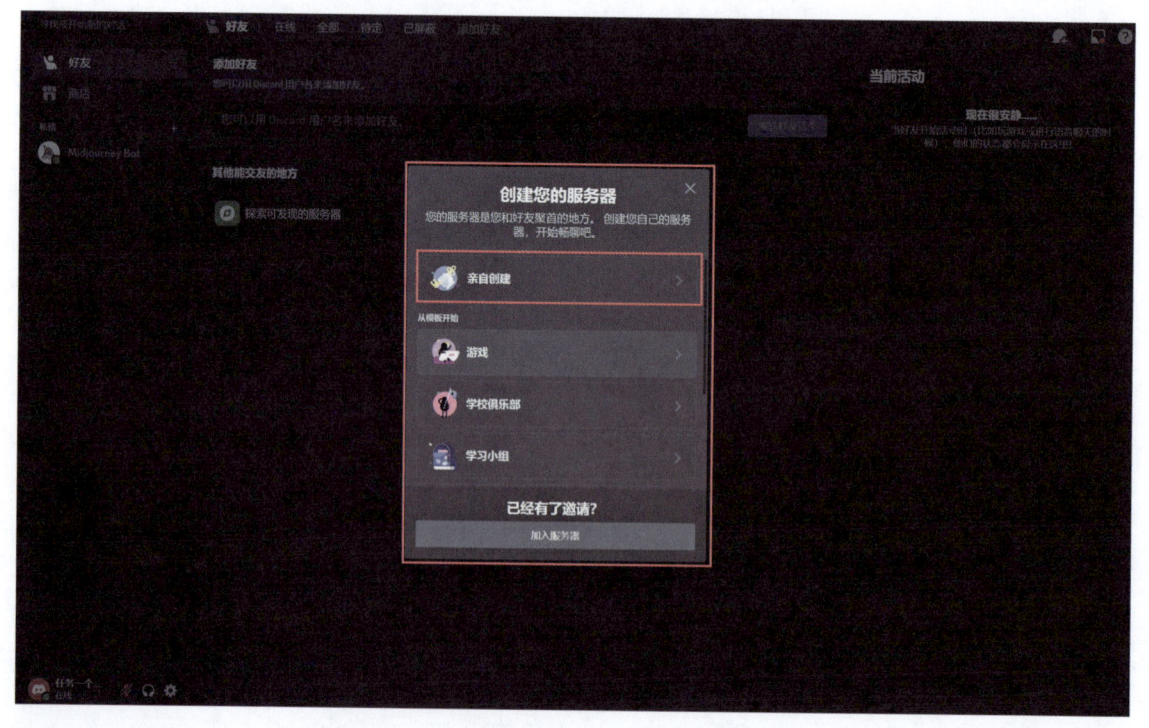

图 16-4　创建服务器

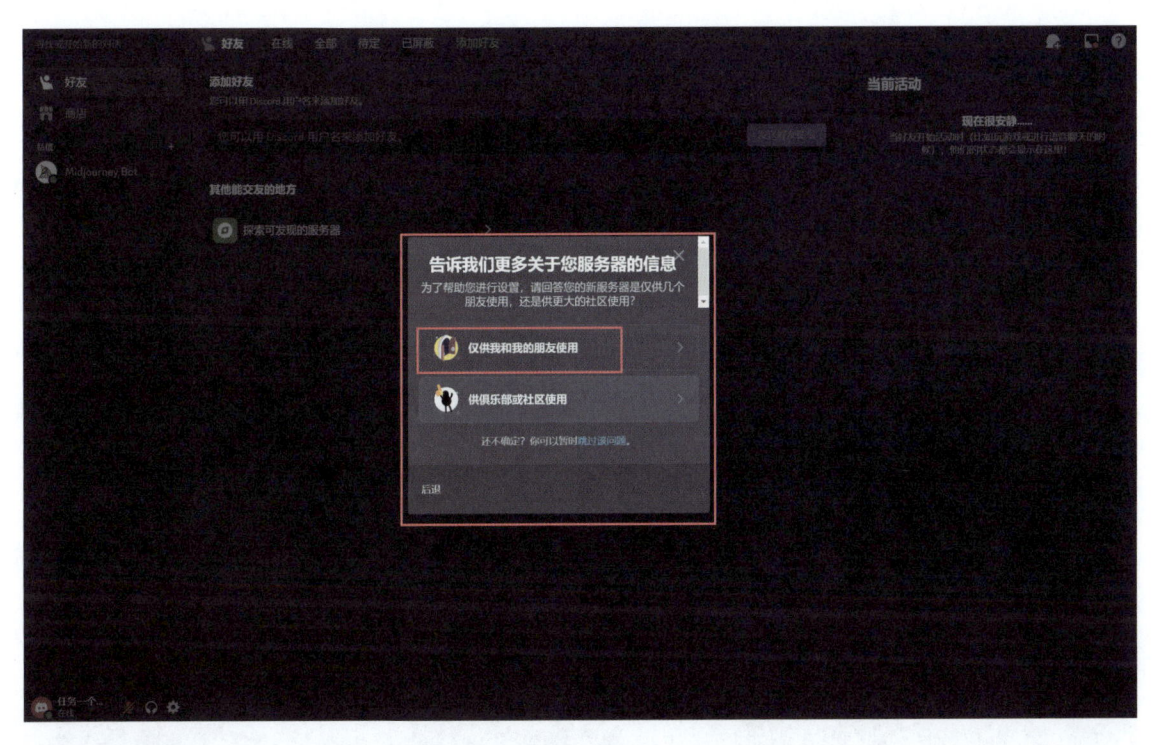

图 16-5 更多信息

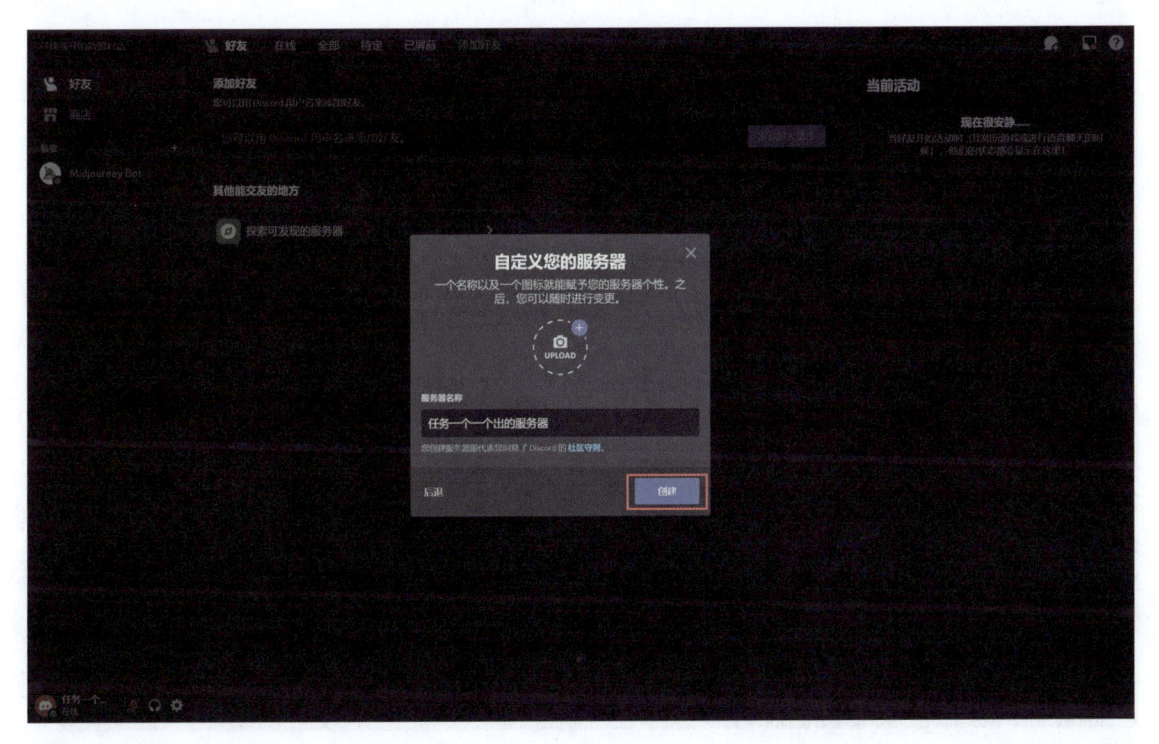

图 16-6 创建

② 进入创建好的服务器后紧接着添加 Midjourney Bot，找到 Midjourney Bot 单击后添加到刚刚创建的服务器，通过验证即可使用，如图 16-7、图 16-8 所示。

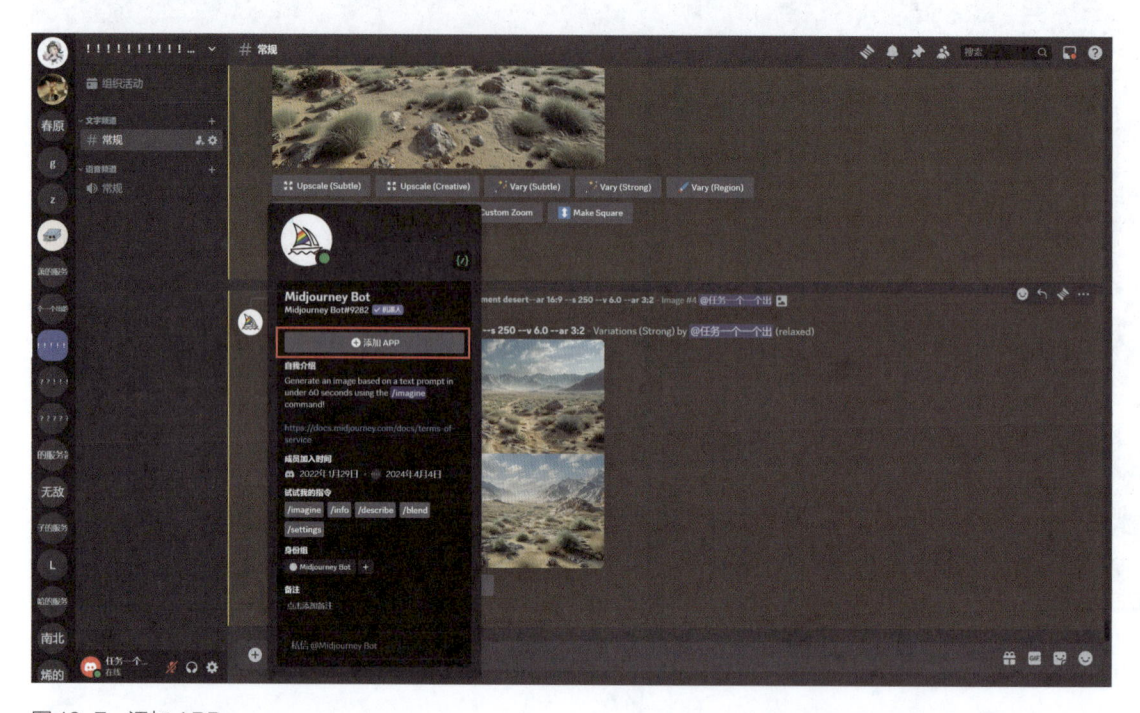

图 16-7　添加 APP

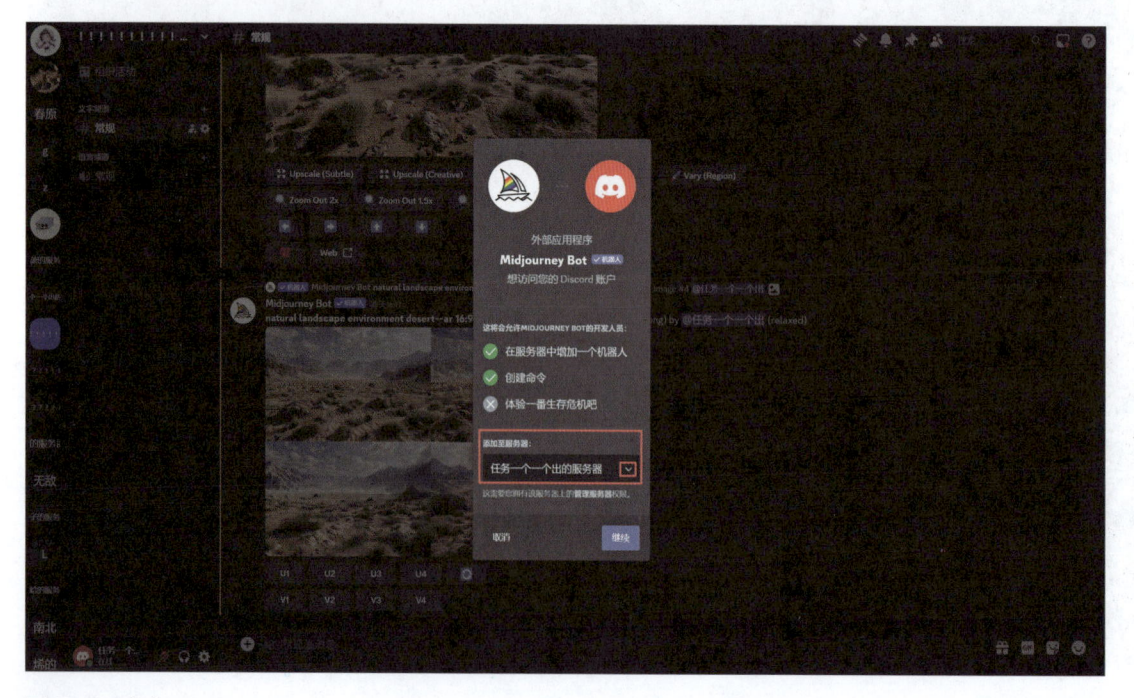

图 16-8　完成

③ 单击聊天框输入"/",选择 /imagine ,然后将分镜头或分场景具体描述文本进行输入后按回车键发送,等待1~2分钟即可生成4张图片;单击图片下方U1~U4(依次对应着四张图片位置),单击后即可单独生成图片,单击鼠标右键选择"另存为"即可保存图片,如图16-9、图16-10所示。

图16-9 image模式

图16-10 升级画质

思路拓展

这里为读者提供描述模板以供借鉴：

/imagine prompt：文字描述：：--aspect 16：9

在文字描述后用"空格--aspect 16：9"输入比例即可调整图片生成比例。

这里为读者展示在"Midjourney"中提取珠宝商业广告的图片，如图 16-11～图 16-14 所示。

图 16-11　图片效果（1）

图 16-12　图片效果（2）

图 16-13　图片效果（3）

图 16-14　图片效果（4）

16.3　Runway 生成视频

在拥有符合预期的图片后，笔者采用 Runway 将图片转化成视频。

① 登录 Runway（runwayml.com）页面可以看到主界面的左侧为项目栏，项目栏中的"Videos"影片功能项包含了"Generate Videos"（生成视频）、"Edit Videos"（编辑视频）、"Generate Audio"（生成音频），如图 16-15 所示。

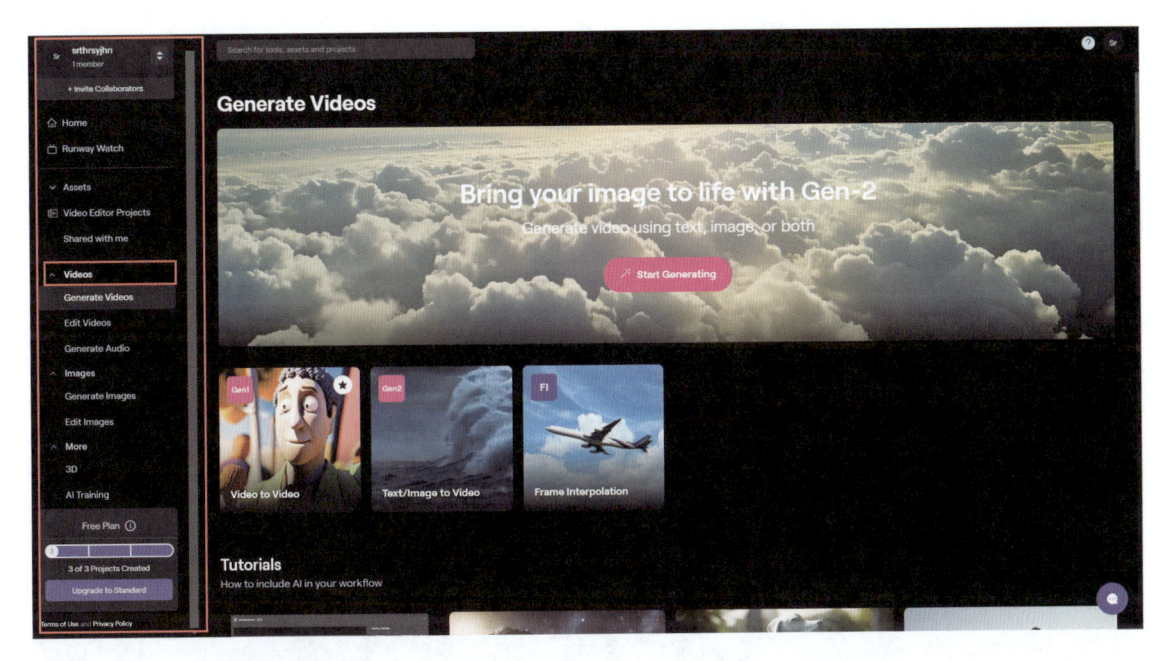

图 16-15　Runway 选择模式

②项目栏"Videos"中笔者选择"Generate Videos"，单击"Generate Videos"界面中 图标进入文本/图像转视频界面，如图 16-16 所示。

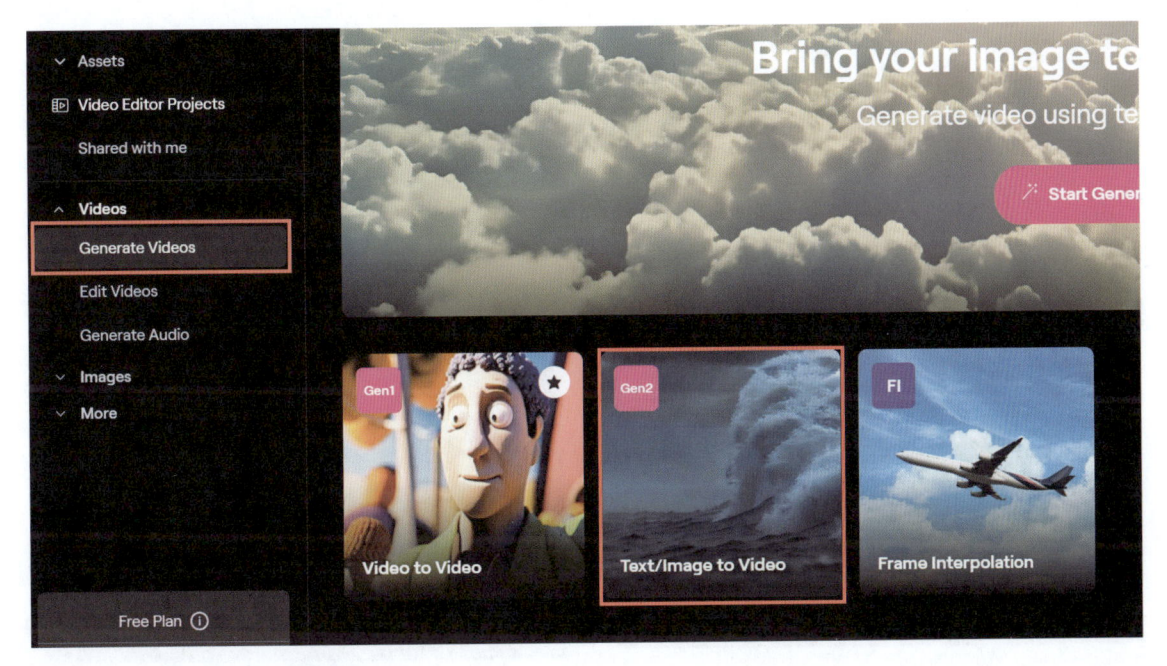

图 16-16　选择文本/图像转视频模式

③ 进入文本/图像转视频界面。左侧菜单栏中，从上到下依次是提示词、常规设置、相机设置、运动笔刷、模型、风格、画幅比例、预设；右侧是创作和查看的位置，如图 16-17 所示。

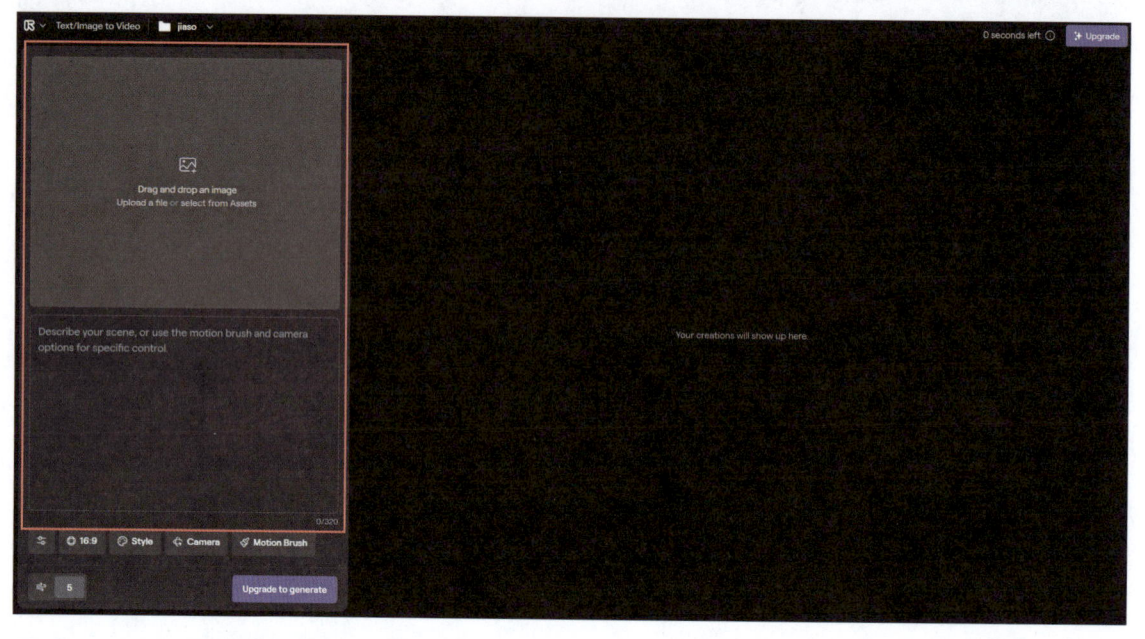

图 16-17　文本/图像转视频界面

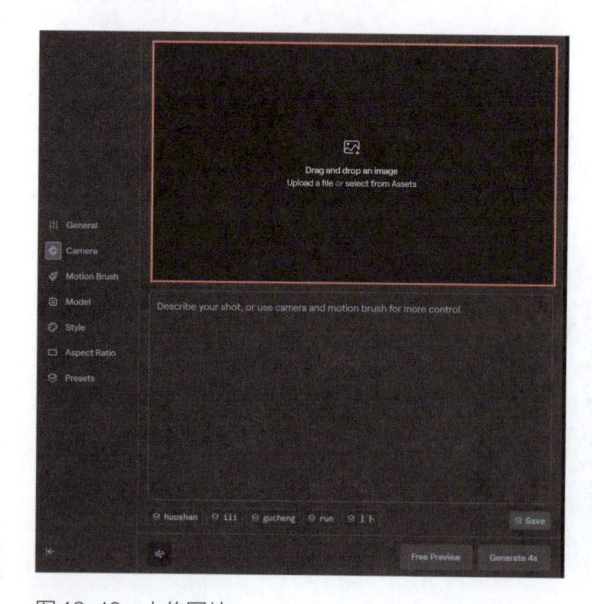

④ 这里笔者采用文本＋图像生成视频。单击文本/图像转视频界面左侧图片图标，将准备好的符合预期的图片上传，并在描述框中输入想要的场景表述（注意描述词不能超过 320 字）。单击 Generate 4s 即可生成视频，如图 16-18、图 16-19 所示。

图 16-18　上传图片

图 16-19　单击生成

⑤ 单击 Generate 4s 后，等待 1~2 分钟生成 4 秒视频，在界面的右侧可以查看视频。如果觉得 4 秒时长的视频不能满足需求，可以单击视频右上角 Extend 4s （扩展 4 秒）按钮，界面将自动跳转到左侧，可使用运动画笔和相机选项进行特定控制，Runway 会使用 Gen-2 模型自行补充后面的内容，在界面最右侧可滑动观看，如图 16-20 所示。

图 16-20 拓展视频时间

思路拓展

这里补充介绍：图标可勾选调节。"seed"（种子）：用于生成的扩散坐标。"Interpolate"（插值）：平滑镜框。"Upscale"（高档的）：自动增强视频分辨率（可能略微增加生成时间）。"Remove watermark"（去除水印）：从输出中移除"Gen-2"水印。设置界面如图 16-21 所示。

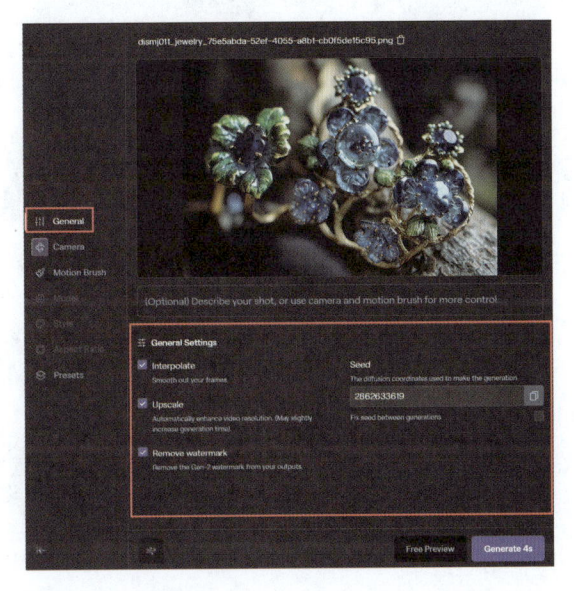

图 16-21 通用设置

第 16 章 珠宝商业广告

运动方式和强度调整：Camera 可以调整镜头的运动方式和强度，这里可以理解为操控一架无人机进行飞行拍摄运镜。"Camera Motion"界面中相关参数功能有："Horizontal""Vertical""Pan""Tilt""Roll""Zoom""Reset saved""Save"，以及"huoshan""iii""gucheng""run""上下"，如图16-22所示。

局部定向运动：Motion Brush BETA 可以使用运动笔刷设置局部定向运动来更好地控制视频画面效果。在"Motion Canvas"（运动画布）上有5把刷子（Brush 1~5），单击刷子可使用对应的笔刷；打开 Auto-detect area 自动检测区域，笔刷将自动识别区域，关闭 Auto-detect area 则可

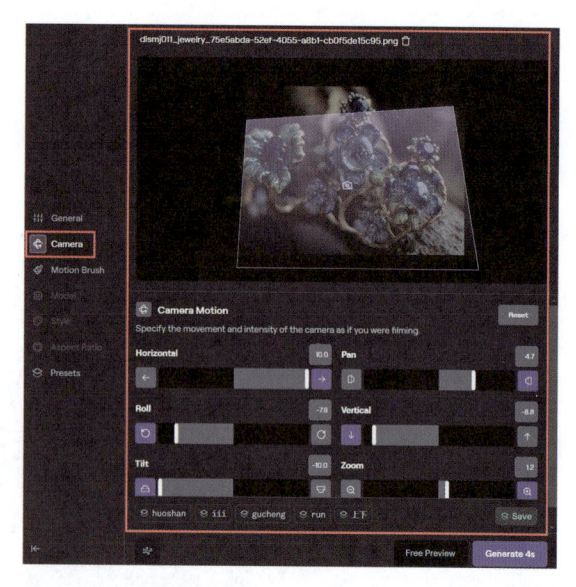

图16-22 相机设置

以使用原始笔刷；"Directional motion"定向控制"Motion Canvas"（运动画布）上的刷子调整视频画面运动。"Directional motion"界面中，"Horizontal（x-axis）"可以水平（X轴）移动，"Vertical（y-axis）"可以垂直（Y轴）移动，"Proximity（z-axis）"可以接近度（z轴）移动，"Ambient（noise）"可以使环境变得躁动。当刷子画错时，可以使用橡皮进行修改或单击左下方回勾撤回上一步。单击"Save"进行保存。该过程如图16-23、图16-24所示。

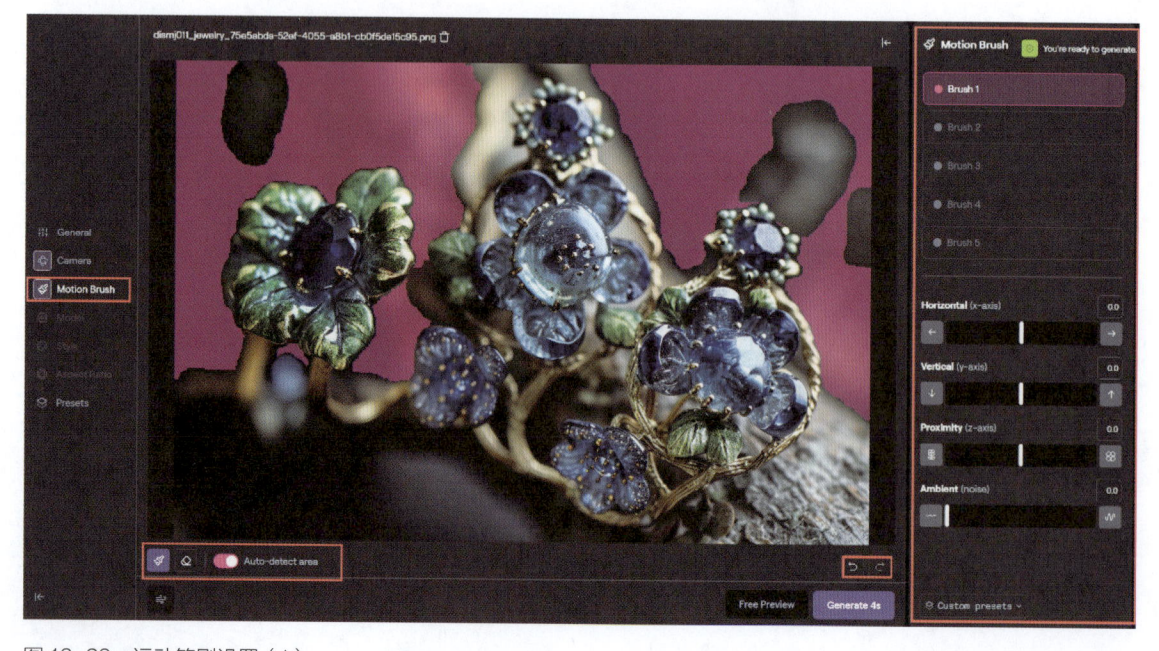

图16-23 运动笔刷设置（1）

234

图 16-24　运动笔刷设置（2）

[Presets] 可以保存生成方案，如果需要多次生成同类型的图片，只需要调取预设中的方案即可，如图 16-25 所示。

⑥ 调整设置，使用运动画笔和相机选项进行特定控制后，在界面左侧查看视频，通过视频周围的图标功能进行设置、下载、转发等。[Extend 4s] 可生成 4 秒视频；[删除] 为删除视频；[分享] 为发布和共享，将使文本和媒体提示对任何具有链接管理设置的人可用；[♡] 为喜欢 / 收藏；[↓] 为下载按钮，[P] 为查看报告内容；[放大] 为放大观看；视频右下方 [🔊] 调节声音，[⇔] 放大，[⋮] 调节播放速度。如果想深入了解更多功能和用法，可以查阅 Runway Gen-2 官方网站，如图 16-26～图 16-28 所示。

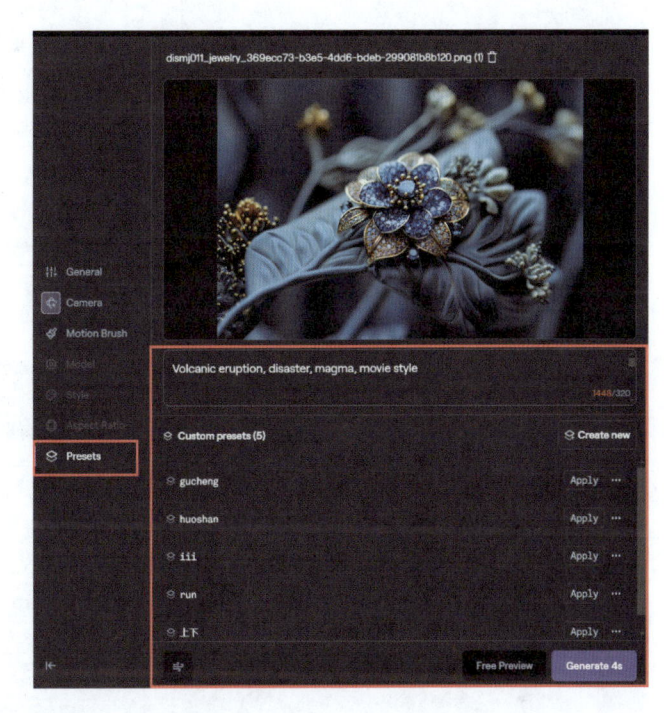

图 16-25　预设

图 16-26 预览视频

图 16-27 查看提示词

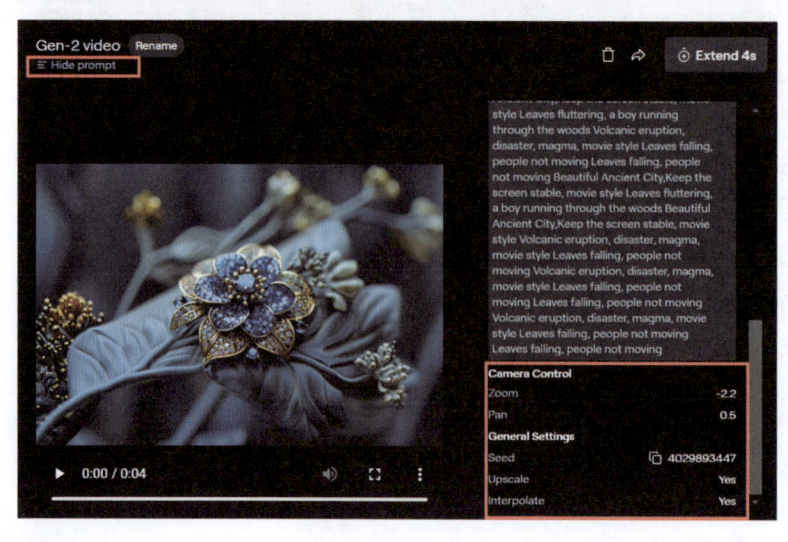

图 16-28 查看其他参数

⑦ 调整设置参数并保存。单击 Generate 4s （生成 4 秒视频）按钮，用 ⬇ 按钮即可将符合预期的视频下载到本地计算机中备用，如图 16-29 所示。

16.4 剪映剪辑视频

在拥有符合预期的视频后，进入案例视频剪辑创作。这里笔者使用剪映 App 软件进行剪辑。

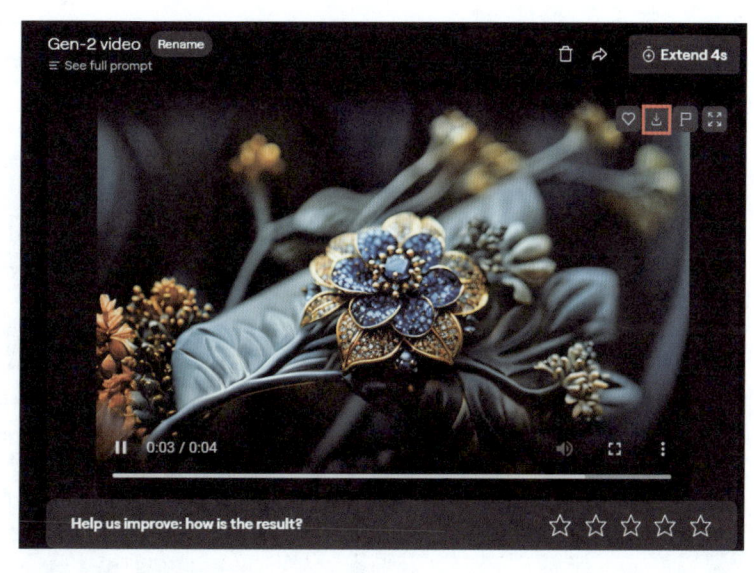

图 16-29 下载视频

① 从登录主页面的 ![开始创作] 进入界面，单击 ➕ 导入 进行导入创作，单击视频素材依次拖入时间轴中，如图 16-30、图 16-31 所示。

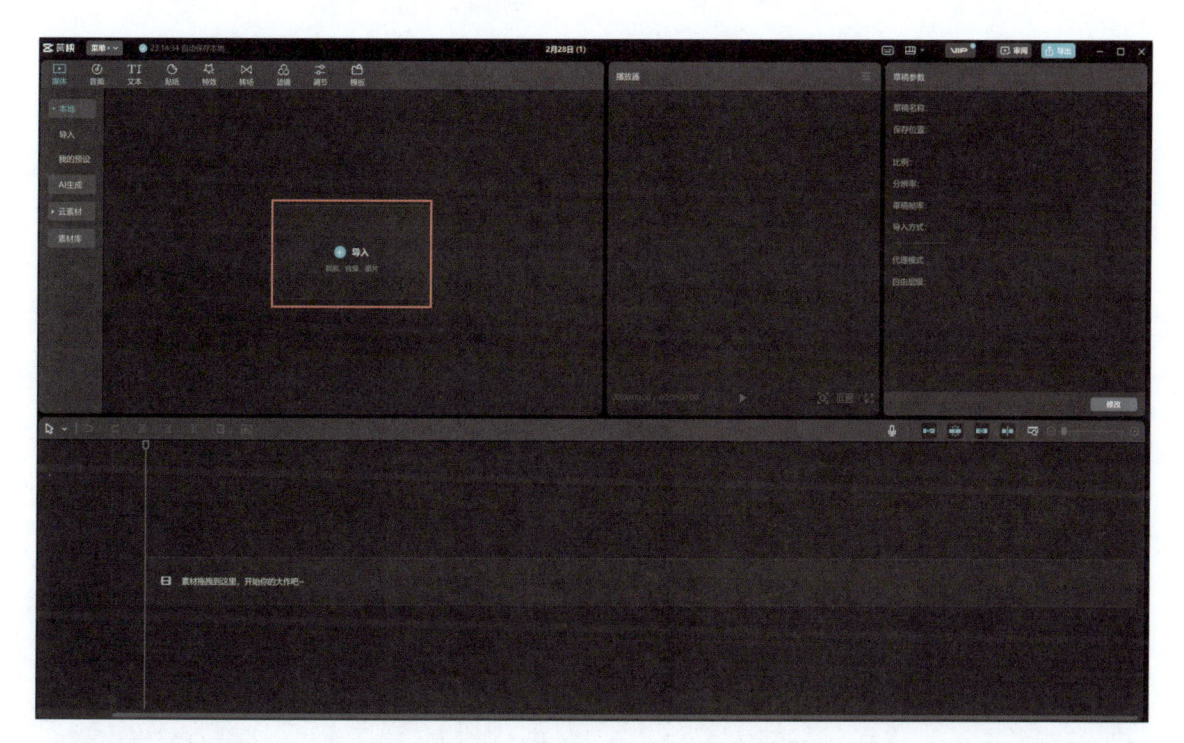

图 16-30 导入素材

图 16-31 放置素材到时间轴

② 将视频素材调整顺序后，单击要修改的片段，在剪映界面右上方项目栏中功能区（画面、变速、动画、调节、AI 效果）进行修剪，如图 16-32 所示。

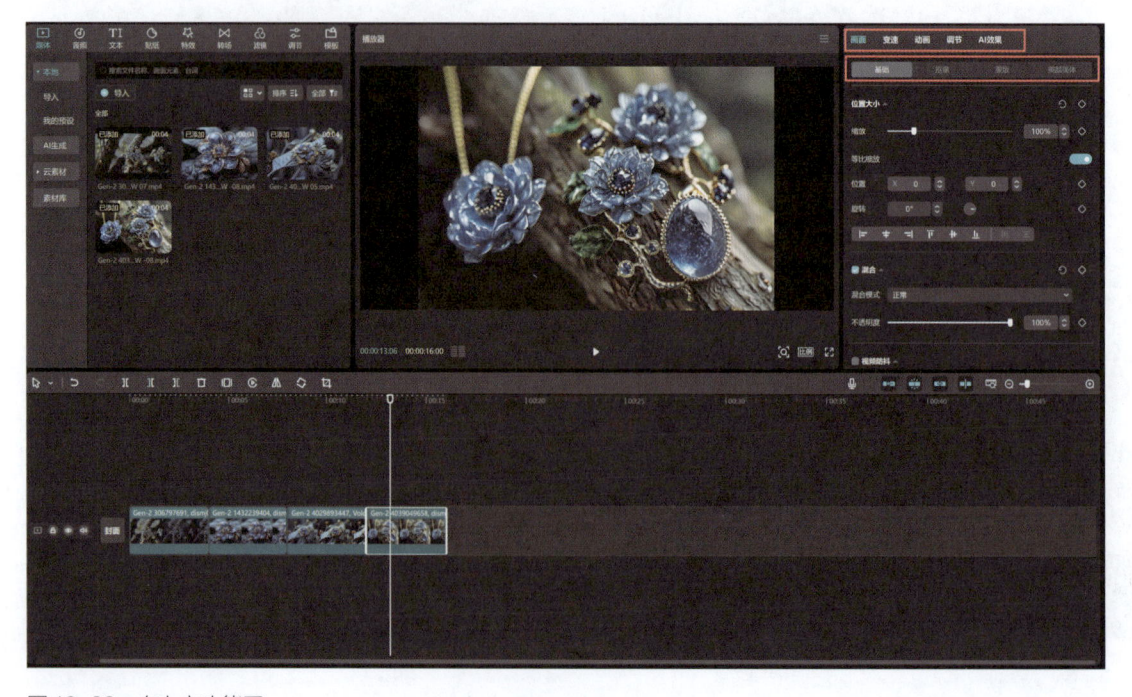

图 16-32 右上方功能区

③ 单击界面左上方项目栏中功能区（媒体、音频、文本、贴纸、特效、转场、滤镜、调节、模板）进行修剪创作视频。添加背景音乐和字幕，单击音频 和文本 根据案例主题进行创作，如图16-33、图16-34所示。

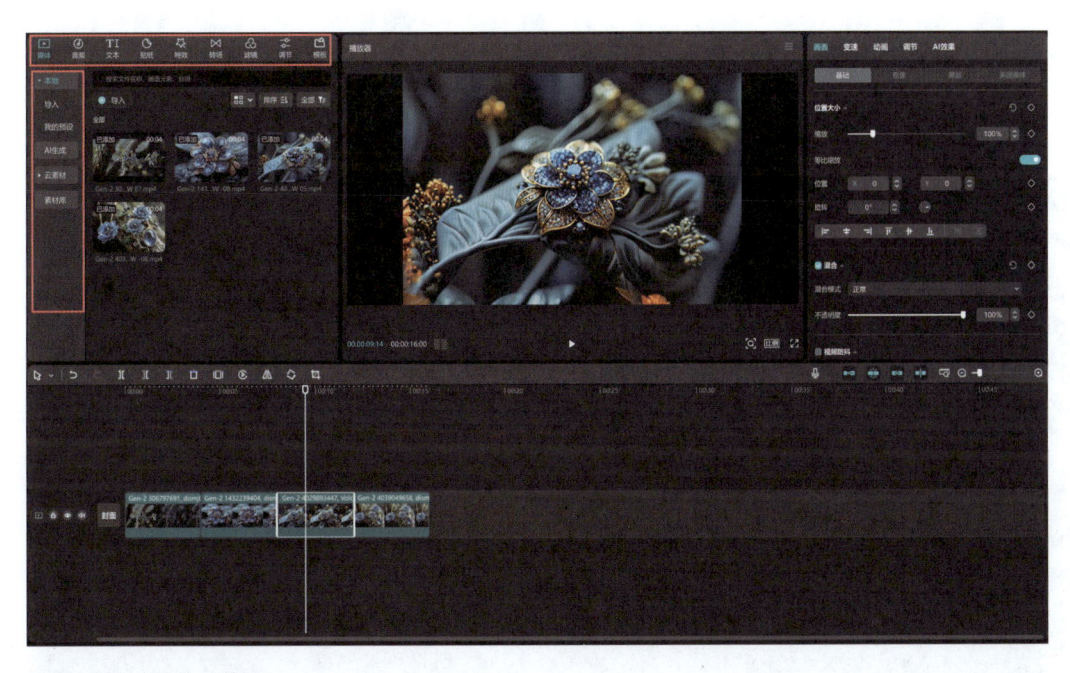

图16-33　左上方功能区

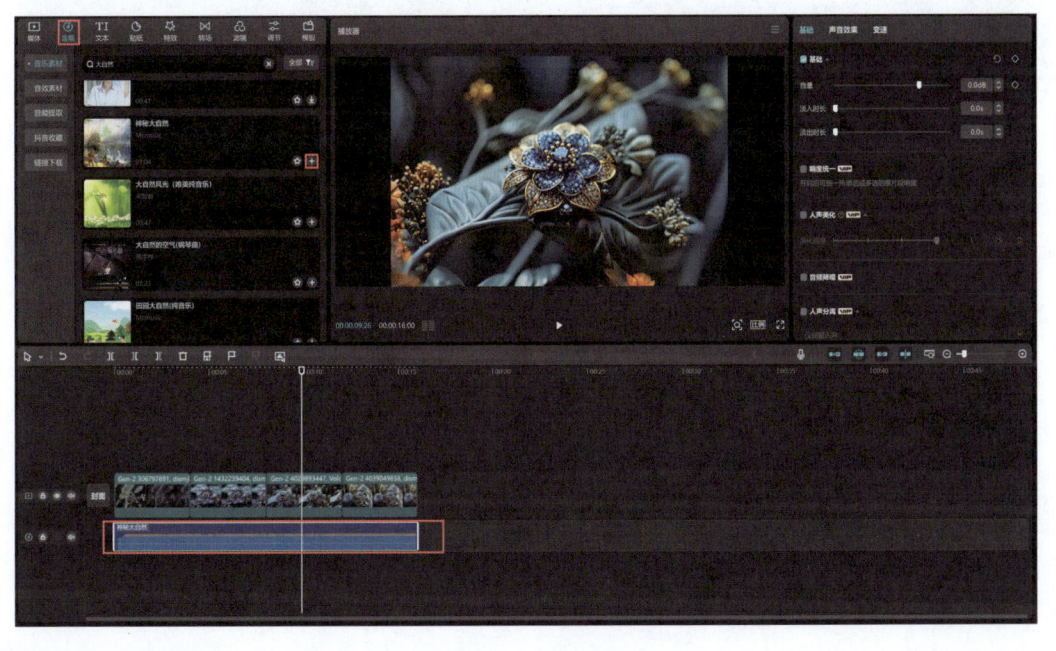

图16-34　添加音频

④ 通过剪映界面中间工具栏 ![toolbar] 进行修剪创作视频。可切换鼠标为选择状态或分割状态，单击旁边 ∨ 图标进行更换；↶ 为撤销；↷ 为恢复；‖ 为分割；为向左裁剪；为向右裁剪；为删除；为定格；为倒放；为镜像；为旋转；为裁剪比例；为录音；为关闭主轨磁吸；为关闭自动吸附；为关闭联动；为打开预览轴；为全局预览缩放；为时间线缩放，如图 16-35 所示。

图 16-35 时间轴工具栏

16.5 ElevenLabs 生成旁白

笔者使用 ElevenLabs 制作音频，它能够以任何语言和风格创建语音，以先进的人工智能技术和直观的工具来生成画外音。调整符合预期的音频，单击 图标进行音频导出，如图 16-36 所示。

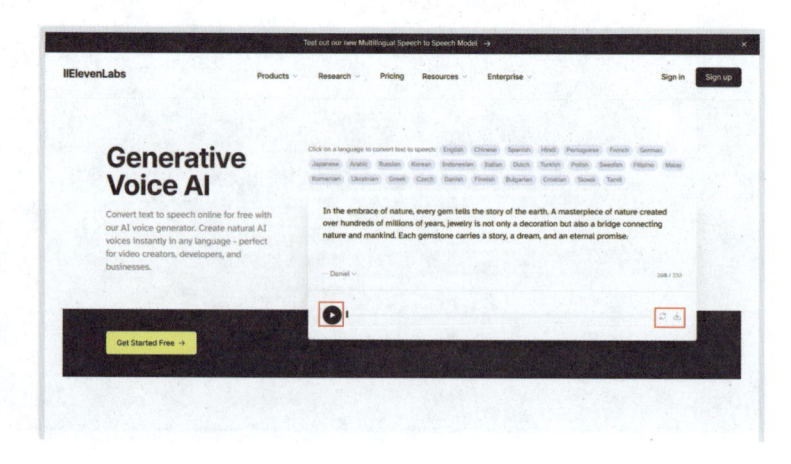

图 16-36 ElevenLabs 官网

16.6 剪映添加旁白

将 ElevenLabs 生成的符合预期的音频导入，导入方式同视频素材一样。

① 单击音频素材，拖入下方编辑时间轴，进行创作编辑，如图 16-37 所示。

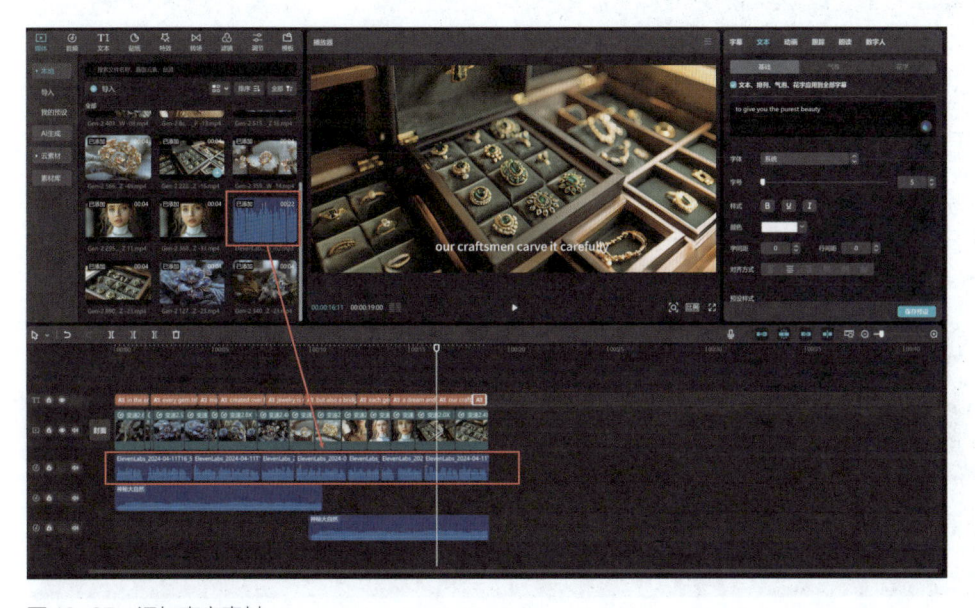

图 16-37 添加声音素材

② 将音频调整至与视频画面匹配，符合预期效果后，可以通过文本功能中的识别字幕提取字幕，如图 16-38 所示。

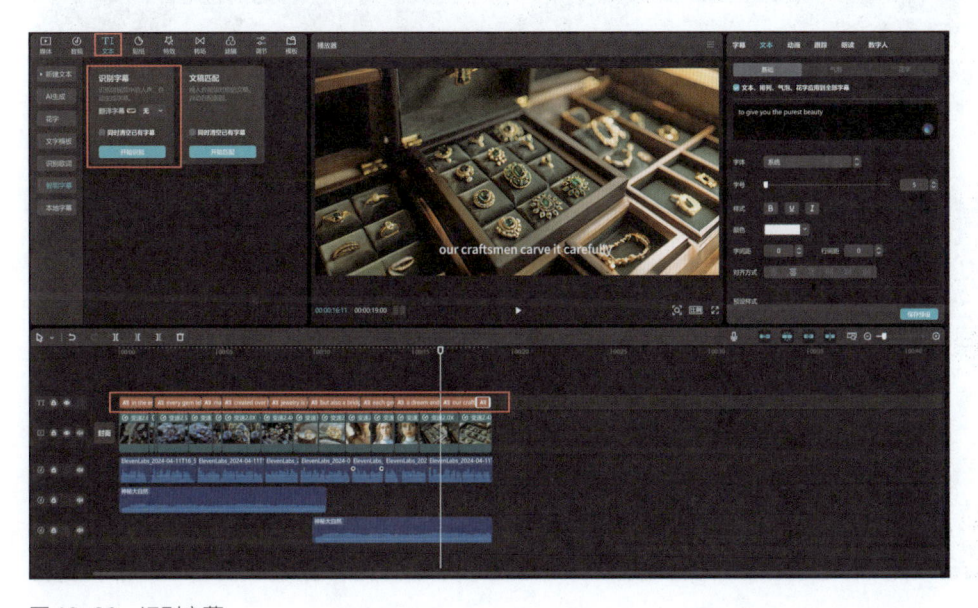

图 16-38 识别字幕

③ 画面内容调整完毕，在界面右上角单击 导出，将修剪创作的视频导出，如图16-39所示。

图16-39 导出视频

④ 案例视频最终效果展示截图，如图16-40～图16-43所示。

图16-40 最终视频效果（1）

图 16-41　最终视频效果（2）

图 16-42　最终视频效果（3）

图 16-43　最终视频效果（4）

>> 243

第4篇

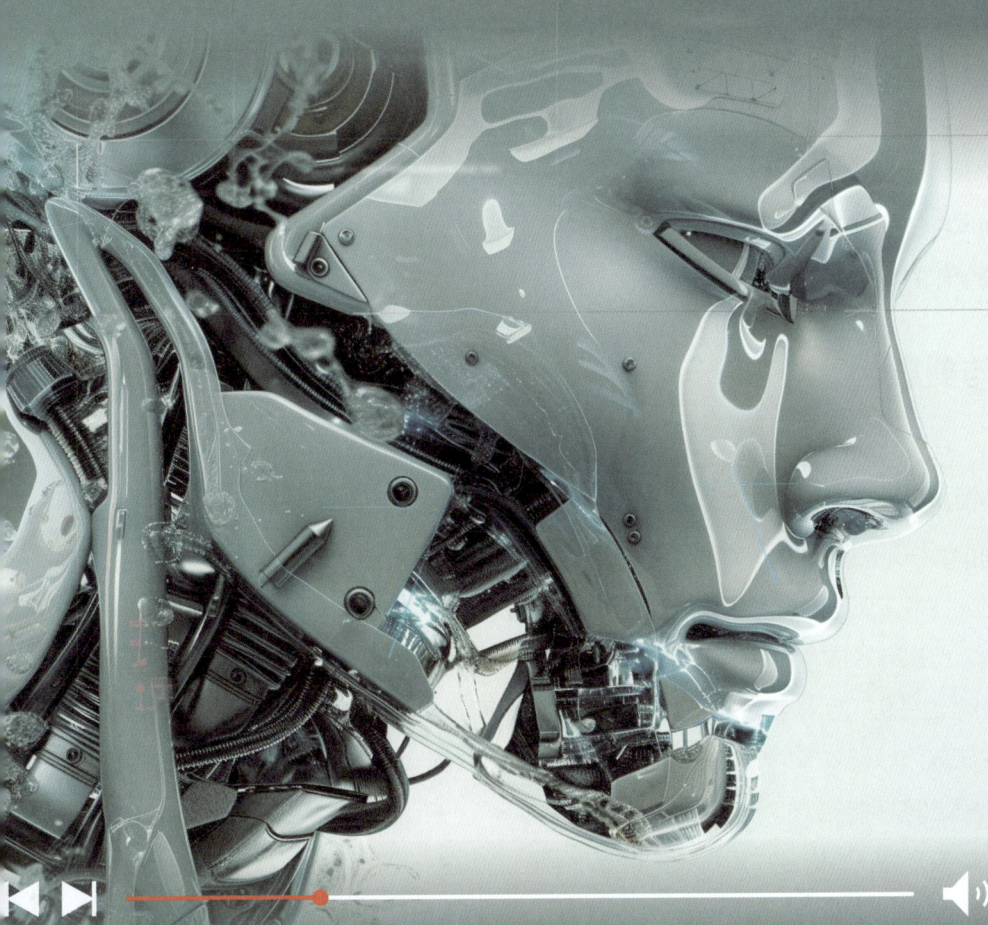

总结展望篇

扫码获取本书配套资源

第17章 创意与技术的平衡

17.1 在AI视频创作过程中创意与技术之间的平衡

在视频创作过程中,创意与技术的平衡是一个复杂而微妙的议题。AIGC技术通过学习和理解大量内容,能够提供智能化的创作建议,帮助创作者更好地表达创意并拓展思路。这表明技术可以作为一个有力的辅助工具,帮助创作者克服传统制作中的难题,从而更加专注于创意的发挥。

然而,技术的介入也可能导致一些问题。尽管人工智能能够制作出高质量的视频,但视频的核心元素,如主题思想、脚本构思等,仍然需要人类的创意。这表明,无论技术如何发展,人类的创造力仍然是不可替代的,技术应当服务于创意而不是取代创意。

为了实现创意与技术的平衡,创作者需要对技术有深入的了解,并能够熟练运用。因此,了解AI技术的应用范围和优势,可以帮助创作者在AI短视频制作中更好地发挥创意。同时,创作者也应当保持对技术发展的关注,以便及时利用新技术提升创作效率和质量。

总的来说,创意与技术的平衡需要创作者在利用技术提高制作效率的同时,保持对创意的重视和发挥。这要求创作者既要有创新的思维,也要有技术的应用能力,以确保技术与创意能够相辅相成,共同推动视频创作的成功。

17.2 技术与创意

在视频创作中,技术与创意是相辅相成的两个要素。技术提供了实现创意的手段和工具,而创意则是推动技术发展和应用的核心动力。技术使得创意的实现成为可能,提供了表达创意的视觉和听觉效果;创意则指导技术的使用方向和目的,激发技术创新和改进。

冲突可能发生在技术实现与创意愿景之间存在差距的情况下。例如,当创作者有一个高度创新和复杂的故事想法,但现有的技术水平无法完全实现这些想法时,就可能出现冲突。此外,技术的限制也可能导致创意的妥协,创作者可能不得不简化或更改原有的创意以适应技术条件。另一方面,过度依赖技术特效而忽视故事情节和角色深度,也可能导致视频内容失去艺术性和情感共鸣,从而产生技术和创意之间的冲突。

在版权和法律框架方面,二次创作短视频的版权治理困境也是一个技术和创意冲突的问题。短视频创作中的"二次创作"可能涉及对原有作品的改编、混剪等,这在法律上可能触及版权问题,创作者在追求创意表达的同时必须考虑法律风险和技术实现的合法性。

为了解决这些冲突,需要技术与创意之间不断沟通和协作,以及法律框架和行业标准的适时更新,以适应不断变化的创作环境和技术进步。同时,平台和政策层面的支持也是缓解冲突、促进创意和技术和谐发展的关键因素。

17.3　创意思维在技术驱动创作中的核心作用

随着 AI 技术的不断进步，它在视频创意表达方面的潜力逐渐显现。AI 技术不仅能够提高视频制作的效率，还能够拓展创意的边界，创造出前所未有的视觉体验。例如，腾讯在线视频平台运营部燃动宇宙工作室提到，AI 技术的开发和应用是一个循序渐进同时又在飞跃发展的过程，它正在推动影视行业的内容创新和生产效率变革。

在实际应用案例中，AI 技术已经成功地被用于创造短视频内容。这些视频通过结合历史人物、事件与现代元素，展现了新的想象力和视角，填补了人们想象力中的空白。此外，AI 技术还被用于生成逼真的艺术作品和超现实图像，如 Midjourney 生成的高质量图片，这些作品不仅视觉效果出色，还能够激发观众的想象力和引发情感共鸣。

AI 技术在影视制作中的应用也日益广泛。例如，全球首部"完全由 AI 制作的开创性长篇电影"——《Our T2 Remake》展示了 AI 在电影制作中的潜力，如图 17-1 所示。在国内，央视布局的国内首部原创文生视频 AI 系列动画《千秋诗颂》也已经开始播出，这些作品证明了 AI 技术在提升视频内容质量和创作效率方面的显著作用，如图 17-2 所示。

总体来看，AI 技术的发展为视频创意表达带来了新的机遇。它不仅能够降低制作成本，提高创作效率，还能够创造出更加个性化和定制化的内容，满足用户的多样化需求。随着技术的不断进步和应用的深入，我们有理由相信，AI 将在未来的影视和短视频行业中发挥更加重要的作用，推动创意表达的无限可能。

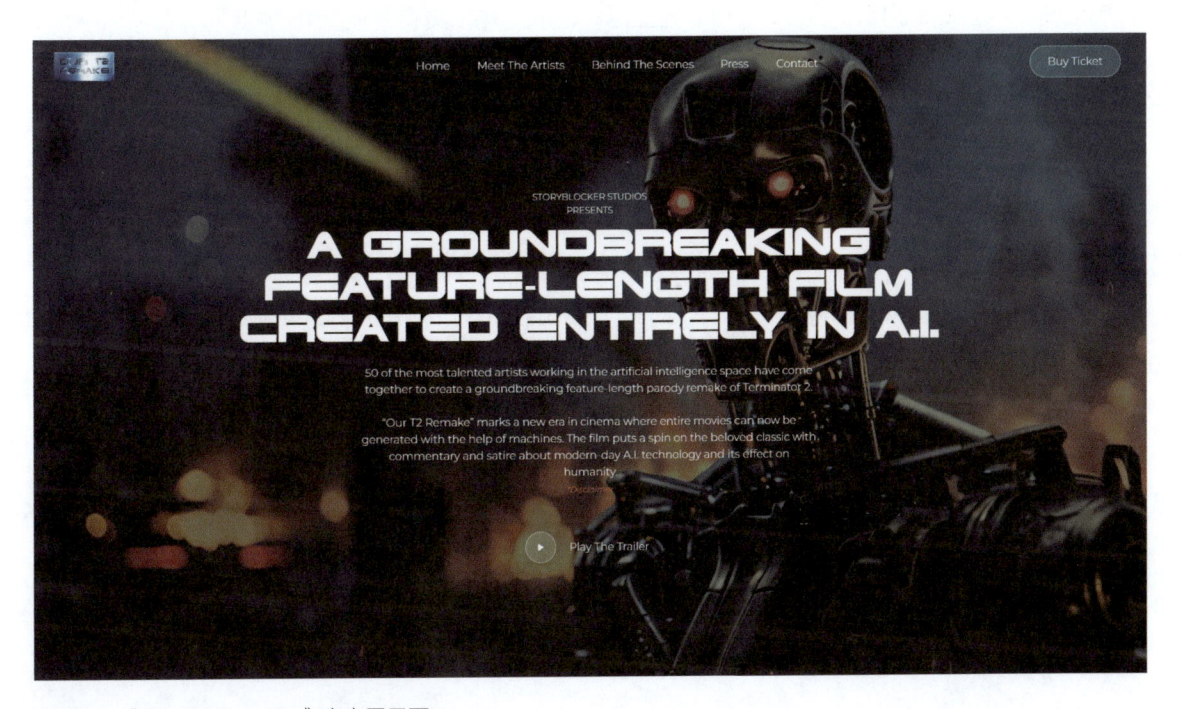

图 17-1　《Our T2 Remake》官方展示页

图17-2 《千秋诗颂》剧照

  AI技术的发展正在极大地促进视频创意表达的多样化和个性化。通过AIGC技术，创作者能够获得智能化的创作建议，帮助他们更好地表达创意并拓展思路。AI技术的应用不仅提高了视频制作的效率，还降低了技术门槛，使得非专业用户也能创作出具有专业水准的视频。

  在短视频领域，AI技术的应用已经成为一种趋势。例如，AI辅助视频创作工具能够根据用户的描述自动生成视频，提供拍摄建议，甚至自动进行剪辑和调整参数。这种自动化的过程不仅提高了制作效率，还使得视频内容更具吸引力和感染力。此外，AI技术还能够通过分析社交媒体数据，更好地理解用户的情感需求，从而创造出更具互动性和个性化的内容。

  在影视制作方面，AI技术同样展现出巨大潜力。从《流浪地球2》的制作中可以看出，AI技术在角色形象的老龄化和减龄化、全CG数字人制作等方面的应用，极大地提升了制作效率和质量。此外，全球首部完全由AI制作的长片电影《Our T2 Remake》的首映，更是标志着AI在电影制作中的应用进入了一个新的阶段。

  然而，AI技术的发展也带来了一些挑战和争议，特别是在真实性、道德伦理和审美性方面。例如，AI生成的内容可能会存在失真感，或者在版权和肖像权方面引发问题。因此，影视公司在利用AI技术时需要谨慎布局，同时加强监管和文化赋能，确保技术的健康发展。

第 18 章 未来发展趋势

18.1 AI 视频创作技术的未来走向与对影视产业的影响

18.1.1 AI 视频创作技术的未来走向

AI 视频创作技术的未来走向预示着对影视产业的深刻变革。首先，制作流程的极大简化是一个显著的趋势。通过生成式 AI 技术，人们能够以自动化和智能化的方式，将文本、图像、音频、视频等多模态数据重新组合，创造全新内容，这不仅降低了成本，还打破了不同模态之间的技术壁垒，推动了生成式 AI 的通用化和普及化。

其次，内容的多样性和定制性将成为 AI 视频创作技术发展的另一大特点。多模态 AI 技术使得内容创作过程中的个性和风格表达变得更加丰富，能够适应不同场合和目的的需求。此外，AI 技术在智能手机、智能相机等设备中的应用将成为标配，进一步提升用户在短视频创作中的便捷性和实用性。

AI 技术还将改变创作者的游戏规则，让视频剪辑师升级为导演。AI 辅助视频创作工具能够根据用户的描述自动生成视频，提供拍摄建议，甚至自动进行剪辑和调整参数。AI 生成的视频可能减少了对人类演员、导演和其他创意角色的需求，从而影响到这个行业的就业。

同时，AI 视频技术的突破预示着对传统媒体机构创作优势的挑战。随着 AI 视频技术的发展，视频制作将不再局限于专业人士，每个人都能成为导演，传统广电媒体的创作优势将逐渐消失。

然而，AI 视频生成技术的发展也面临着挑战，包括真实性问题、道德和法律问题，以及计算资源需求。未来，随着技术的不断进步和相关法律框架的完善，AI 在视频生成领域的应用预计将进一步扩大。

总体而言，AI 视频创作技术的未来发展趋势将朝着简化制作流程、增强内容多样性和个性化，以及推动传统影视行业转型等方向发展，同时也需要面对技术、法律和伦理等方面的挑战。

AI 视频创作技术的发展正在重塑视频内容的生产方式。以度加 AI 视频创作工具为例，它通过深度学习算法，能够根据用户输入的文案自动匹配和生成相应的视频素材，极大地简化了视频制作的流程。这种技术的应用不仅使得视频创作变得更加高效，也为非专业用户提供了创作专业水准视频的可能性。此外，Pika Labs 等平台通过支持文生视频和图生视频，进一步拓宽了 AI 在视频创作中的应用范围，使得个性化和创意表达变得更加容易实现。

随着 AI 技术在视频制作领域的深入应用，内容创作者可以更加专注于创意的构思和故事的叙述。例如，Invideo AI 通过 AI 技术分析脚本内容，并自动匹配视频素材，为科技、财经、资讯等领域的视频制作提供了高效的解决方案。同时，Opus Clip 等工具通过将长视频内容转换为适合不同平台的短视频，解决了视频内容跨平台分发的难题。这些工具的出现，不仅提高了视频制作的效率，也为内容的多样化和个性化提供了更多可能性。

AI 视频创作技术的未来发展预示着更加丰富和多元的视频内容。随着技术的不断进步，我们可以预见，AI 将在视频创意表达方面发挥更加重要的作用。从自动生成视频到深度定制化内容，

AI技术将不断拓展视频创作的边界，为观众带来更加精彩和多样化的视觉体验。同时，这也为内容创作者提供了新的机遇和挑战，要求他们不断适应技术变革，以创新的思维和技能来把握这一变革带来的机遇。

18.1.2　AI对影视产业的影响

　　AI技术对影视产业的影响是多方面的，包括内容创作、影像特效、推荐系统、营销推广、制作流程优化以及虚拟现实等多个方面。随着AI技术的不断发展和应用，我们可以预见影视产业将迎来更多创新和变革。

　　首先，在内容创作方面，AI技术的应用正在改变编剧和导演的工作方式。例如，AI可以辅助编剧进行剧本创作，通过分析大量数据来预测观众喜好，从而帮助编剧创作更符合市场需求的内容。此外，AI技术也在影像特效领域展现出巨大潜力，通过自动化的图像生成和处理，可以创造出逼真的视觉效果，减少人工成本和时间投入。

　　在营销推广方面，AI通过个性化推荐系统为观众提供定制化的内容推荐，提升用户体验，同时也为影视内容的推广提供了新的途径。此外，AI技术还能够优化制作流程，例如通过智能剪辑和后期制作工具，提高制作效率，降低成本。

　　虚拟现实（VR）和增强现实（AR）技术的应用，为影视产业带来了发展契机。观众可以通过这些技术进入虚拟的电影场景中，与角色互动，享受沉浸式的观影体验，如图18-1所示。

图18-1　混合现实与AI

然而，AI 技术的发展也带来了挑战，如对传统影视制作行业的影响。一些基础性和重复性的工作可能会被 AI 取代，从业人员需要适应新技术，提升自己的技能以保持竞争力。同时，AI 技术在影视行业的应用还面临法律和伦理问题，如版权、隐私保护和内容审查等。

图 18-2　由 Sora 生成的视频截图

AI 技术在影视产业的应用正逐渐深入，从初期的特效制作、选角决策，到现在的内容创作、个性化推荐等多个环节。例如，爱奇艺、优酷等平台已经开始利用 AI 和大数据技术进行选角，甚至在节目《长安十二时辰》中，通过 AI 平台选出了雷佳音扮演"张小敬"这一角色。此外，AI 技术也被应用于影视剧本的创作，美国编剧工会甚至提出了允许 AI 参与剧本创作的提议，尽管这仍处于试验阶段，但预示着 AI 在未来影视创作中可能扮演重要角色。

AI 技术的发展不仅为影视行业带来了新的制作工具和方法，还可能重新定义影视内容的创作和消费方式。随着 AI 技术如 Sora 的出现，影视制作者可以利用这些工具生成逼真、清晰的动态视频画面，极大地降低了制作门槛。同时，AI 技术在影视设计中的应用，如虚拟现实和增强现实技术，为观众提供了更加沉浸式的观影体验。图 18-2 为 Sora 生成的视频截图。

然而，AI 技术的快速发展也带来了挑战和不确定性。影视公司在技术研发上的速度可能跟不上科技公司，而且 AI 介入的内容创作可能面临版权风险和法律伦理问题。因此，影视公司在利用 AI 技术的同时，也需要关注这些潜在的问题，并寻求合理的解决方案。

总体来看，AI 技术正在成为影视产业中不可或缺的一部分，它为行业带来了前所未有的机遇和挑战。影视从业者需要积极拥抱新技术，同时也要保持清醒的认知，将 AI 视为辅助工具和合作伙伴，共同推动影视产业的发展。随着技术的不断进步和应用的深入，我们有理由相信，AI 将在未来的影视行业中发挥更加重要的作用，推动创意表达的无限可能。

18.2　持续学习，适应不断进步的技术环境

在视频创作与制作领域，持续学习和适应新技术是行业发展的必然要求。随着人工智能（AI）技术的不断进步，视频制作行业正在经历一场革命性的变革。

AI 技术在视频制作中的应用已经渗透到多个环节，包括但不限于剧本创作、角色设计、场景搭建、后期剪辑、特效制作、音效处理和字幕翻译等。例如，AI 可以通过分析市场趋势和观众喜

好，为剧本创作提供有用的信息和灵感。在角色和场景设计方面，AI 能够根据预设的参数自动生成角色形象和场景布局，从而提高创作效率和质量。图 18-3 所示为 AI 运营分析工具 StoryFit 官网。

图 18-3　AI 运营分析工具 StoryFit 官网

此外，AI 在视频剪辑和后期制作中的应用也日益成熟。通过机器学习和深度学习技术，AI 能够自动识别和选取最佳画面，实现自动化剪辑，提高剪辑效率和影片质量。在特效制作方面，AI 辅助的图形渲染和动画制作技术，使得视觉效果更加逼真和震撼。

然而，AI 技术的发展也带来了挑战和不确定性。影视制作公司需要关注版权风险、技术更新速度，以及 AI 技术在创作中的角色和影响。因此，从业者需要不断学习新技术，提升自身的技能，以适应快速变化的技术环境。

为了保持竞争力，影视制作公司和从业者必须紧跟技术发展的步伐，积极探索 AI 技术在视频创作中的新应用，并合理规划技术投入，以实现技术与经营的良性循环。同时，行业内的合作与交流也变得尤为重要，通过分享经验和最佳实践，共同推动视频制作行业的创新和发展。

AI 视频生成技术正在逐步成熟，提供了从文本到视频的转换能力，这为视频内容创作带来了新的机遇和挑战。例如，Sora 模型能够根据文本描述生成长达 60 秒的高质量视频，包含复杂场景和生动的角色表情，展现了 AI 在理解真实世界场景并与之互动方面的能力。这种技术的发展不仅能够提升视频制作效率、降低成本，还能够丰富创意表达，创造出多种风格融合的作品。

随着 AI 技术的不断进步，视频生成工具如 Runway、Pika labs 等已经能够生成具有视觉逼真度的视频内容，但同时也面临着控制难度大、时序建模较弱等问题。此外，AI 视频生成技术在理解角度、视频分辨率等方面仍有待提高，这些问题的存在可能限制了其在商业影视剧等高质量视频内容制作中的应用。

AI 视频生成技术的应用场景正在不断扩展，从专业创作者到非专业创作者，都能利用这些工具来创作视频内容。智能硬件的发展，如智能手机和智能相机，将进一步推动 AI 技术在短视频创作中的应用，使得视频创作变得更加便捷和实用。AI 技术还预计将支持实时视频生成，通过结合视频/音频模型与大型语言模型，形成多模态模型，进一步提升视频内容的创作效率和质量。

尽管 AI 视频生成技术带来了许多创新和便利，但它也引发了关于版权和伦理的讨论。AI 工具在训练过程中需要使用大量的人类创作内容，这可能涉及版权归属问题。同时，如果 AI 生成的内容包含敏感信息，可能会陷入伦理道德的困境。因此，随着 AI 视频生成技术的进一步发展，需要建立更好的机制和模式来解决这些问题，确保技术的健康发展和合理应用。

在 AI 视频生成技术的浪潮中，我们见证了无数创新和突破，这些成就的背后是科技工作者不懈努力和对未知的勇敢探索。正如 OpenAI 推出的 Sora 模型，它不仅能够生成 60 秒连贯流畅的高清视频，更是在视频生成领域迈出了重要一步。这些进步激励着我们继续前行，不断追求卓越。让我们携手并进，共同面对挑战，把握机遇，共创未来。愿每一位在科技道路上探索的朋友，都能保持热情，持续创新，为世界带来更多的惊喜和可能。共勉！